桃李境　柾之屋竹缘

濡缘*（竹缘）

八胜馆中店　松之屋观月台

*濡缘：日式建筑中设置于屋外的窄走廊，可以淋得到雨。

设计图详解（二）

等候处和玄关……154
- 堀内家……154
- 薮内家……156
- 北村邸……158
- 旭化成芝寮……160
- 山口邸……162
- 善田邸……164
- 一力……168
- 山翠楼……170
- 八胜馆八事店……172
- 美浓幸……174
- 桥本……175
- 青青居……176

建筑底部……178
- 清流亭……178
- 旭化成芝寮、青青居……179

中门……180
- 北村邸……180
- T氏邸……182
- 薮内家……183
- 野村碧云庄……184

等候处……188
- T氏邸……188
- 暮雨巷……192
- 何有庄……193
- 对龙山庄……196

屋檐……198
- 清流亭……198
- T氏邸……200
- 北村邸……202
- 滩万山茶花庄……206
- 谷庄……207

防雨窗套……208
- 清流亭……208
- 滩万山茶花庄……209
- 北村邸……211

墙……212
- 清流亭……212
- 野村碧云庄……213

屋顶……214
- 北村邸……214
- 清流亭……215

收录邸一览……216

结语……218

深见邸……80

新井旅馆……81

北村别邸……84

北村邸……86

手洗……89

一力……89

暮雨巷……92

瓢亭……96

中野邸……98

北村邸……99

楼梯……102

旭化成芝寮……102

河文……104

八芳园……106

中野邸……108

铃木别邸……111

等候室和玄关……113

薮内家……113

堀内家……115

北村邸……116

旭化成芝寮……117

山口邸、善田邸……118

山翠楼……120

一力、桥本、美浓幸……121

八胜馆八事店……122

听竹居、青青居……123

建筑底部……124

北村邸、和松庵、清流亭……124

旭化成芝寮、青青居……125

中门……126

北村邸……126

薮内家、T氏邸……128

野村碧云庄……129

等候处……130

T氏邸……130

暮雨巷……131

何有庄……133

屋檐……135

对龙山庄、清流亭……135

滩万山茶花庄……136

T氏邸……137

T氏邸、北村邸、对龙山庄、清流亭……138

北村邸……139

谷庄……140

防雨窗套……141

八胜馆八事店、清流亭……141

北村邸、旭化成芝寮、山翠楼……142

早川邸、T氏邸、美浓幸、滩万山茶花庄……143

墙……144

滩万山茶花庄、清流亭……144

坐渔庄、野村碧云庄……145

北村邸、大西邸、旭化成芝寮、细川别邸、铃木别邸、山翠楼……146

屋脊……147

佳水园……147

旭化成芝寮……148

桃李境、旭化成芝寮、成胜轩、河文……150

北村邸、泷寿庵、清流亭……151

伊东邸……152

楼梯……44
 旭化成芝寮……44
 八芳园、河文、柊家……46
 中野邸、铃木别邸……47
 佳水园……48

设计图详解（一）

濡缘（竹缘）……50
 八胜馆中店……50
 桃李境……51
 对龙山庄……52
 秀明……53
 滩万山茶花庄……54
 山翠楼……55
 早川邸……56
 清流亭……58
 一力……59
 北村邸……60

檐廊和入口……62
 北村邸……62
 山翠楼……64
 滞春亭……66
 坐渔庄……67

栏杆……68
 北村别邸……68
 东松邸……69
 八胜馆八事店……70
 美浓幸、新井旅馆……72
 阪口、一力……73
 无限庵、中野邸……74

走廊和渡廊……75
 无限庵……75
 山翠楼……76
 清流亭……78
 东松邸……79

目录

日本建筑集成

周边的技法

濡缘（竹缘）……9

八胜馆中店……9

桃李境……10

对龙山庄……12

滩万山茶花庄、秀明……13

早川邸……14

炭屋……15

清流亭、山翠楼、一力、竹中邸……16

暮雨巷……17

檐廊和入口……19

北村邸……19

早川邸……20

中野邸……21

山翠楼……22

滞春亭、美浓幸、坐渔庄……24

栏杆……26

美浓幸、北村别邸……26

东松邸、八胜馆八事店、旭化成芝寮、阪口……28

一力、新井旅馆、中野邸、无限庵……29

走廊和渡廊……30

山翠楼……30

无限庵……31

东松邸、清流亭……32

深见邸……33

新井旅馆……35

北村邸……36

北村别邸……37

手洗……38

一力……38

暮雨巷……40

瓢亭、中野邸……42

北村邸……43

日本建筑集成

周边的技法

林理惠光 编著

华中科技大学出版社
http://www.hustp.com
有书至美
BOOK & BEAUTY

中国·武汉

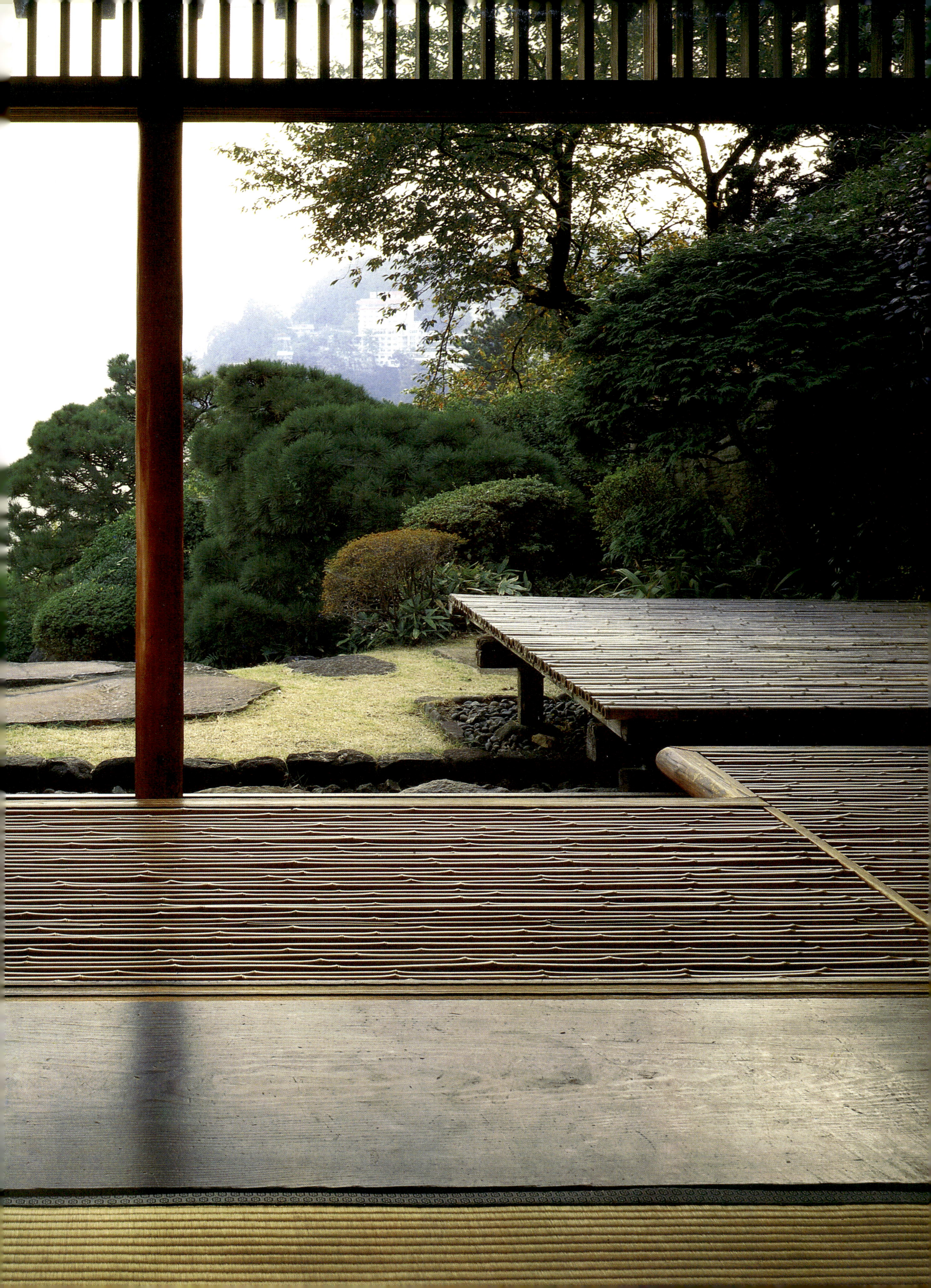

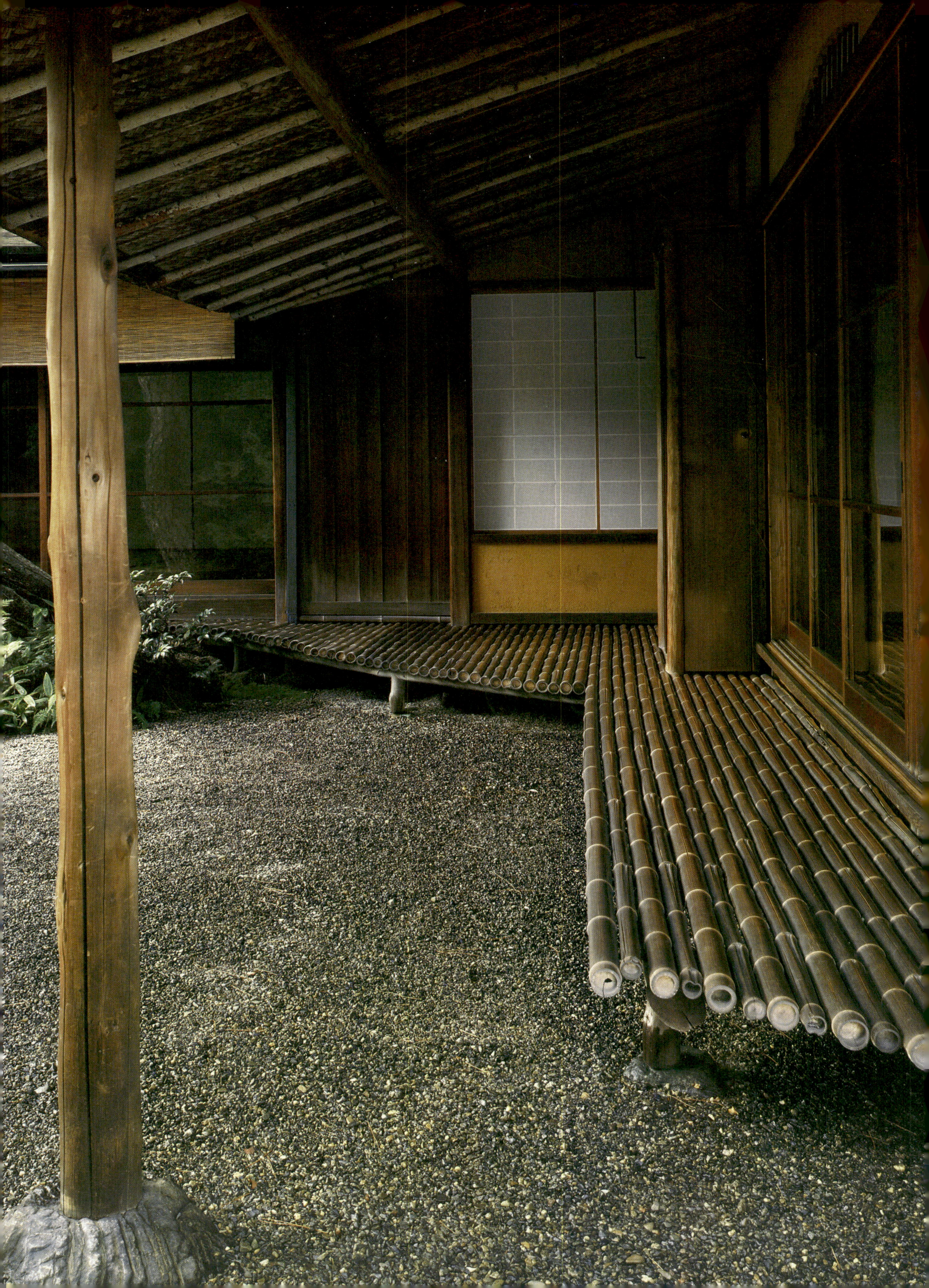

滩万山茶花庄　花桐之屋竹缘

秀明　舞之屋竹缘
左页图＝对龙山庄　聚远亭竹缘

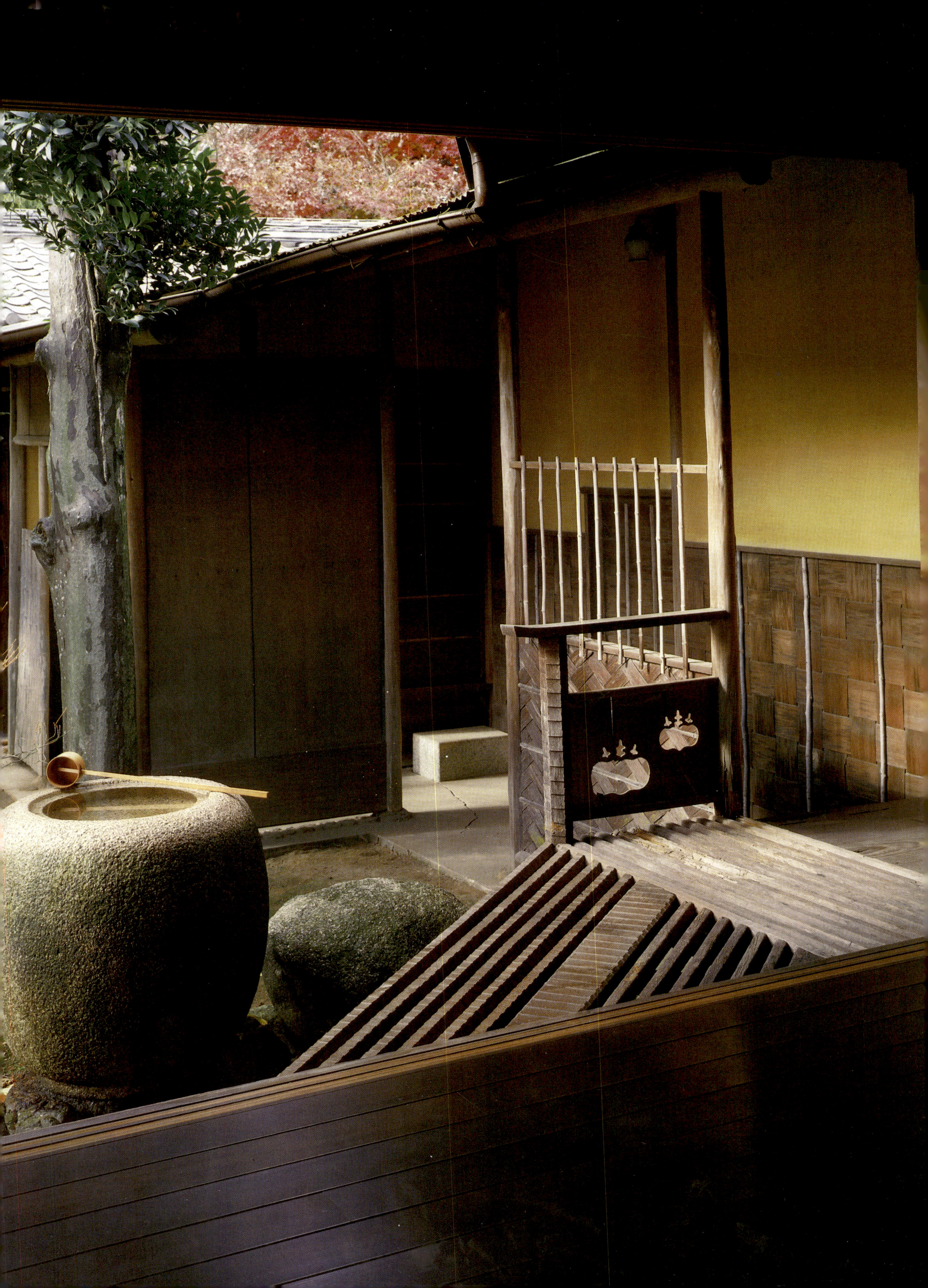

炭屋　从残月之屋看到的濡缘
左页图＝早川邸　书院西的手水钵和濡缘

清流亭　大厅木板窗外的濡缘

山翠楼　吹上之屋的手水钵和濡缘

一力　大客间木板窗外的濡缘

竹中邸　八铺房间　北边入口处的手水钵和濡缘
右页图＝暮雨巷　大厅入口的濡缘

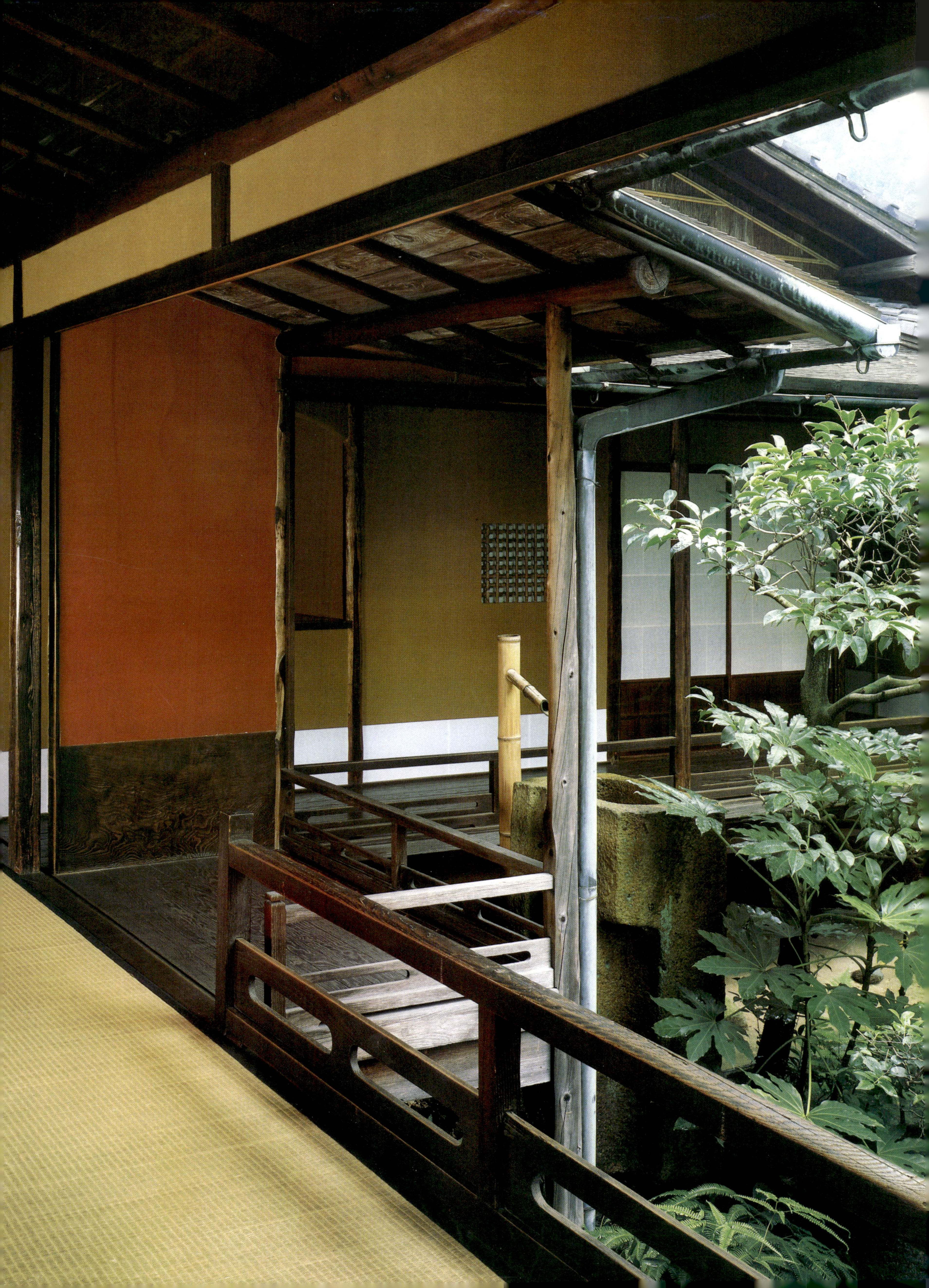

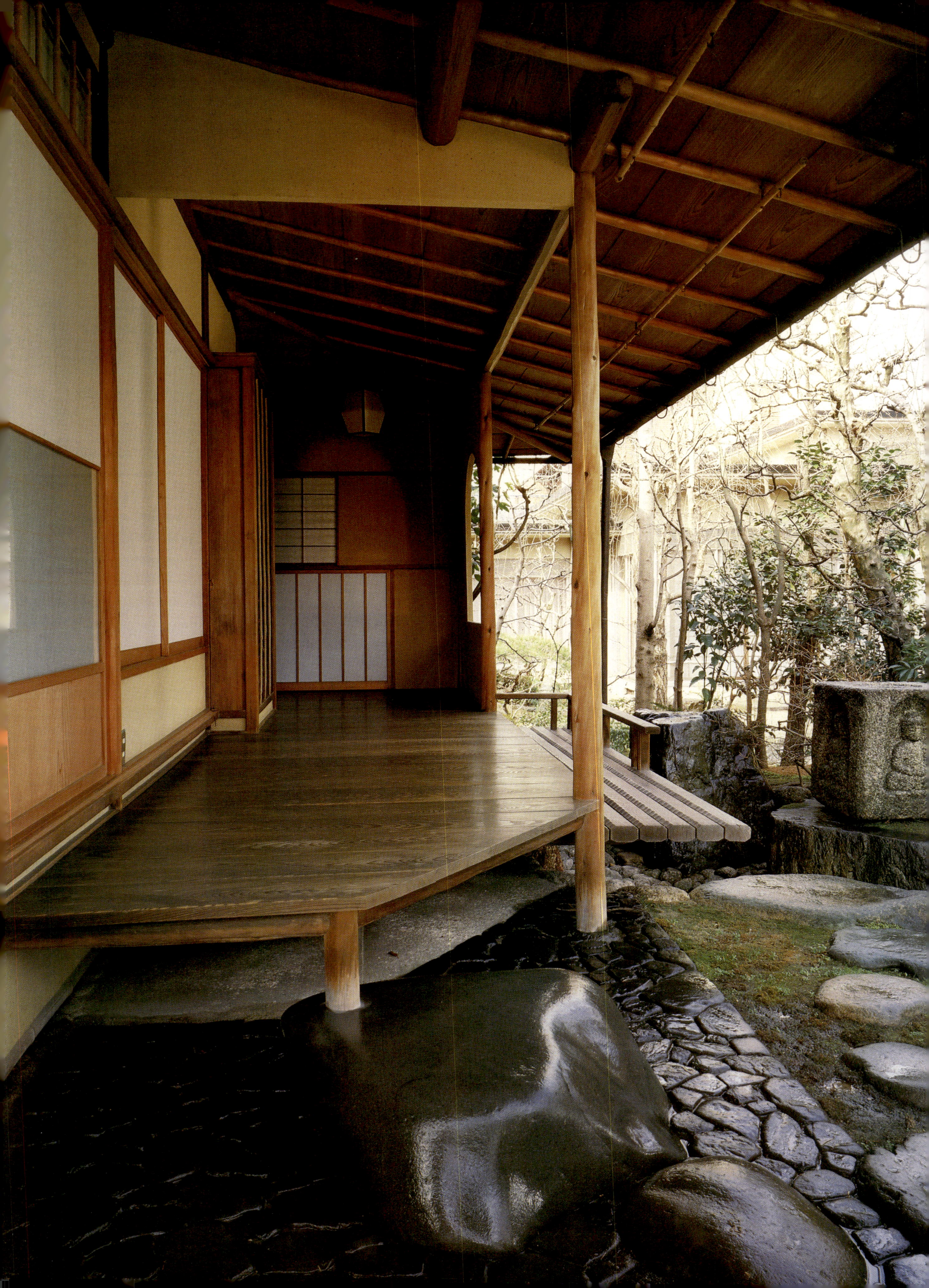

檐廊和入口

北村邸　珍散莲广缘*

左页图＝北村邸　大厅北的广缘外的手水钵和濡缘

＊广缘：宽廊。

早川邸　书院南的檐廊

中野邸　二层房间外檐廊的天花板和栏杆

日本建筑集成　周边的技法

山翠楼　牡丹之屋檐廊
上＝栏间　下左＝栏杆　下右＝窗格　右页图＝全景

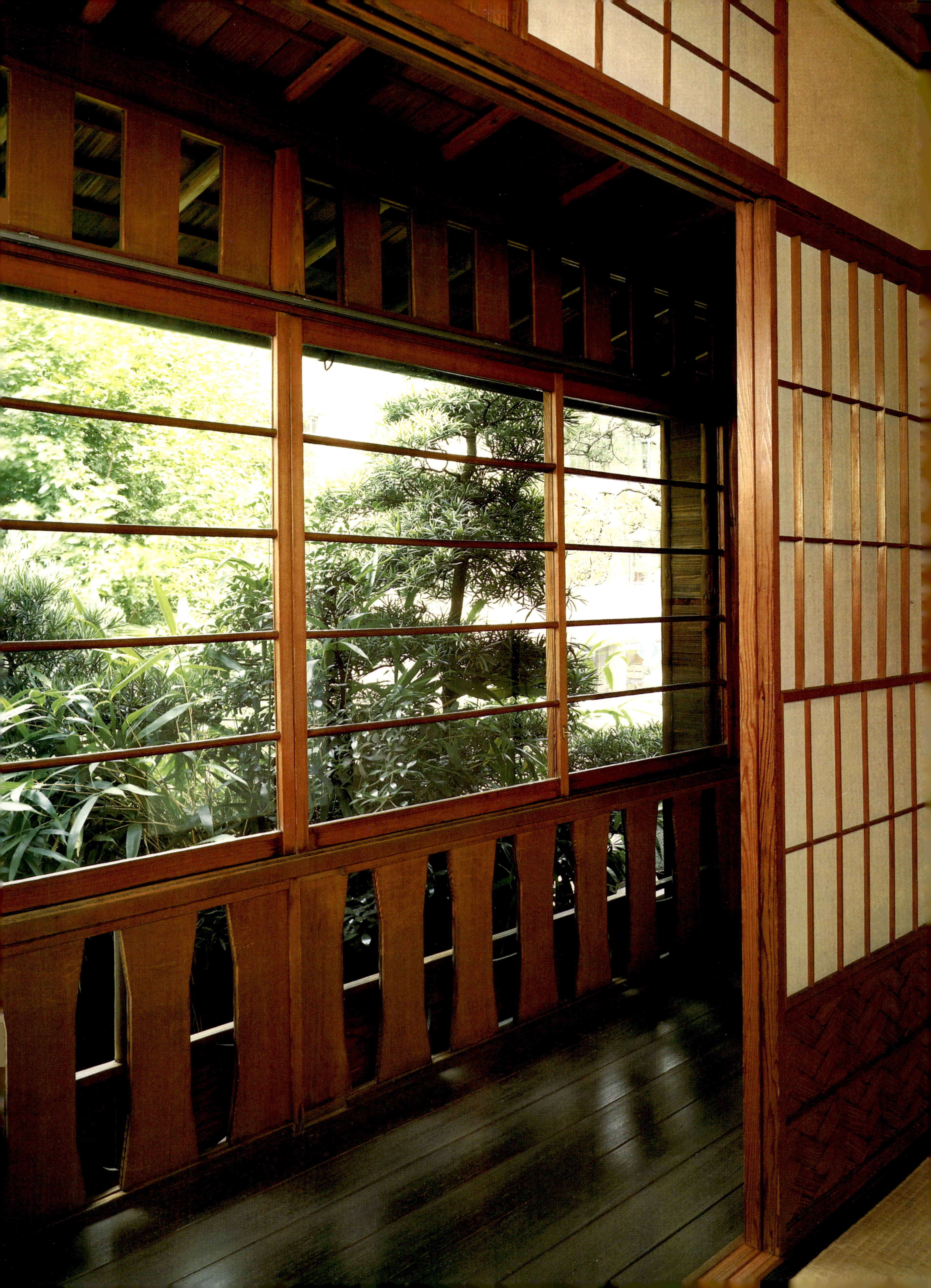

滞春亭　客间入口处
上左＝南边的书院　上右＝北边的房间

美浓幸　法螺贝屋西侧入口处
右页图＝美浓幸　一层房间外檐廊

坐渔庄一层入口处

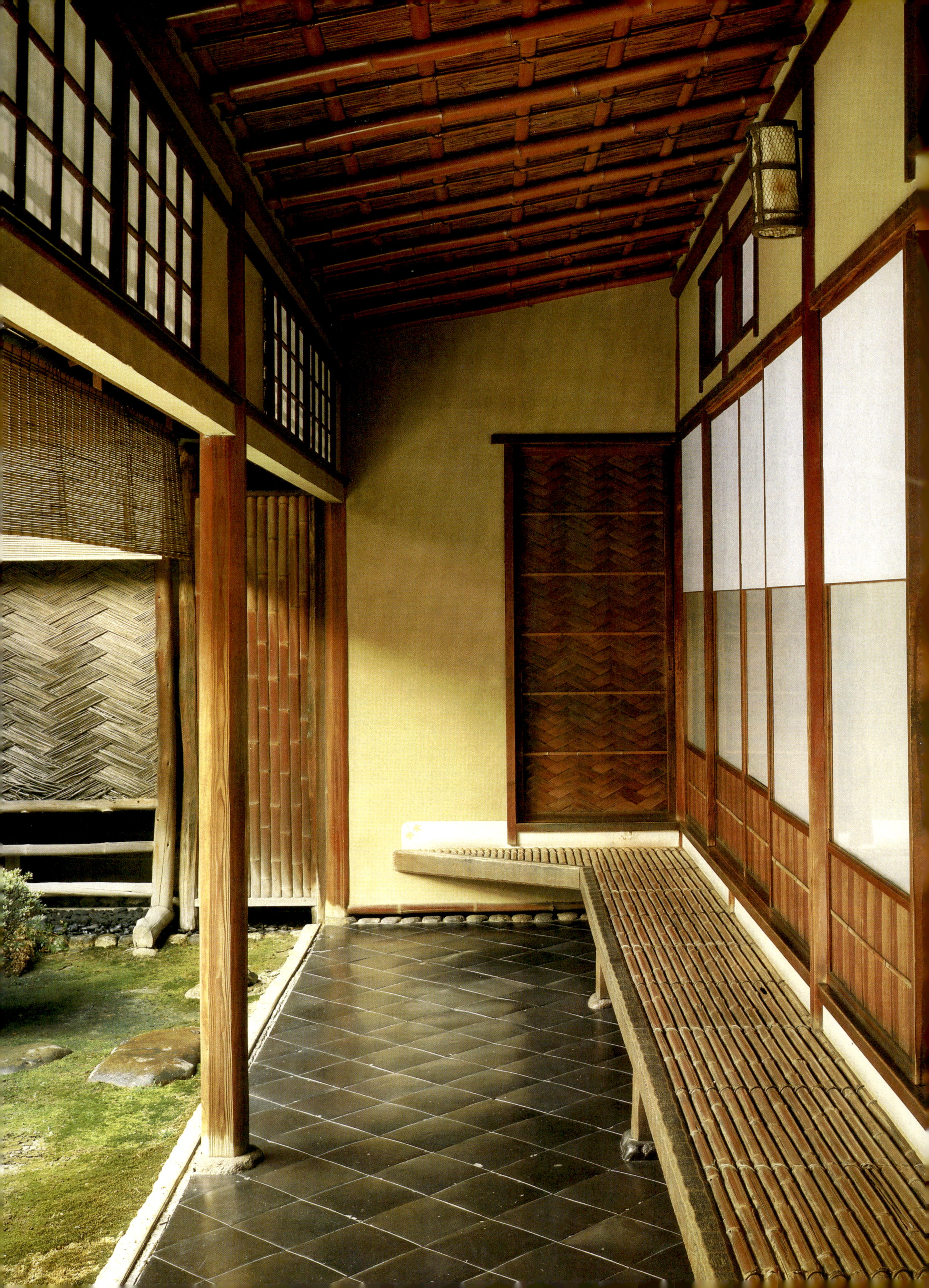

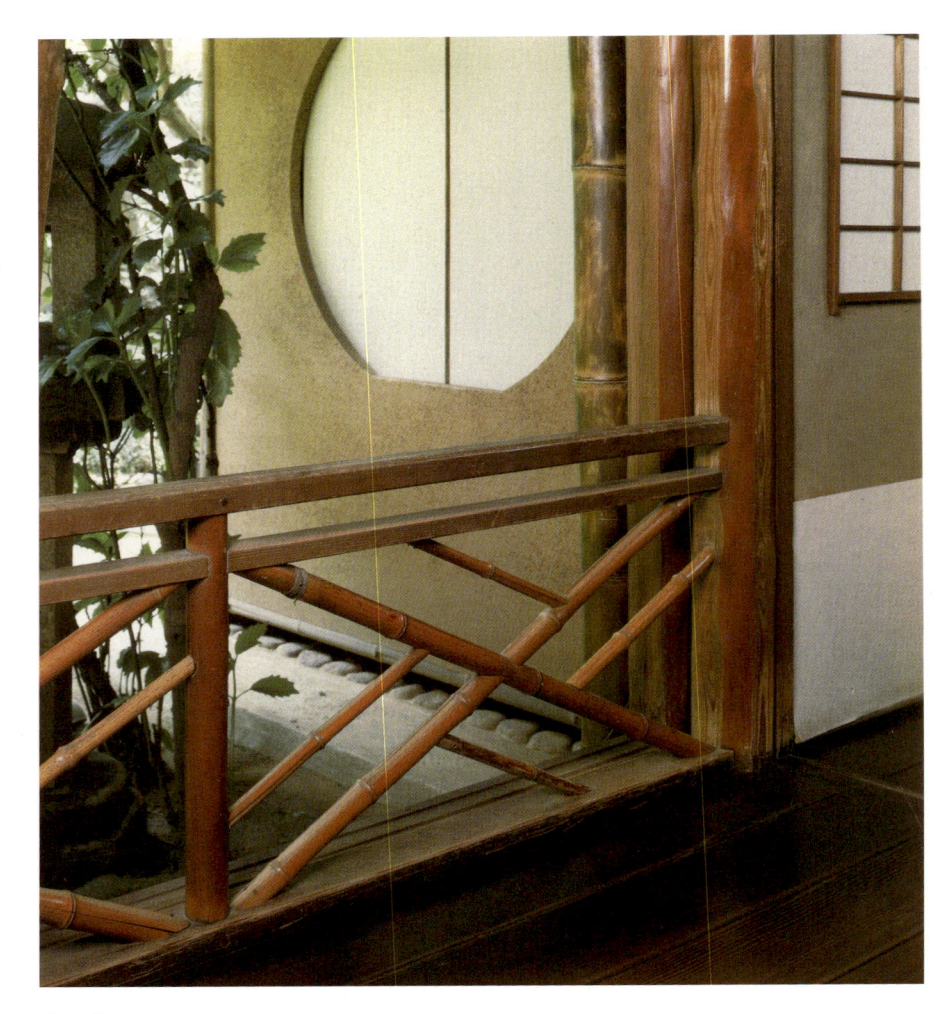

栏杆

美浓幸　一楼的檐廊栏杆

北村别邸　十铺房间檐廊栏杆
右页图=外观

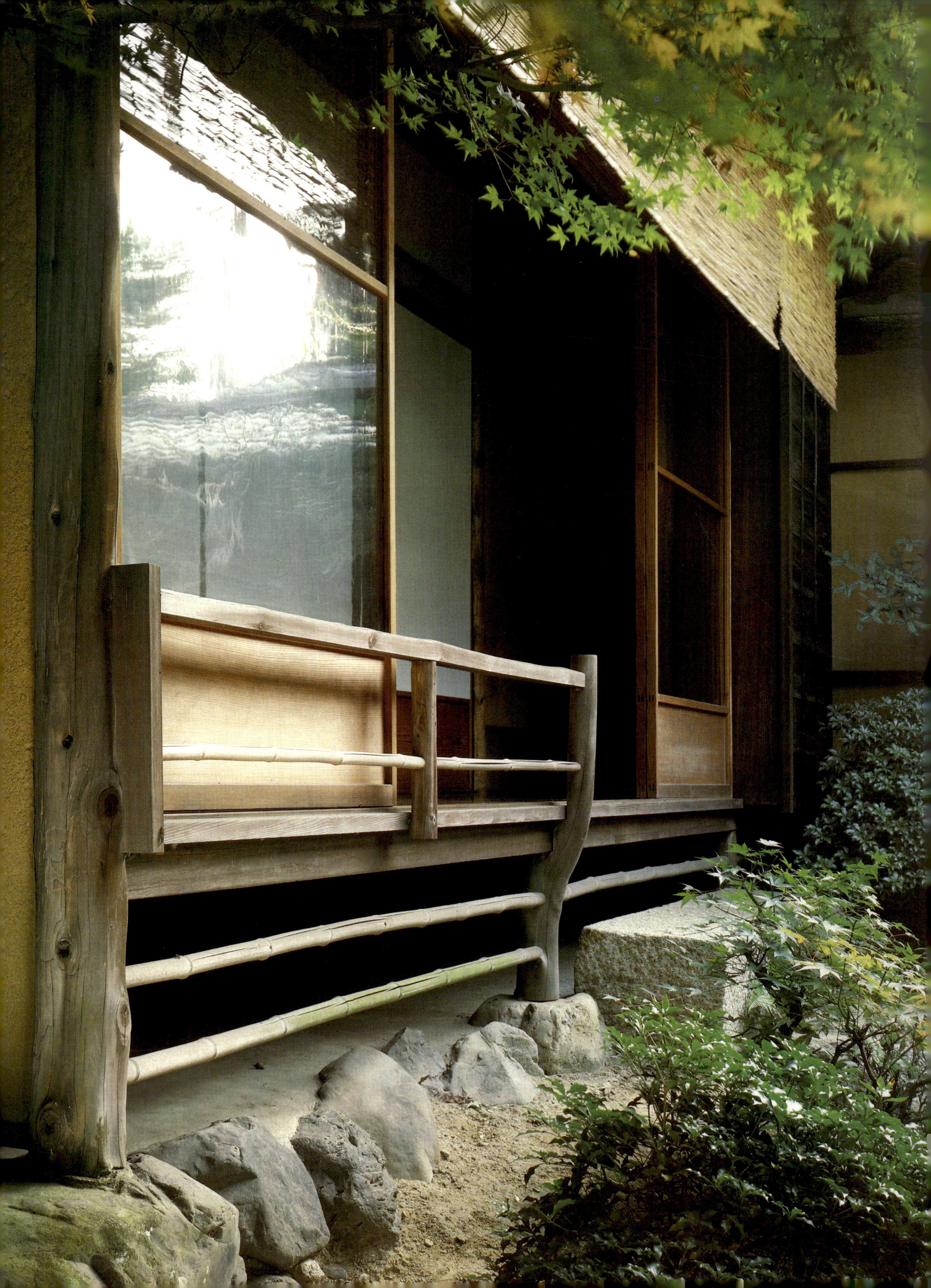

东松邸　三层小客间飘窗栏杆

八胜馆八事店　御幸之屋观月台的栏杆

旭化成芝寮　客厅通向浴室的檐廊栏杆

阪口　小客间东侧的栏杆

一力　二楼房间东侧的檐廊栏杆

新井旅馆　渡廊的栏杆

中野邸　二楼大客间北的檐廊栏杆

无限庵　一楼客间的檐廊栏杆

走廊和渡廊

山翠楼　楼梯通向牡丹之屋的渡廊
右页图＝无限庵　玄关通向大书院的走廊

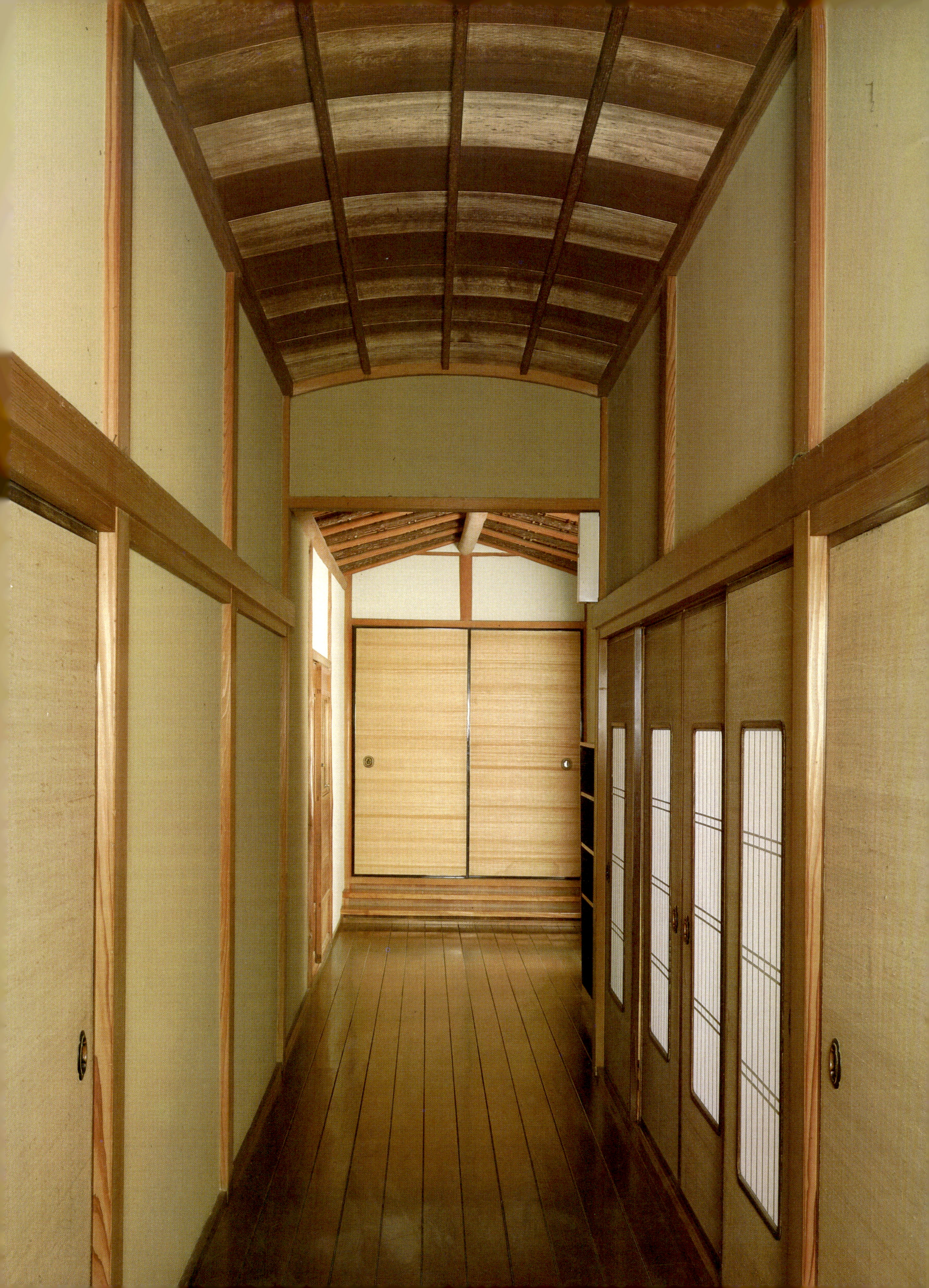

日本建筑集成　周边的技法

东松邸　二楼的渡廊

清流亭　大厅通往七铺房间的渡廊

东松邸　越层二楼渡廊深处

深见邸
上＝房间之间的渡廊　下＝渡廊的另一侧

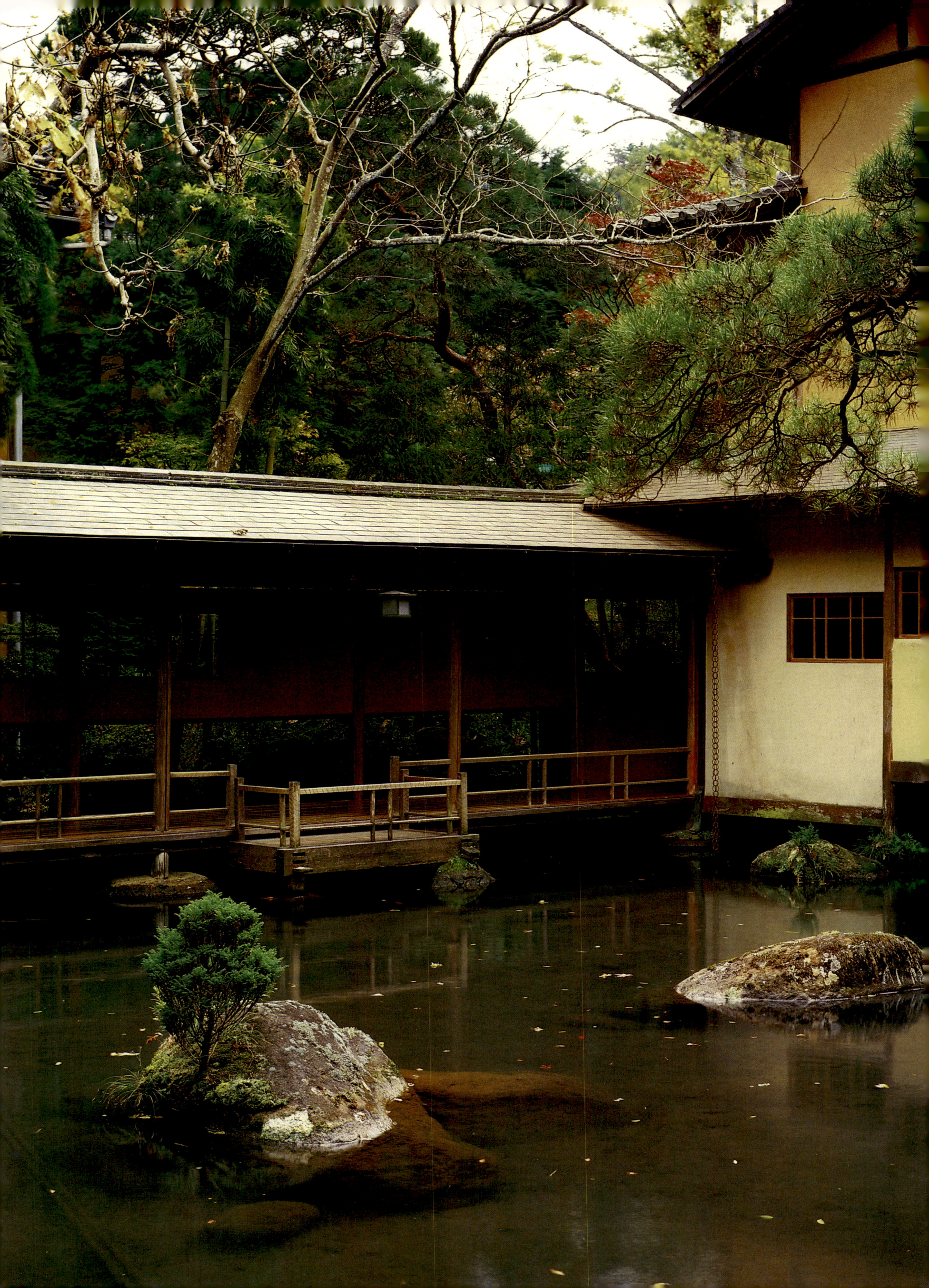

新井旅馆　池子上架设的渡廊
上、中、下＝部分景观　左页图＝全景

北村邸
上＝从立礼席通往珍散莲的土间走廊　下＝走廊另一侧

北村别邸
上＝房间通往浴室的土间走廊　下＝外观

手洗＊

一力　大房间的手水钵

一力
下＝靠近客厅的手水钵　　右页图＝客厅外的手水钵

＊日语中的手洗可以表示洗手间，也可以表示洗手或洗手用的容器、水等。

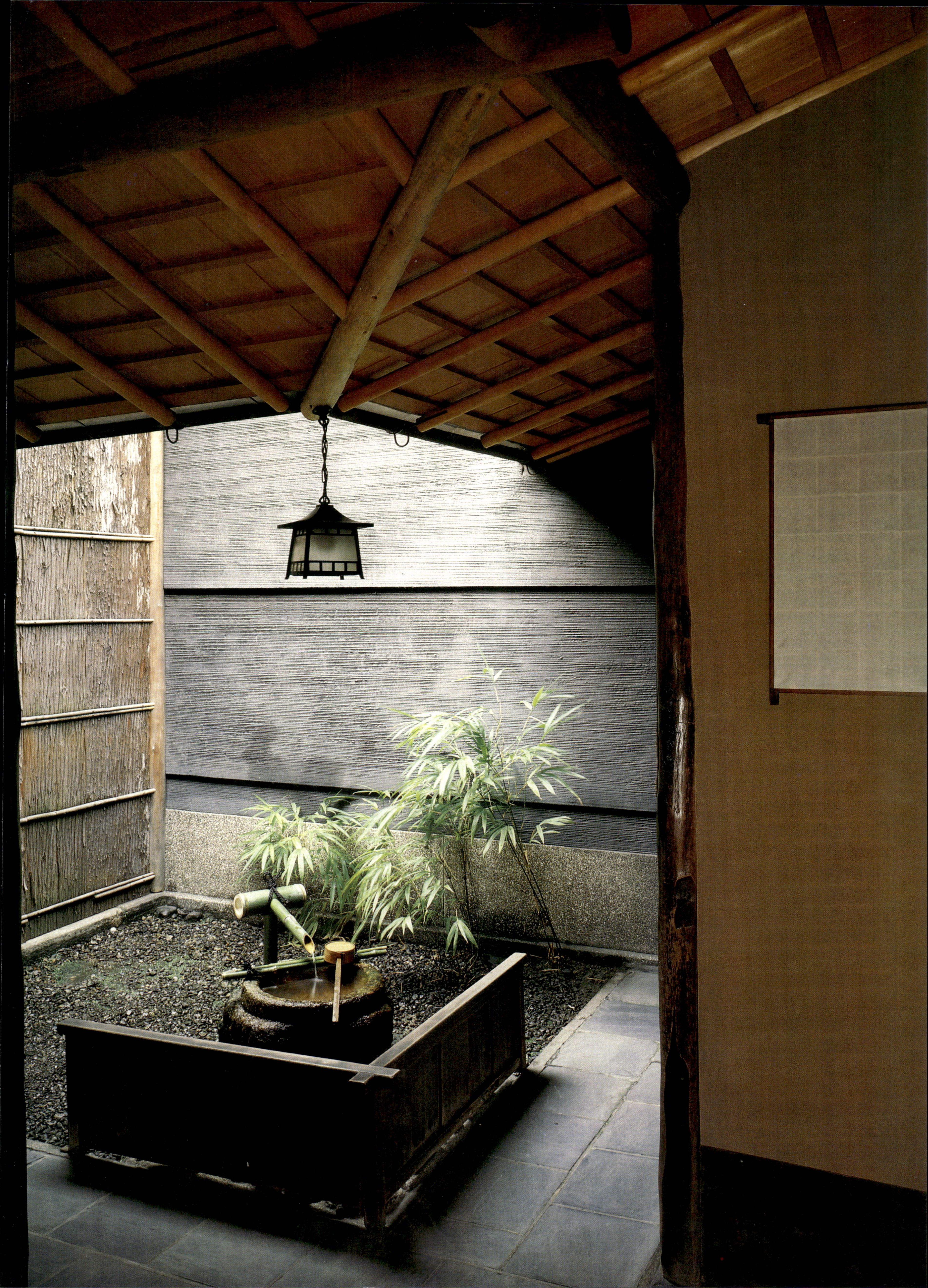

暮雨巷　等候室北的洗手处

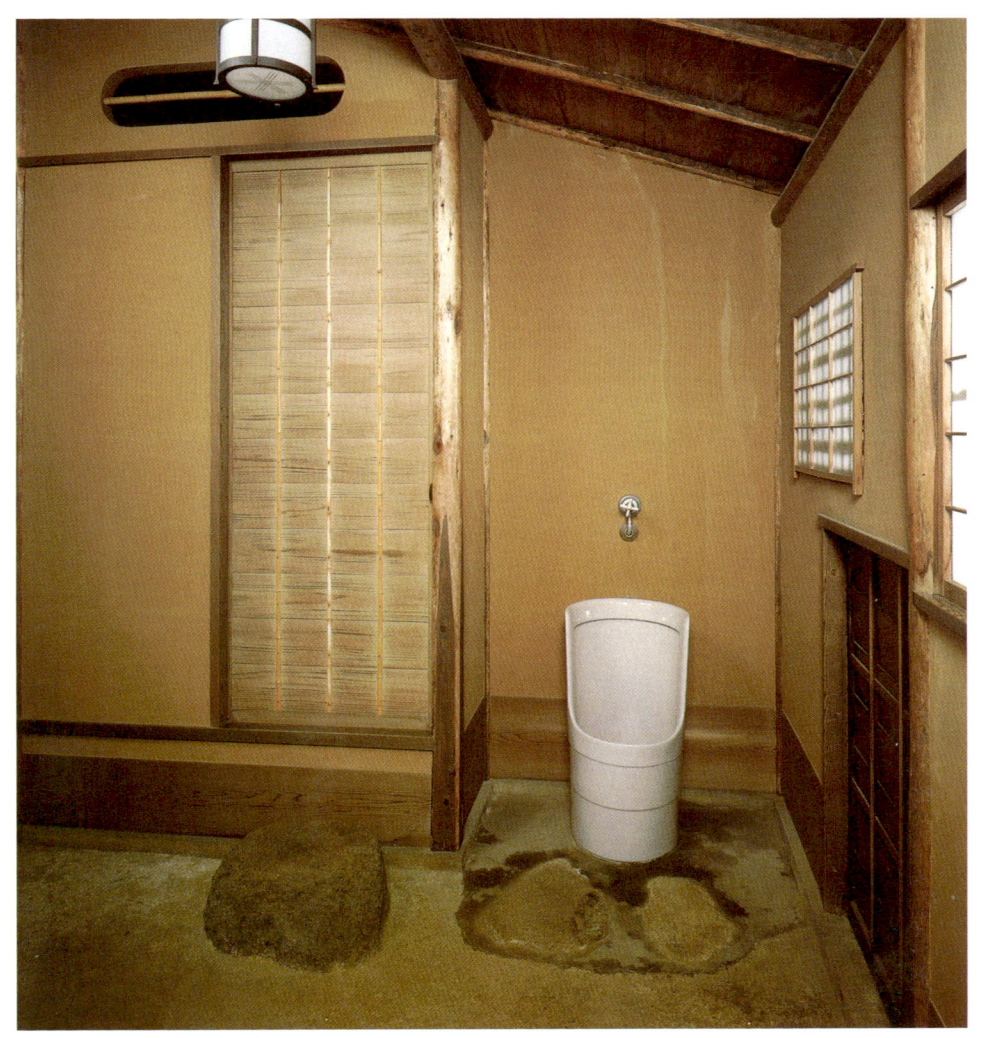

暮雨巷
上、下＝原叟茶室东的洗手处

瓢亭
上右＝洗手处外观　上左＝洗手处

中野邸　水亭洗手间

瓢亭　洗手间

北村邸
上、下左、下右=珍散莲洗手间

楼梯

旭化成芝寮　南侧楼梯
上＝一楼部分　右页图＝二楼部分

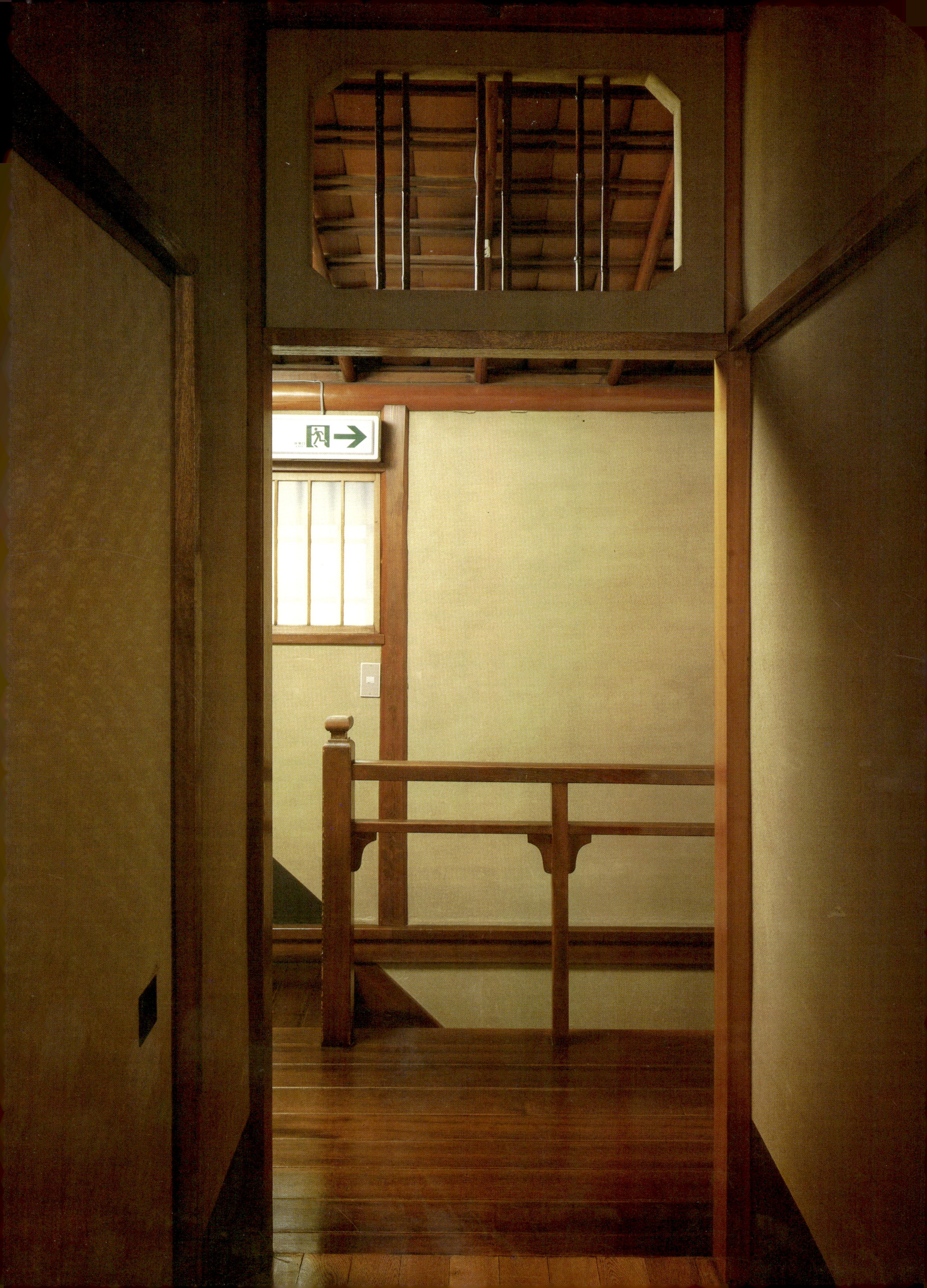

日本建筑集成　周边的技法　46

八芳园　楼梯

河文　东玄关的楼梯

柊家　玄关旁的楼梯

柊家　内部的楼梯

中野邸　二楼大客间内侧的楼梯室

铃木别邸　二楼茶室前的楼梯室

佳水园　大厅东的楼梯栏杆

设计图详解（一）

濡缘（竹缘）

重视建筑物和外界的接触是日本建筑重要的特色，这个接触就是濡缘。这是位于建筑物的最前端的部分，由雨水沾湿而产生的称呼，是一个富有诗意的词语。

地板表面极力外延，自然地表现出使劲伸出去的那种建筑物的姿态，同时，也扮演着庭院和建筑物紧密相连的作用。在数寄屋建筑中，濡缘并不是围绕建筑物的外周，而是会附设在走廊的一角，但与升降完全无关，与走廊前端的手水钵组成钵前的情况非常多。在建筑物的升降处放置脱鞋石，在檐廊的一侧加上濡缘，形成钵前，这是非常普遍的构造。

飞石和脱鞋石将建筑物和庭院紧密地连接在一起，即使不下到庭院，只要踏出一步到濡缘，就会被带入庭院的空间。也就是说，庭院之间的设施也具备很多功能，其设计可以说是巧妙利用了建筑物和庭院的连接点。

在品茶的时候，一定要在露地使用手水钵后入座，所以要设置蹲踞。而且形成了在客间的檐廊前使用手水钵的习惯，这一习惯不仅限于茶道，还广泛地作为客间外围的装置普及开来。

濡缘的功能当然要与建筑物的格调、风貌相呼应，一般要求是轻快的感觉，而且材料也考虑到耐水，一般多使用竹子和栗子树。也有人把钵前的濡缘称为竹缘，这是由使用竹子做成的室外檐廊命名的，也可以说是一种风雅的称呼。

根据建筑物的不同，如果只用竹子，感觉又有点太轻快了，所以也在竹子中间掺杂一些其他的材料，这种情况也可以称为"竹缘"。

八胜馆中店、桃李境、对龙山庄、滩万山茶花庄、秀明的濡缘是观月台的形式。桂离宫古书院的大檐廊前方设置的观月台广为

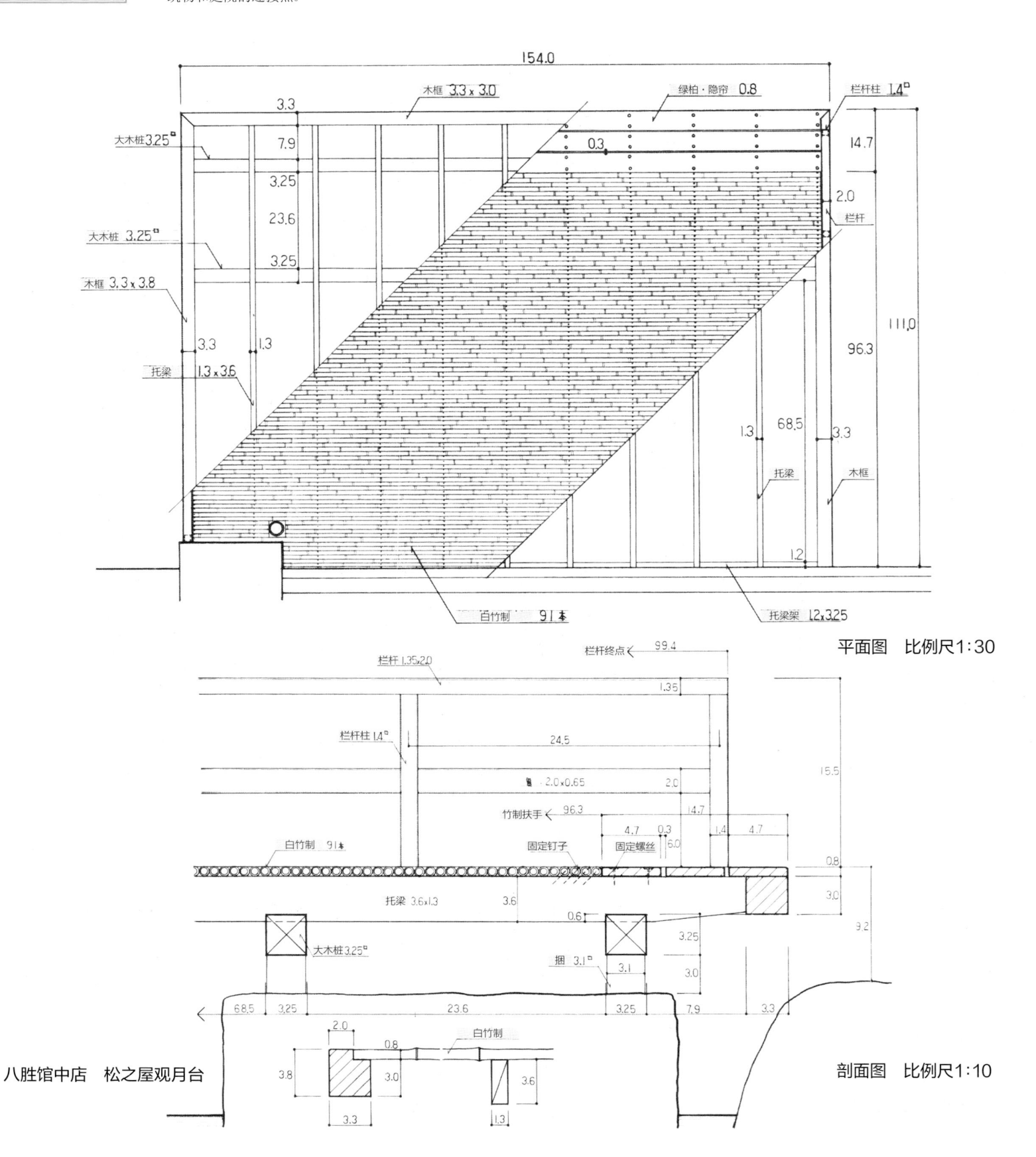

八胜馆中店　松之屋观月台

濡缘（竹缘）实测图

平面图　比例尺1:30

剖面图　比例尺1:10

人知，那是用竹子制成的比较宽阔的濡缘，而且没有栏杆，凸显了观月台与庭院的亲密关系。

这里看到的例子就是竹缘的应用。八胜馆中店因为正门很宽，所以左右设有低矮的栏杆。桃李境在建有玻璃门的内侧没铺地板的房间，设置了不同宽度框的竹缘，在宽檐廊前方的屋外还建有观月台。这是一间可以俯瞰大海，景色优美的房间。

在南禅寺的对龙山庄内，聚远亭的南侧屋檐下，有一大片长长的、低矮的竹缘。竹子的切口排列不整齐，增添了别样的风情。

用这个竹缘也可以到达西南方的房间。明治二十五年（1892年）封顶的早川宅邸的主屋，西侧的檐廊前设置了钵前，这个钵前特别受到武者小路千家八代一指斋的喜爱。从这个檐廊可以通向手洗，两侧是挂衣架具。檐廊的栗子木板排列设计得非常合理。

炭屋的例子是马扎形濡缘。

山翠楼吹上之屋、暮雨巷的例子是在屋檐下加了栏杆的竹缘，虽然很难叫作濡缘，但根据房间的格调，很适合这样的结构。

清流亭大厅南侧，在入口的正面设置了濡缘，最边上放置了手水钵。竹中邸是复制了松风楼的房间，入口处设置了钵前，造了一个茶室。一力是没有使用栏杆、比较轻快的濡缘。北村邸（四君子苑）的大厅，北侧的构成是宽接近五尺的大檐廊，外架设了一段较低的濡缘，放置了四面佛的手水钵。濡缘只用了五根长方形断面的木料，除了钵的正面，还配了低矮的栏杆。

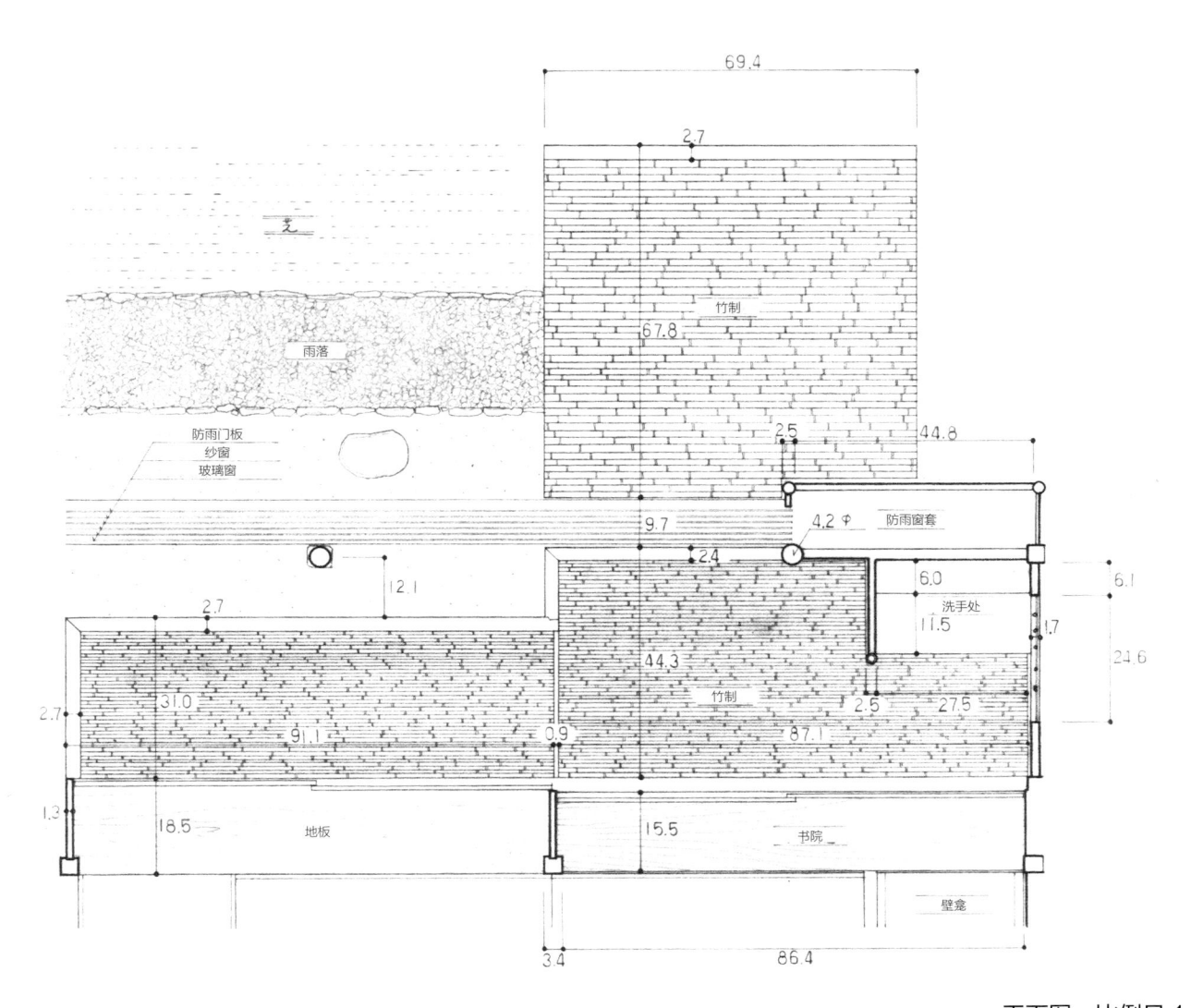

平面图　比例尺 1∶30

剖面图　比例尺 1∶30

桃李境　柾之屋竹缘

濡缘（竹缘）实测图

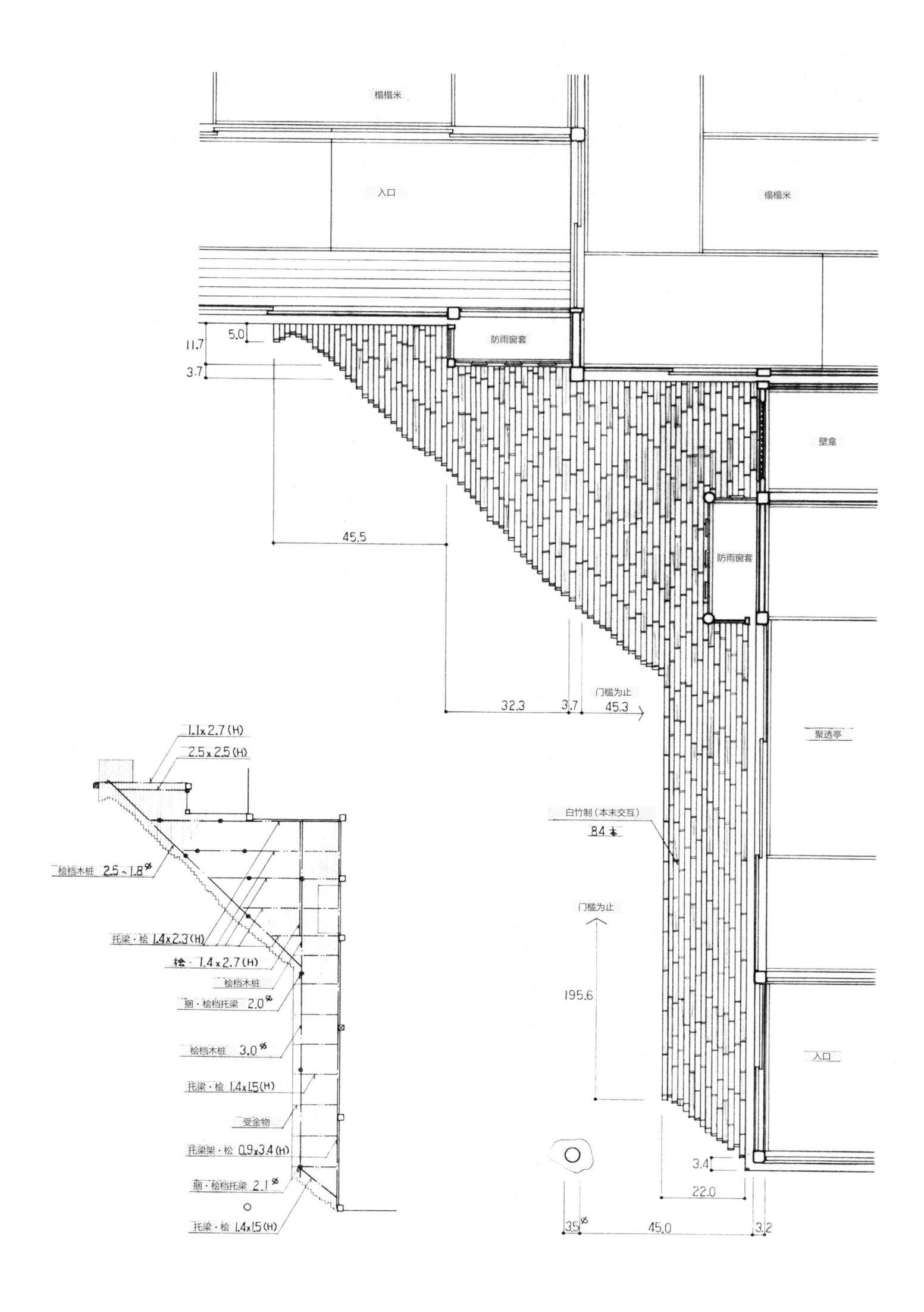

対龙山庄　聚远亭竹缘、地板构造平面图　比例尺1:30，1:60

濡缘（竹缘）实测图

对龙山庄　聚远亭竹缘支柱

对龙山庄　聚远亭竹缘西端部分

对龙山庄　聚远亭竹缘东端部分

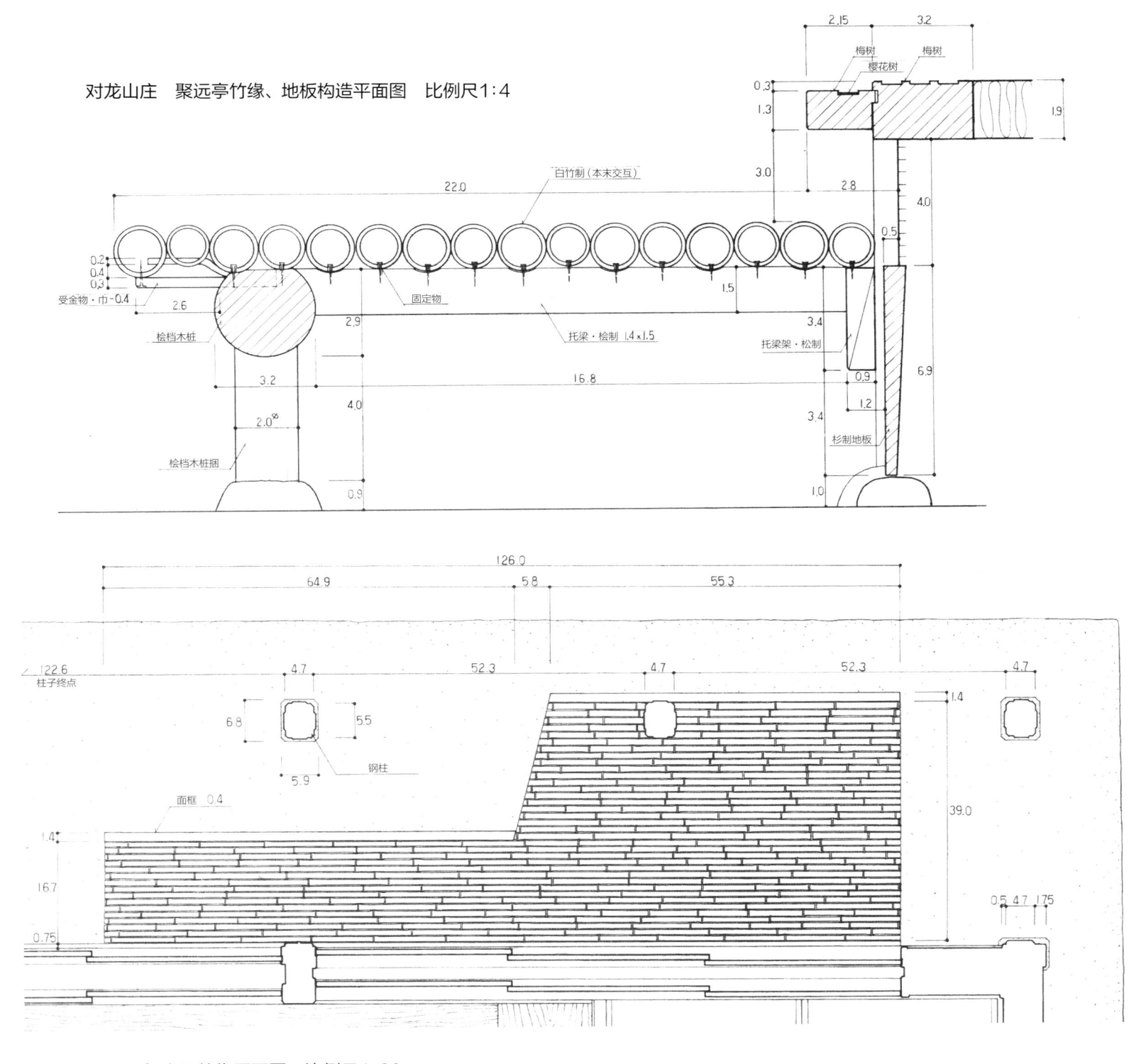

对龙山庄　聚远亭竹缘、地板构造平面图　比例尺1:4

秀明　舞之屋竹缘平面图　比例尺1:20

濡缘（竹缘）实测图

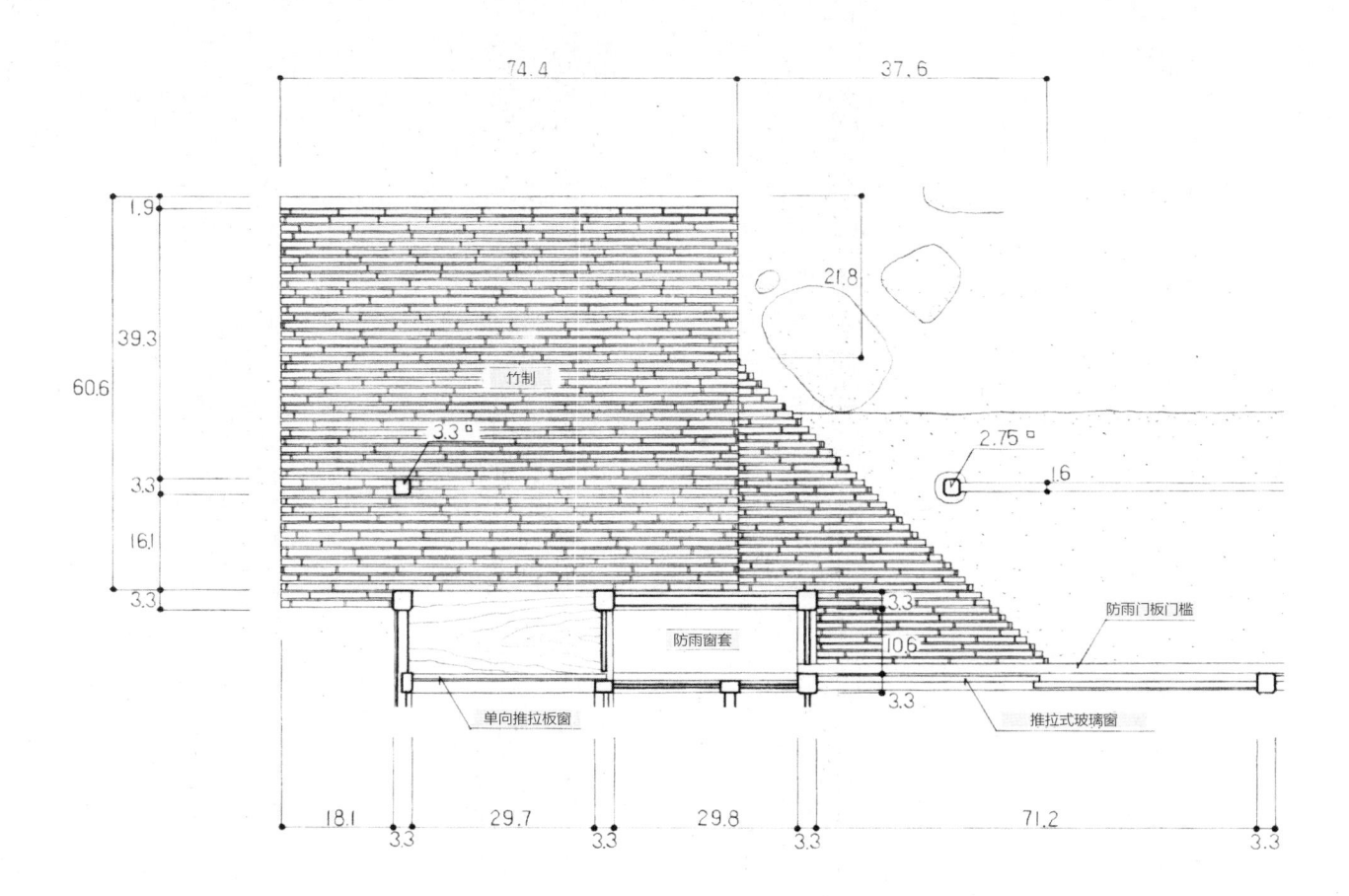

平面图　比例尺1:30

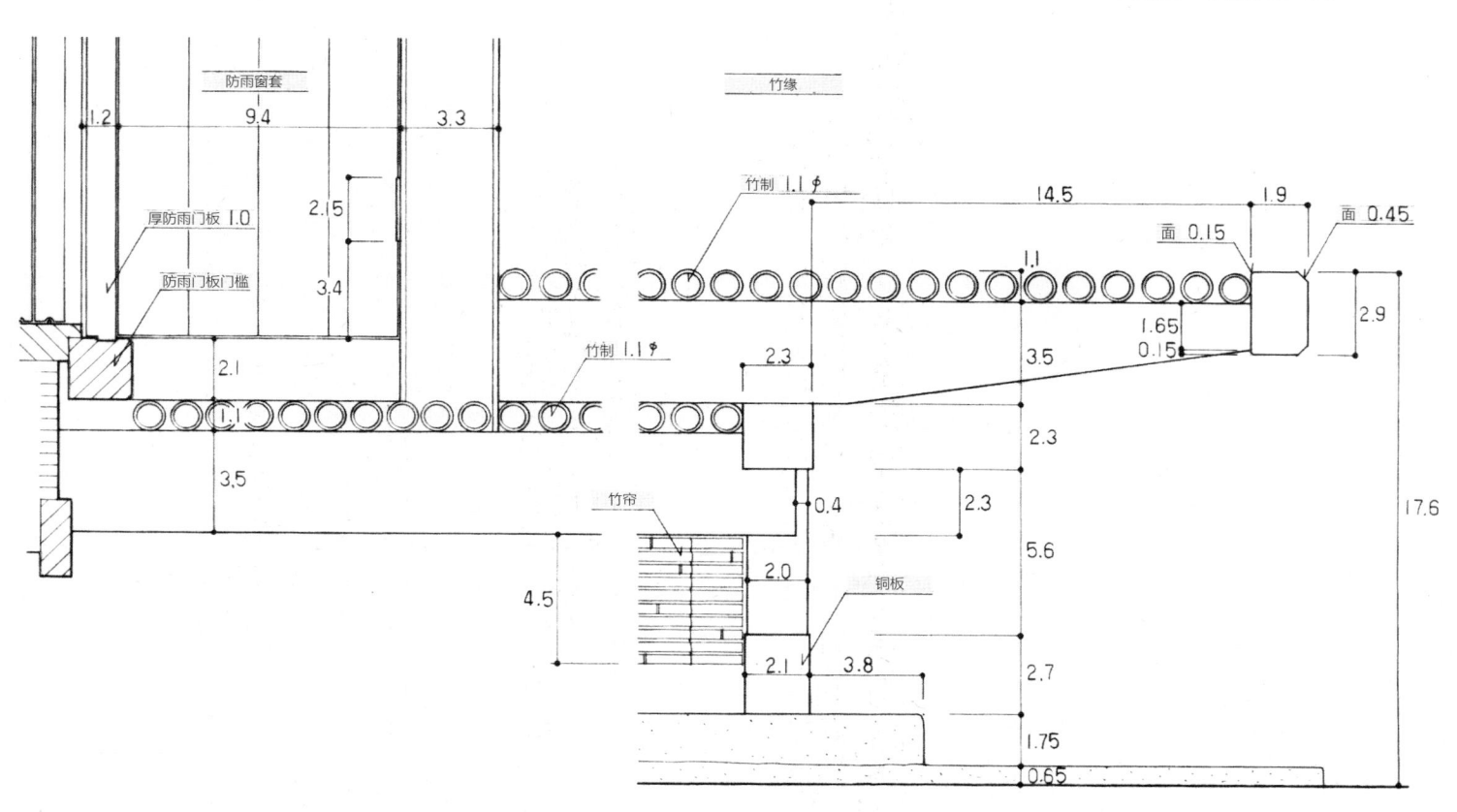

滩万山茶花庄　花桐之屋竹缘

侧面图　比例尺1:6

濡缘（竹缘）实测图

滩万山茶花庄　葵之屋竹缘部分

滩万山茶花庄　花桐之屋从庭院看竹缘

秀明　控之屋竹缘

山翠楼　吹上之间的濡缘

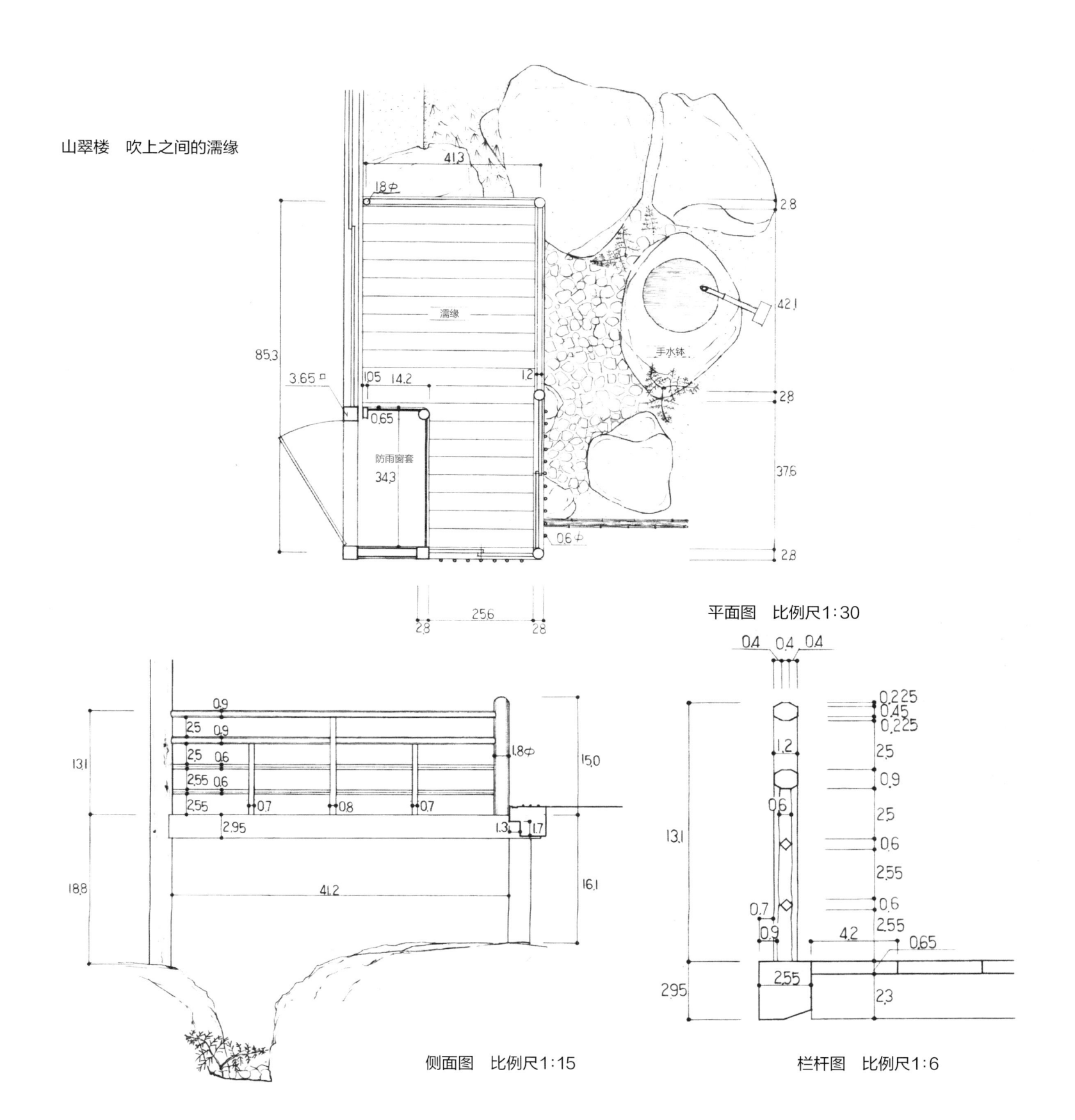

平面图　比例尺1:30

侧面图　比例尺1:15

栏杆图　比例尺1:6

濡缘（竹缘）实测图

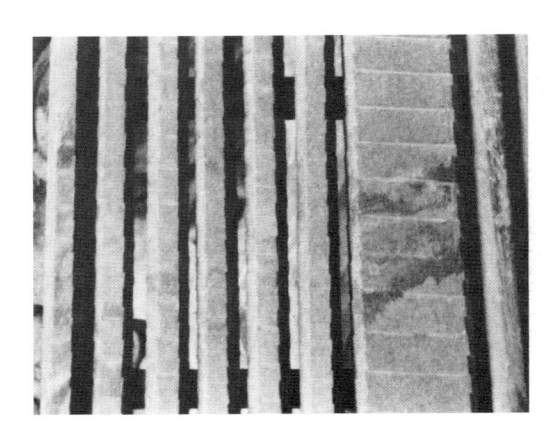

早川邸　书院西的濡缘的名栗雕

早川邸　书院西的濡缘的栏杆透雕

早川邸　从庭院里看书院西的濡缘

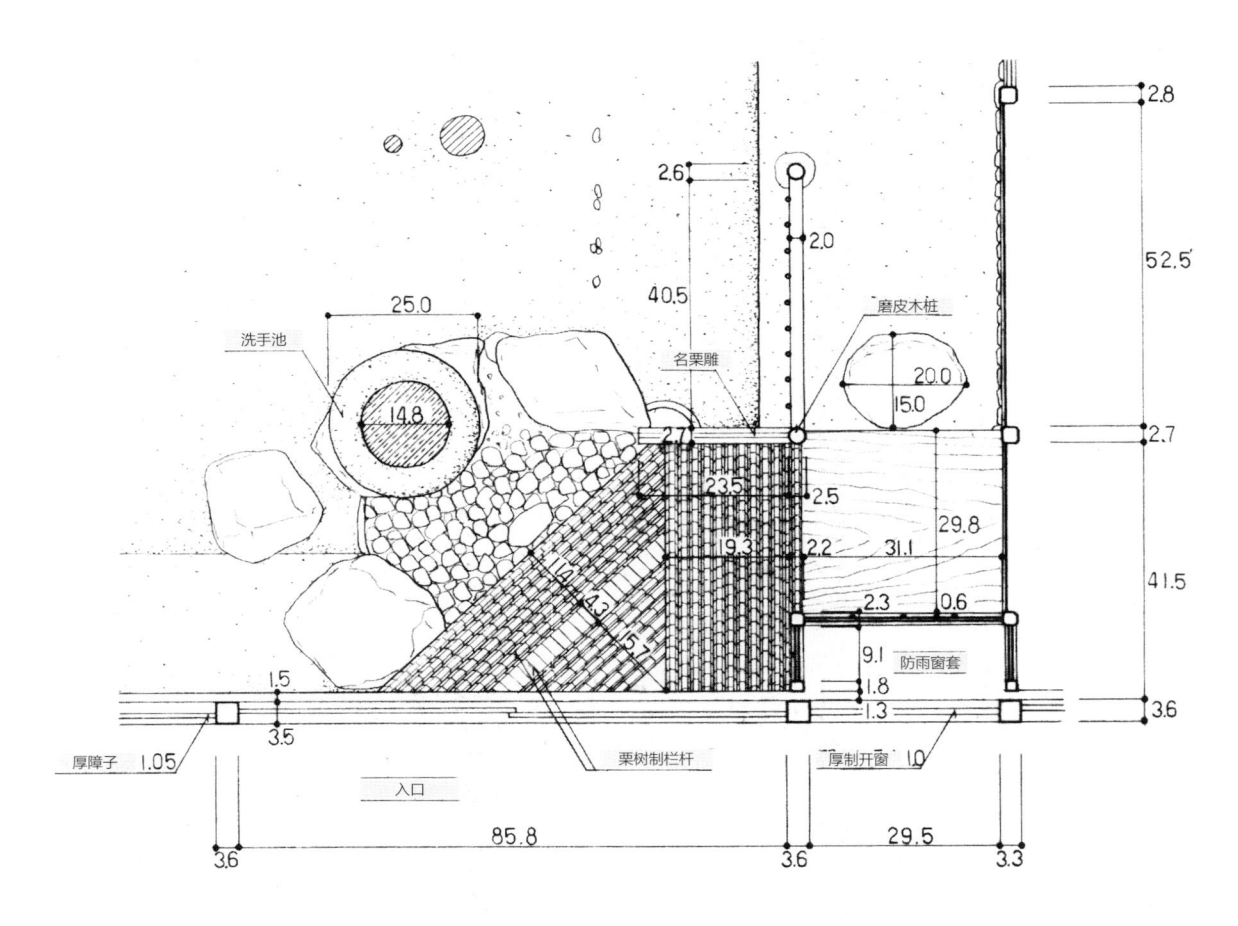

平面图　比例尺1:30

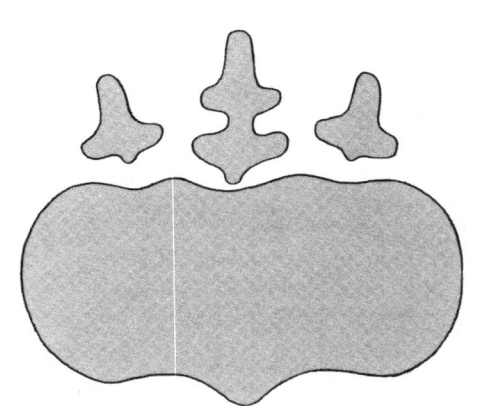

早川邸　书院南

濡缘（竹缘）实测图

暮雨巷　大厅入口的濡缘 　　　　　　　一力　控之屋濡缘 　　　　　　　竹中邸　从庭院里看八铺之屋北的濡缘

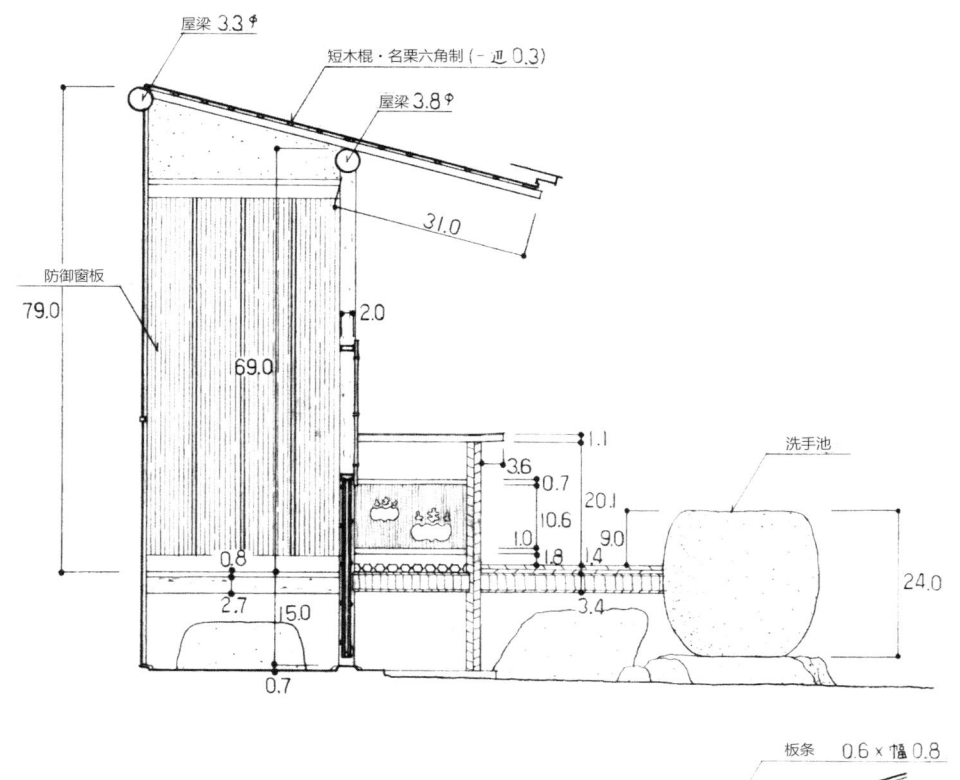

东侧

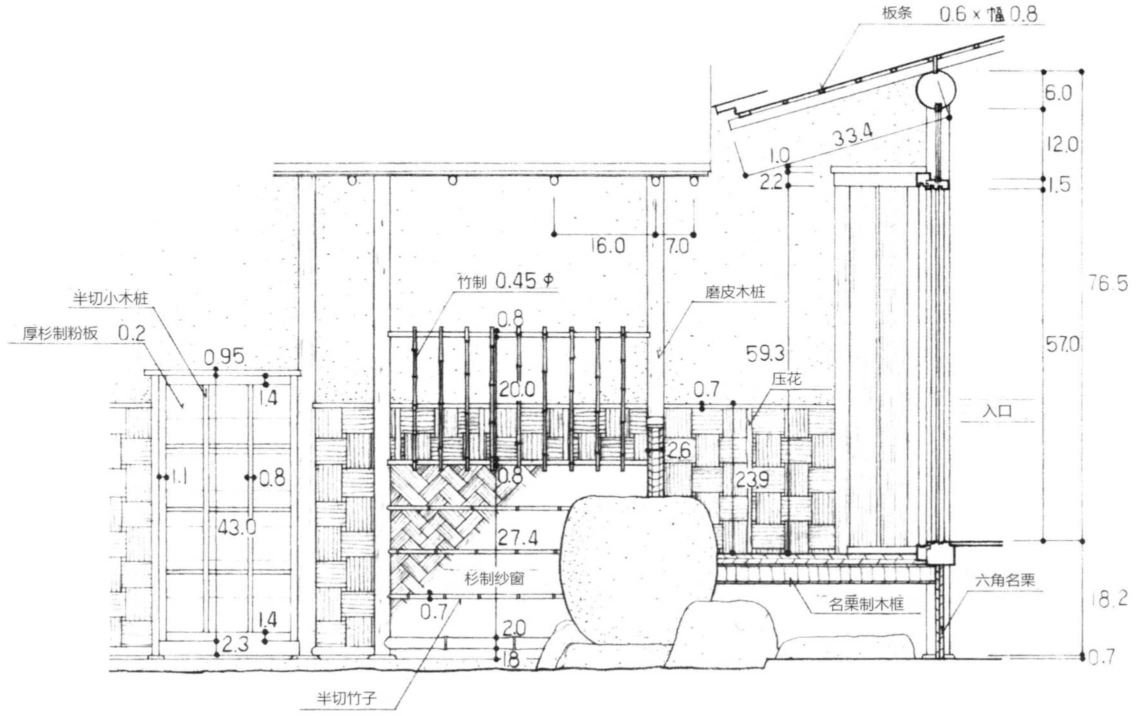

早川邸　书院南的濡缘展开图　比例尺1:30

北侧

濡缘（竹缘）实测图

平面图　比例尺1:6

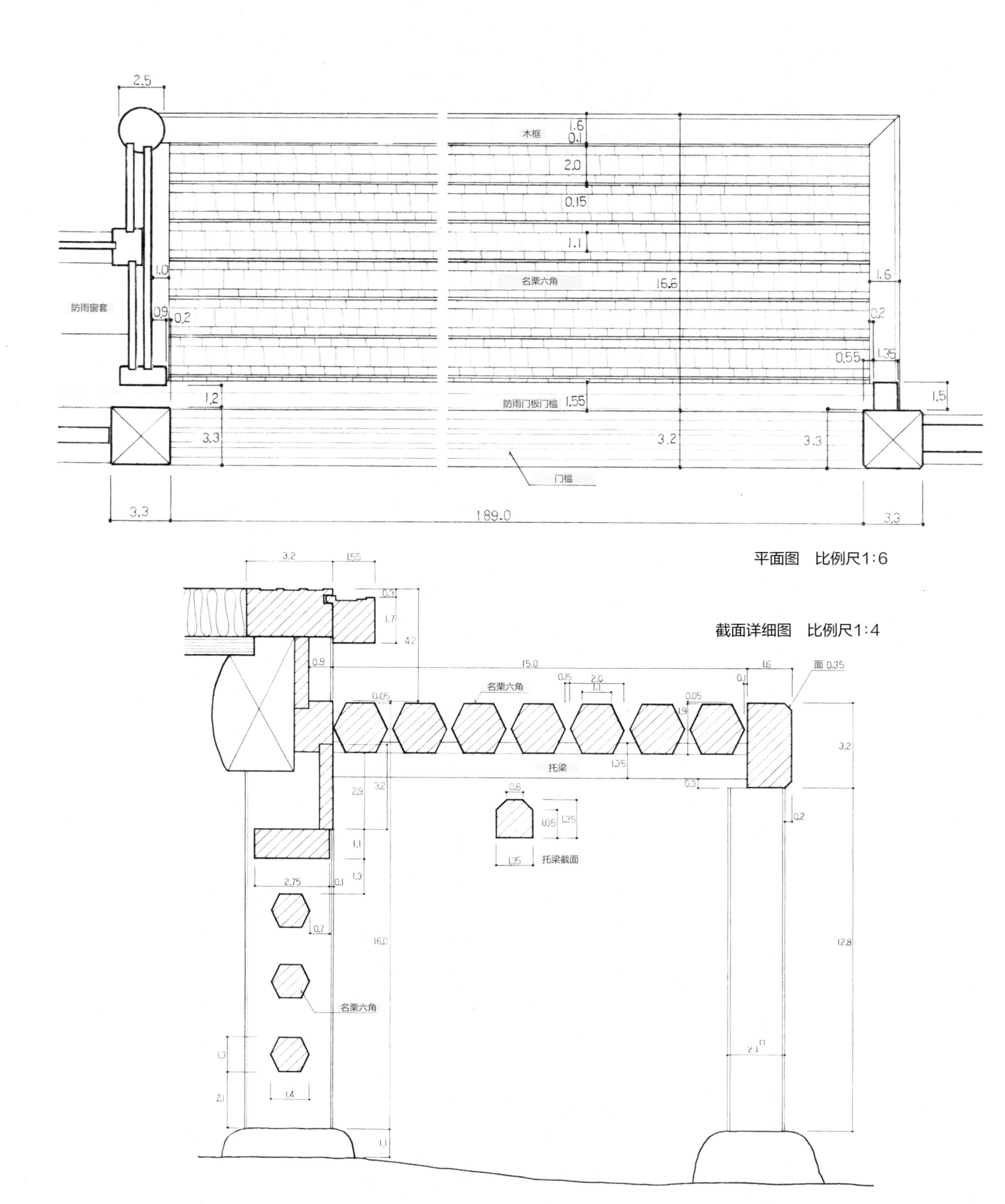

截面详细图　比例尺1:4

清流亭　广间濡缘

濡缘（竹缘）　实测图

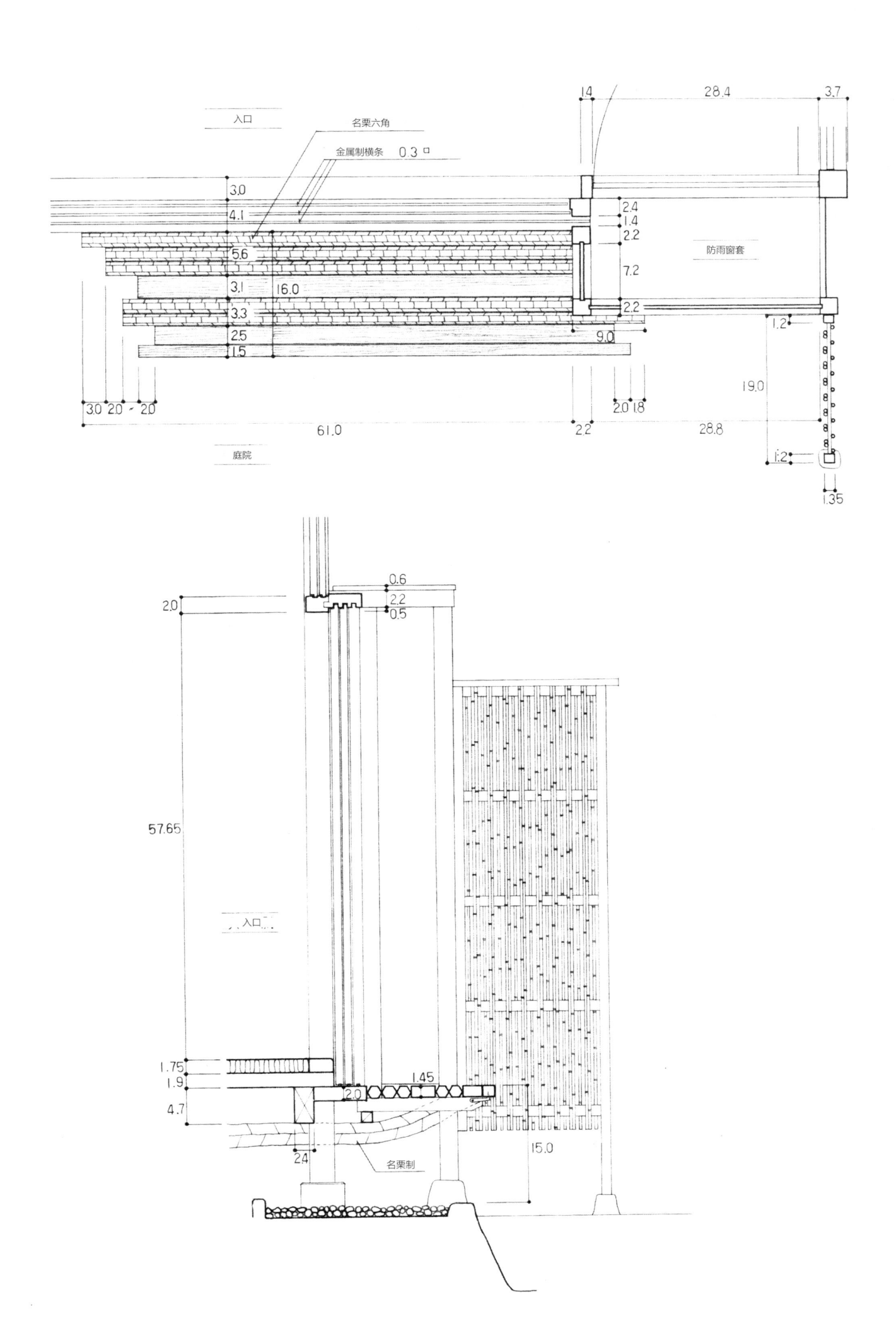

一力 大厅 濡缘平面图、断面图 比例尺1:15

濡缘（竹缘）实测图

北村邸　大厅北的大檐廊的濡缘栏杆

北村邸　从庭院看大厅北的大檐廊的濡缘

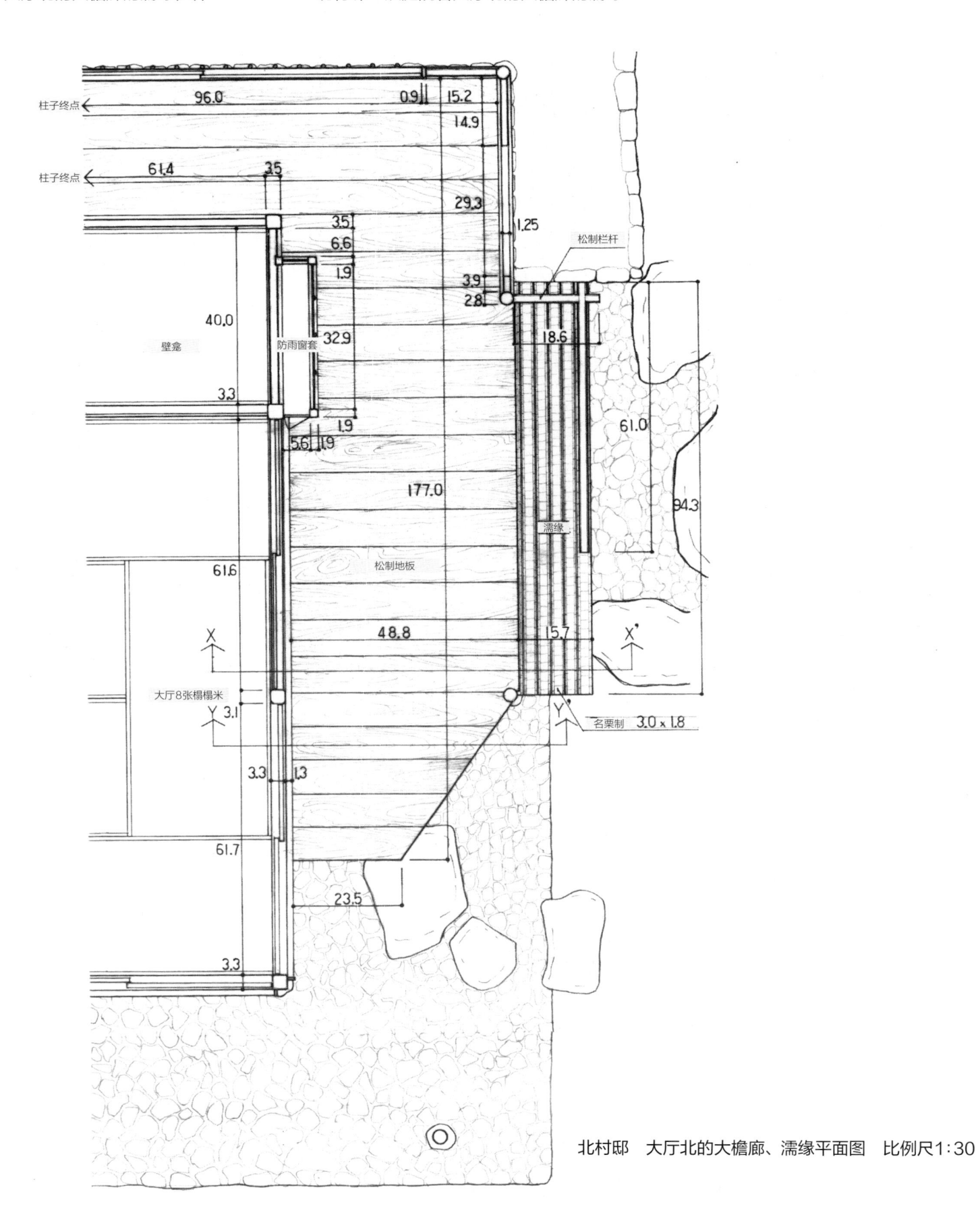

北村邸　大厅北的大檐廊、濡缘平面图　比例尺1:30

濡缘（竹缘）　实测图

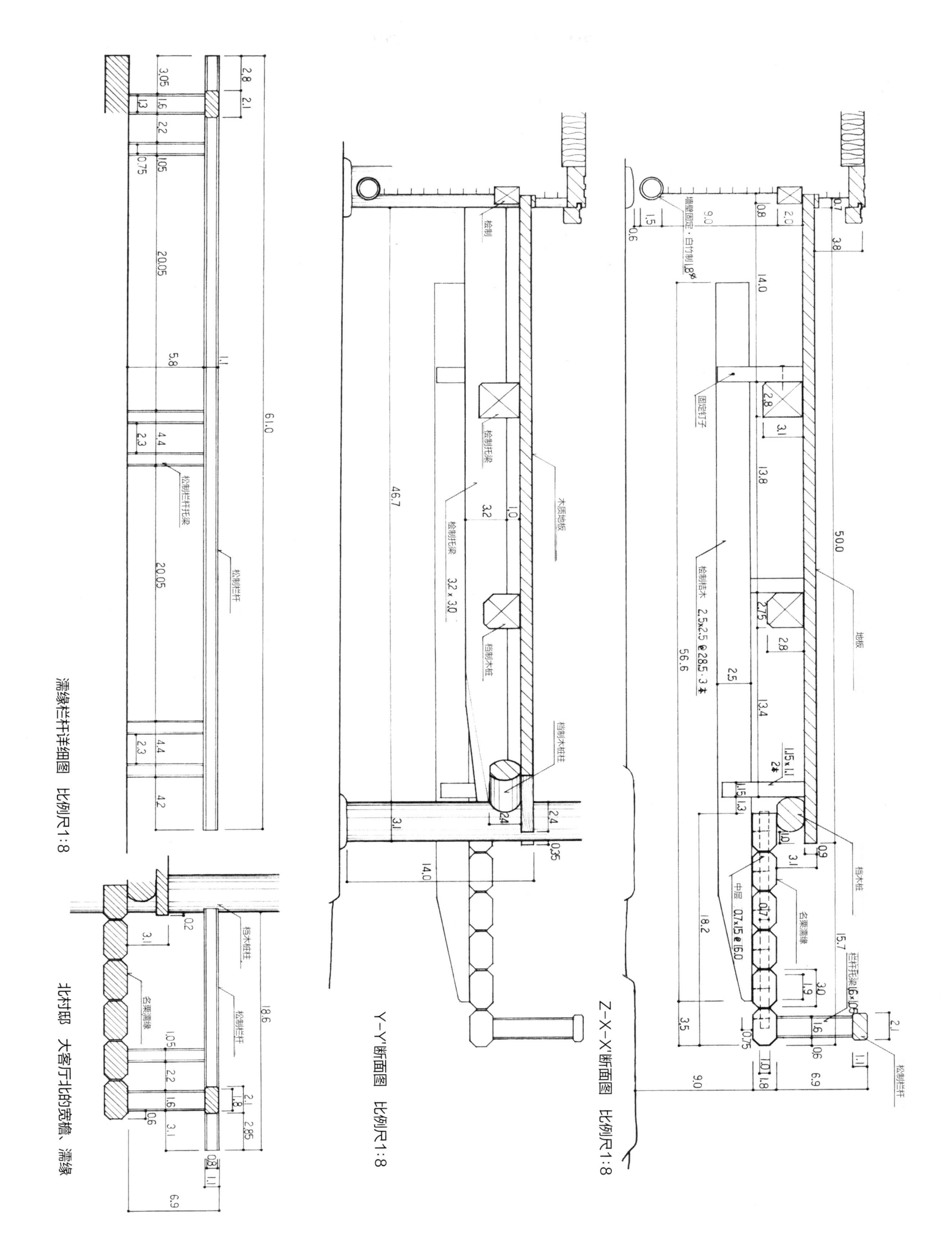

濡缘（竹缘）实测图

檐廊和入口

寝殿建筑由主屋和屋檐组成，不久后变成了书院式的住宅，由铺满榻榻米的客厅、大檐廊和广缘构成落缘（设在外面的走廊）。房间的檐廊也呈现出来，这里就是入口。客厅外有宽走廊和落缘，与书院的格调相符。

草庵茶室拆除了这样的檐廊，从露地的飞石直接通向榻榻米。这种形式也被引入用于饮茶的大厅。即使不在蹲口，也可以从飞石的终点的脱鞋石直接登上榻榻米。但是，虽说是大厅，但因为是书院的构成，所以在那里也会有檐廊，或增加入口，和远离茶道的和风建筑是一样的。

传说在千利休的聚乐屋书院中，在宽一间（约1.81米）的檐廊中有半间檐廊沿着门槛铺着榻榻米。也就是说，檐廊的一半是入口，和桂离宫新御殿的檐廊一样。即使隔着门槛，如果铺着榻榻米的话，也可以和入座礼仪一样实施出入礼仪。利休的书院可能也考虑到了这种情况。另外，通过添加入口，可以扩大房间。由于具有这样的功能性，入口在和风建筑中经常被使用。

北村邸的茶室（珍散莲）西侧，贵人口外有檐廊，这是为了在下雨的时候也能在里面而设计的吧。狐蓬庵的忘筌（狐蓬庵客殿里的房间）也有落缘，这种结构也可以看作是一种巧妙的尝试。作为落缘的替代，将庭院的池塘引入屋檐内，在池中设置水钵，前面设有中门槛，上部竖起纸拉窗，可以遮挡西晒。檐廊是用非常漂亮的杉野板铺的，顶端没有框。

早川邸主屋南侧的檐廊，往前拐向北边，打开这个檐廊的纸拉窗，是一个幽邃的庭院。据说伊势湾台风曾经刮倒了好几棵巨树，但现在仍有一棵相当大的树屹立不倒，成为远景，让人感受到庭院的深邃。与房间的界线是腰拉门，主间和次间的部分装有圆木的长押，只有手前鞘之屋没有长押。

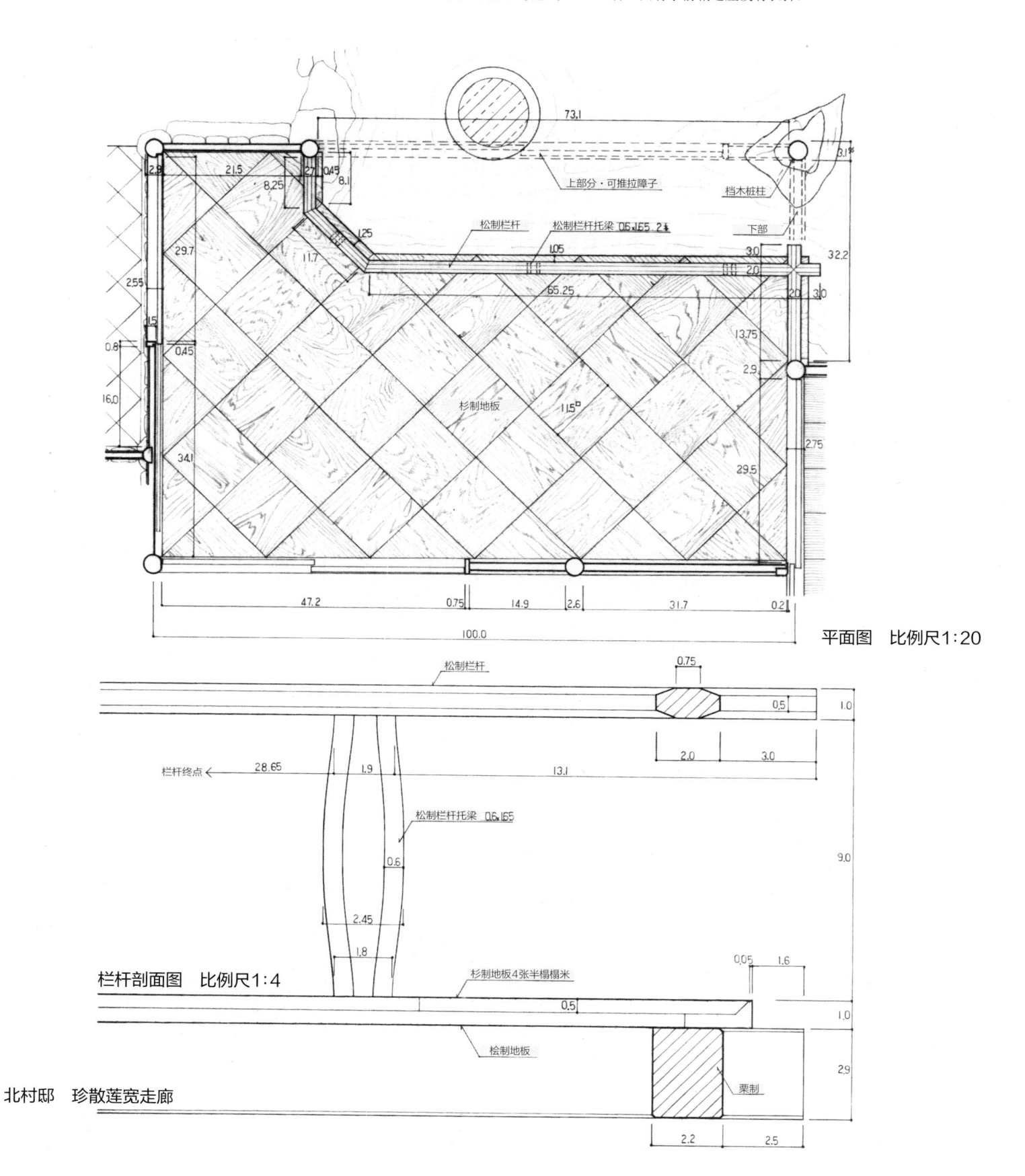

平面图　比例尺1:20

栏杆剖面图　比例尺1:4

北村邸　珍散莲宽走廊

檐廊和入口　实测图

天花板上角椽上排列着削木的木舞，装饰阁楼的内侧是横梁是磨圆木，桁架和门楣之间嵌着波浪形的双层连子，照片的尽头是玄关式的台。

　围绕着中野邸二楼六铺席的房间两边的檐廊，是与室内相对应的几何设计，在房顶和栏杆上都费了心思。

　山翠楼楼上牡丹之屋东侧的檐廊上，外侧开着中门槛窗，门槛下嵌着双层格子帘，除此之外还有栏杆。门楣和圆梁之间也嵌入了双层格子，和下面的双层格子的设计不同。与房间的交界处是腰拉门（腰是竹箔），栏间是涂漆的窗户，窗户上镶着竹制的硬木。

　建在滞春亭（原藤原别邸）庭院内的俱忘轩是近代的数寄者之一藤原晓云（银次郎）于大正十五年（1926年）建造的茶亭，主室正面、地板和壁龛旁边是一间六铺大的房间，这三个地方有一个一间宽的入口，南侧是一间半的书院，北侧入口的一角是中门槛窗，窗户外面有檐高栏，腰上仿照桂离宫笑意轩的腰墙设计。虽然不知道在茶会时是如何使用的，但与其说是入口，不如说是作为檐廊房间来使用的实例。在南入口的更南边有三张台目（茶室榻榻米，比普通榻榻米要小）茶室。

　西园寺公望的坐渔庄一楼房间东边的檐廊，火灯口（服务用的小门，上面呈弧形）的对面是西式房间，火灯口框的特殊设计应该是考虑到了日本和西洋风格的融合。

　美浓幸楼下八张间的土檐廊，天花板也是由竹椽、竹木舞和杉树皮构成，是一种略带野趣的设计。没铺榻榻米的房间斜铺着四瓦半的地砖，沿房间缠绕的竹子檐廊面向庭院开放，从客厅通过纸拉门可以欣赏风景。

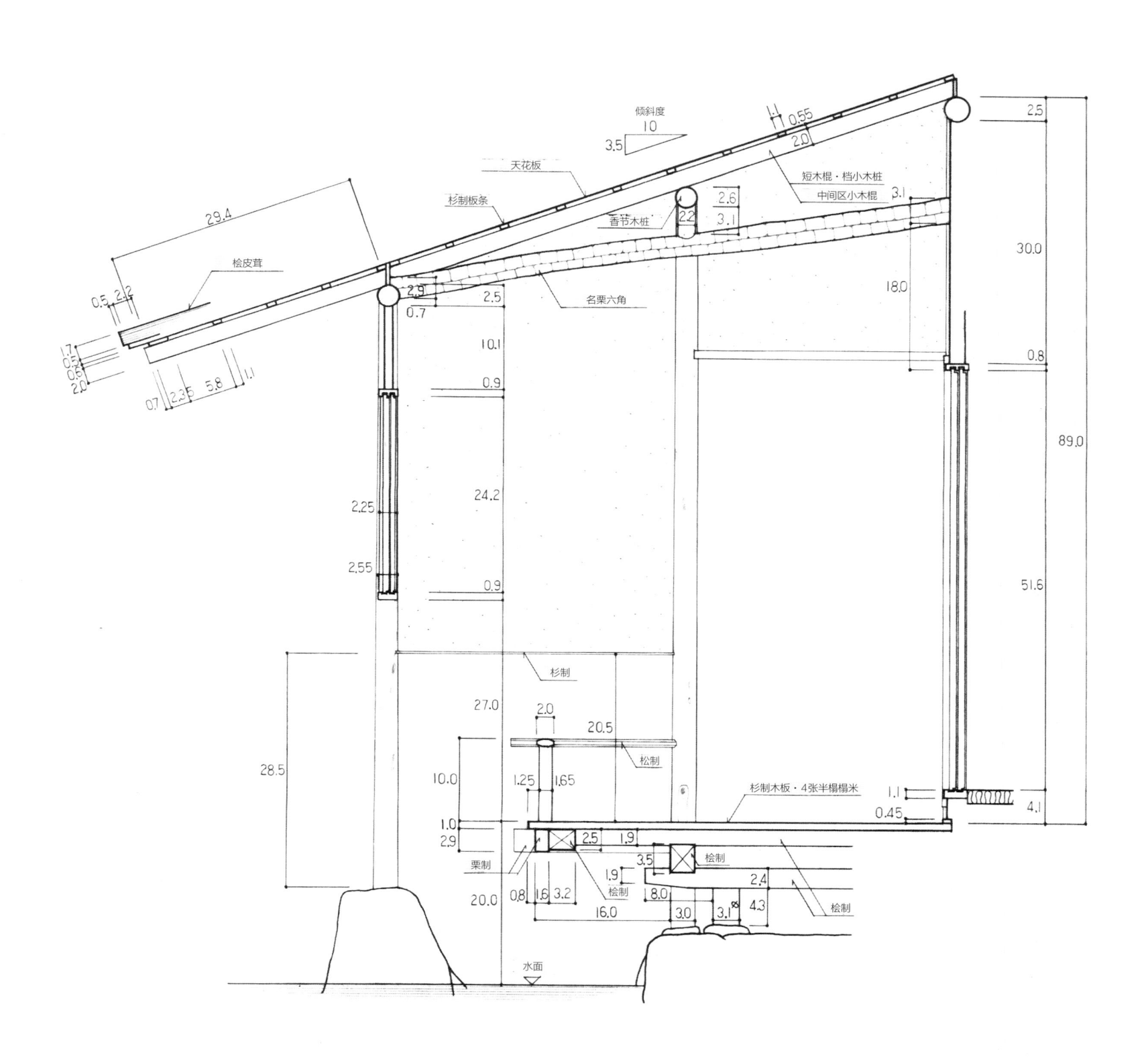

北村邸　珍散莲截面图　比例尺1:15

檐廊和入口　实测图

日本建筑集成　周边的技法　　　　　　　　64

北村邸　珍散莲广缘栏杆　　　早川邸　从东边看书院南的檐廊

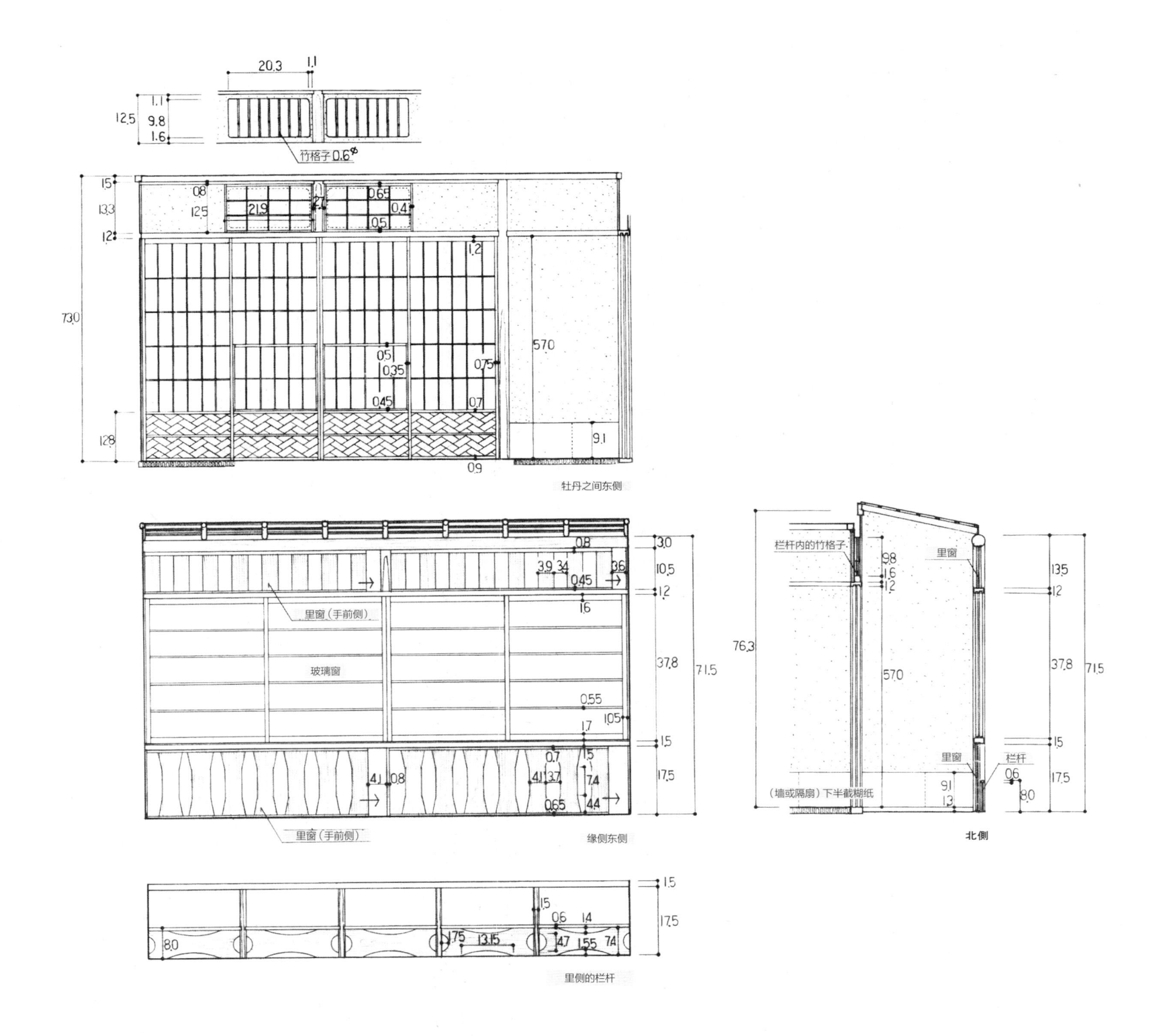

山翠楼　牡丹之屋檐廊的展开图　比例尺1:30

檐廊和入口　实测图

美浓幸　一楼檐廊的天花板部分 　　　　美浓幸　一楼檐廊的东端部分 　　　　北村邸　从珍散莲广缘看水池

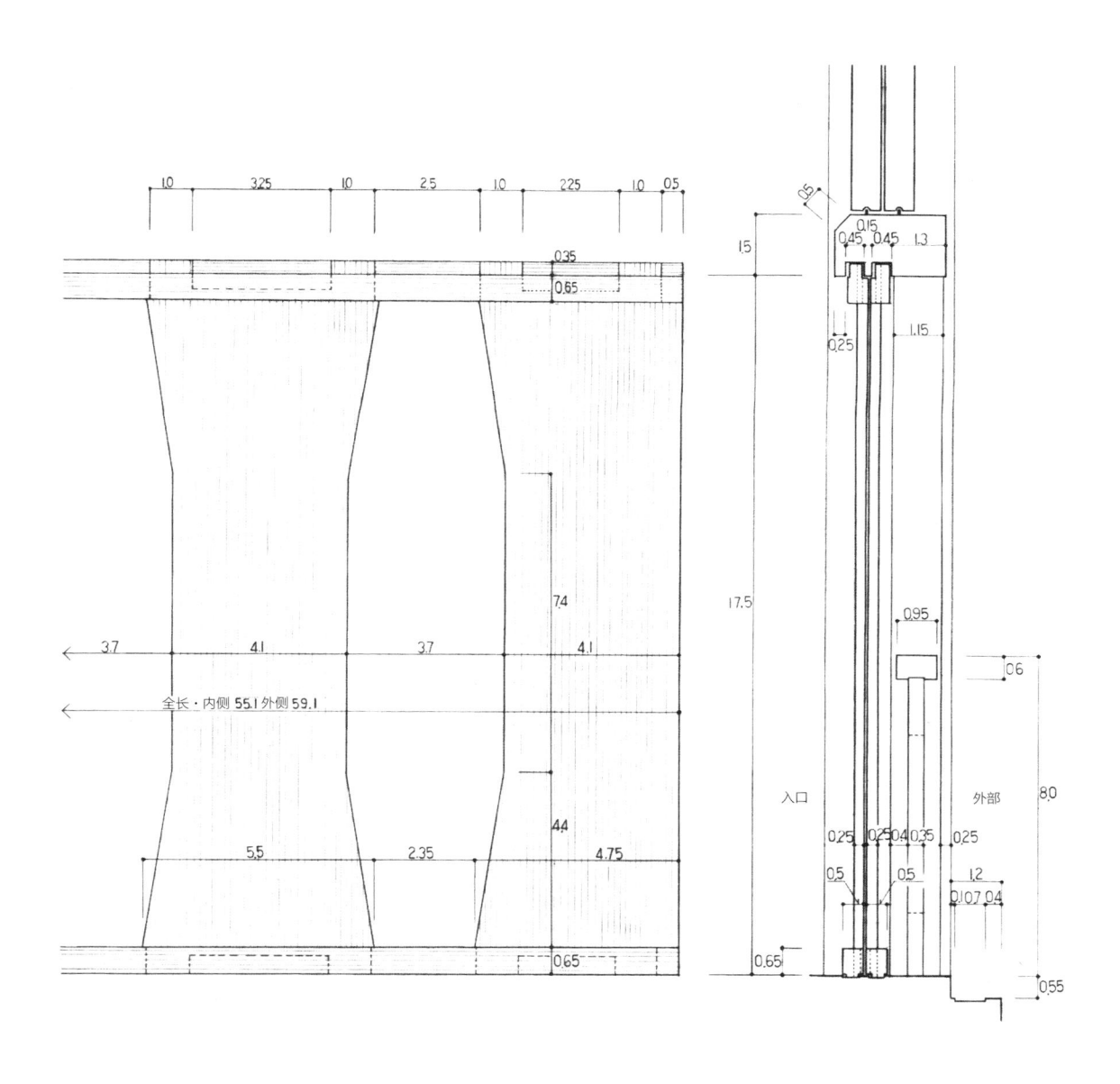

山翠楼　牡丹之屋廊檐处腰双层格子窗的剖面图　比例尺 1:4

檐廊和入口　实测图

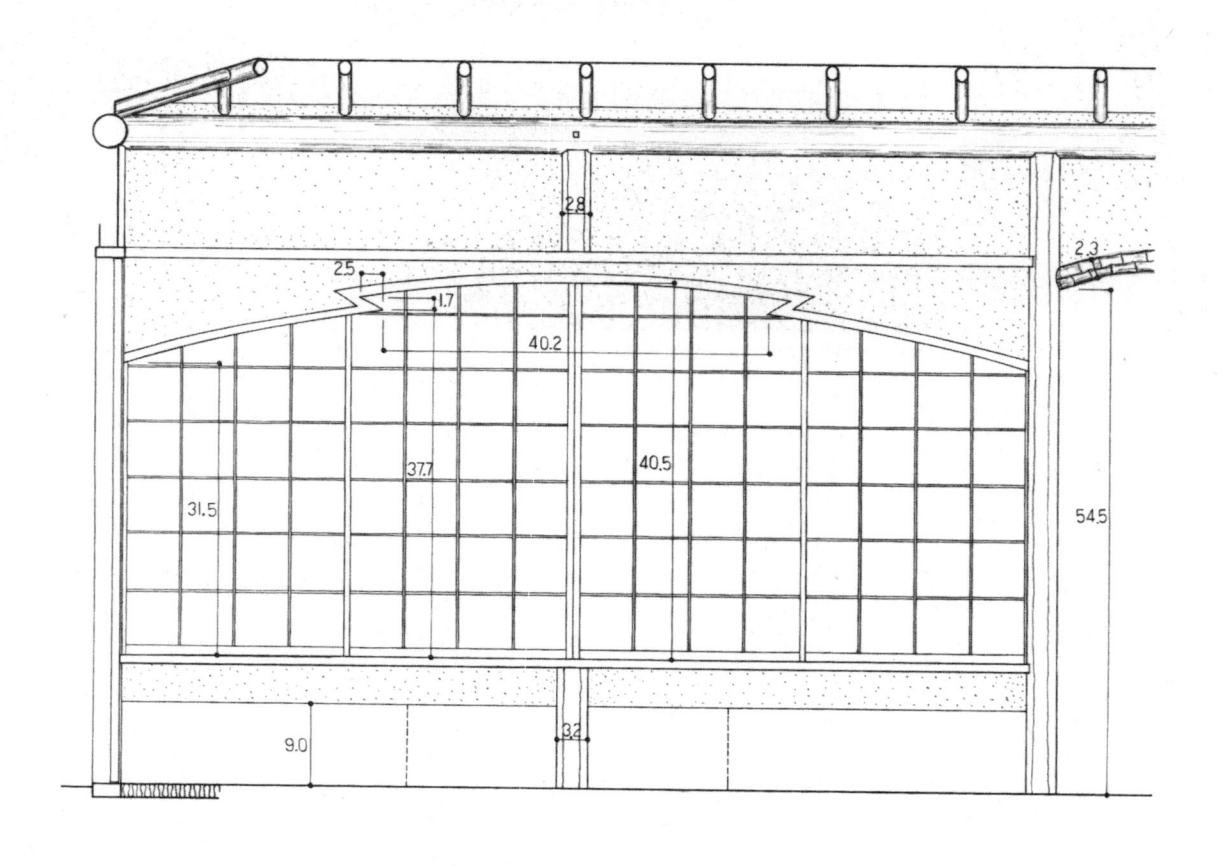

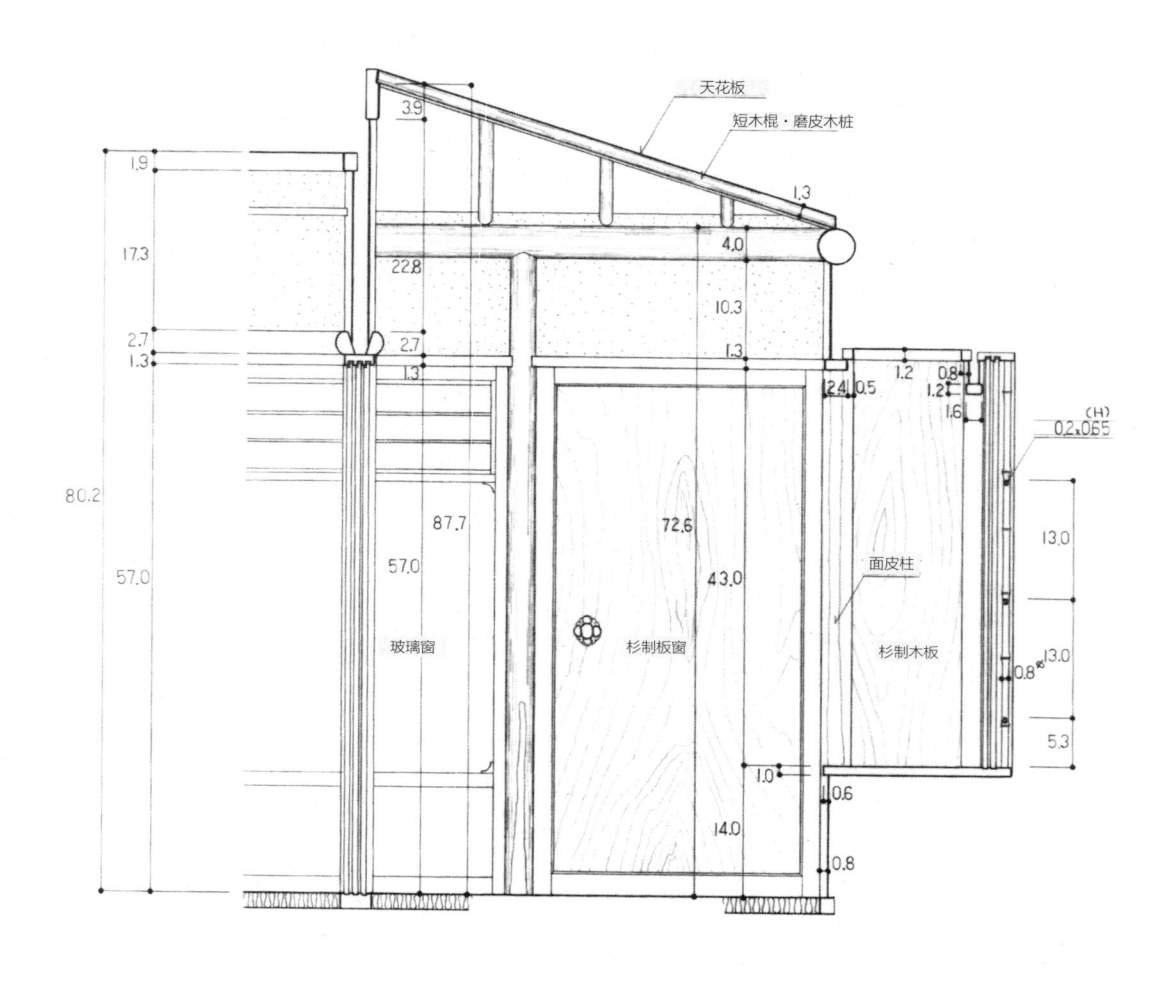

滞春亭　南侧书院展开图、断面图　比例尺1:20

檐廊和入口　实测图

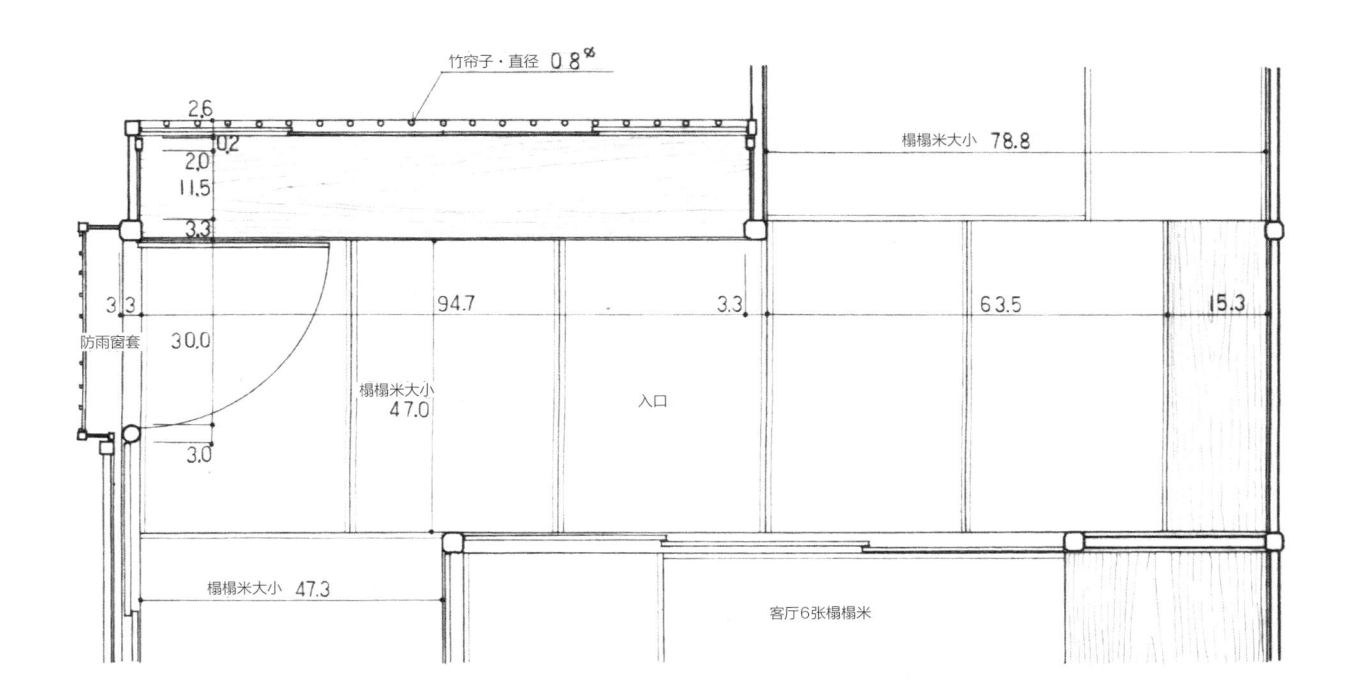

滞春亭　南侧书院平面图　比例尺1:30

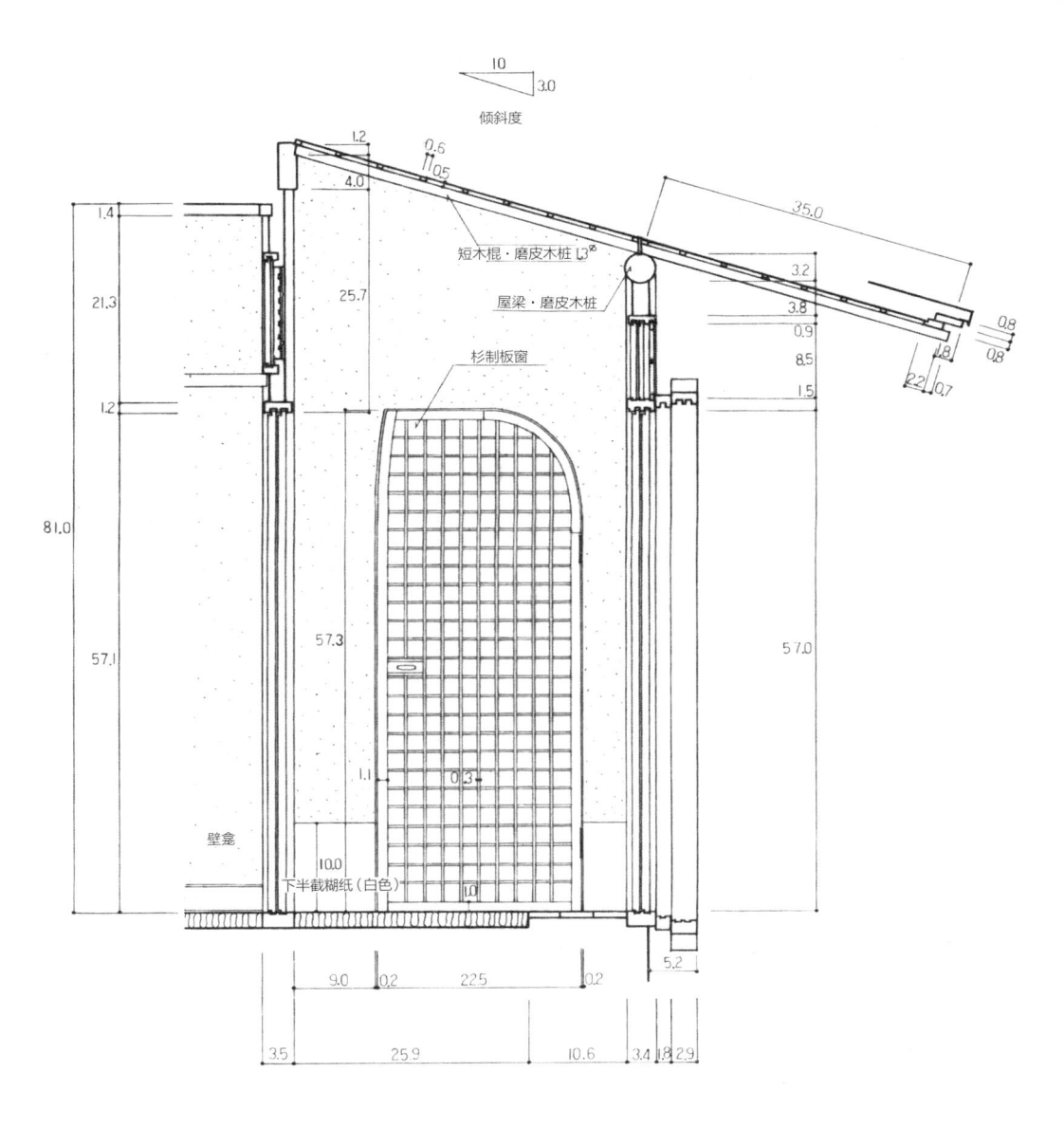

坐渔庄　一楼房间入口断面图　比例尺1:20

檐廊和入口　实测图

栏杆

在地板高低的边界设置栏杆，不用说是为了安全，也有防止跌落的功能。基于这样的原理，设计者在栏杆的高度和构造上下了功夫，同时也充分考虑了建筑物内外的设计效果。虽说是为了安全，但过度厚重反而会损害舒适性，尤其是那些寻求与庭院亲密联系的建筑物更是如此。檐廊栏杆是提高建筑物的格调、表现其威严性的要素。即使建筑物的地板很低，只要加上檐廊栏杆，就能营造出与地板高的建筑同样的气派。在狐蓬庵忘筌的广缘右端，也只加了一个低矮的栏杆，就表现出书院建筑的格调。龙光院的密庵席最初也是被直角的廊檐栏杆环绕。江州小室的转合庵虽然是茶屋，但上层外面的檐廊上也装有檐廊栏杆。就这样，栏杆还具备体现一个建筑格调的要素。

通过这里列举的各种例子，可以看到设计者根据建筑物本身的构造、性格、目的、场所等，在栏杆的设计上面下了各种各样的功夫。共同之处在于，数寄屋建筑的栏杆都以轻巧的设计为主要着眼点。具体来说，就是使用圆木和竹材等，将材料尽量变透明。这也是在将栏杆放入幕板的时候，在其形状和穿透方式上花了各种各样的心思的原因。北村别邸是最轻巧灵便的一个例子，在防雨门槛外搭建的栏杆上，用曲木立在石墩上作为主柱。

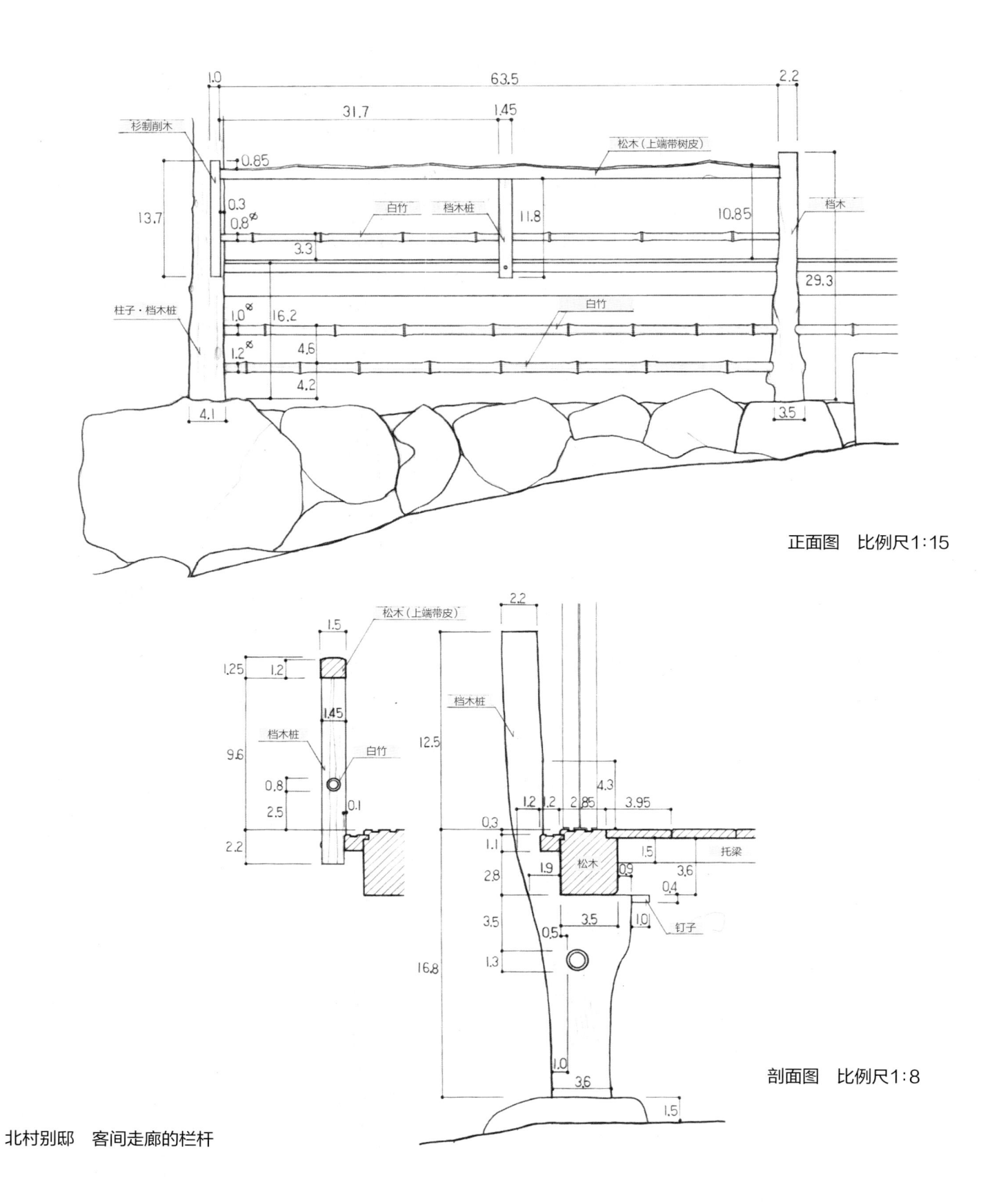

正面图　比例尺1:15

剖面图　比例尺1:8

北村别邸　客间走廊的栏杆

栏杆　实测图

滞春亭　房间入口处的栏杆

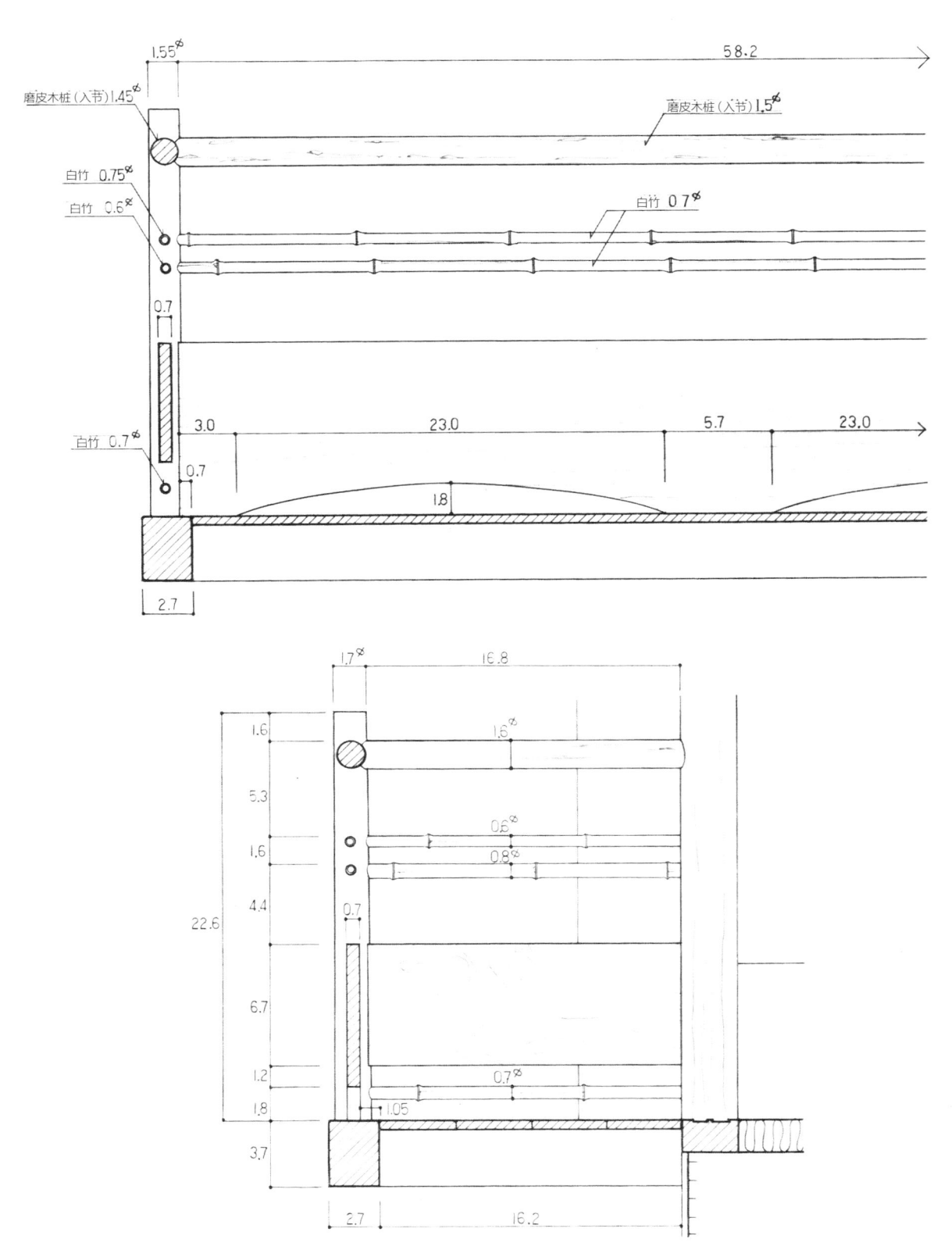

东松邸　三楼小房间出窗栏杆详细图　比例尺1:8

栏杆　实测图

日本建筑集成　周边的技法　　70

八胜馆八事店　御幸之屋观月台

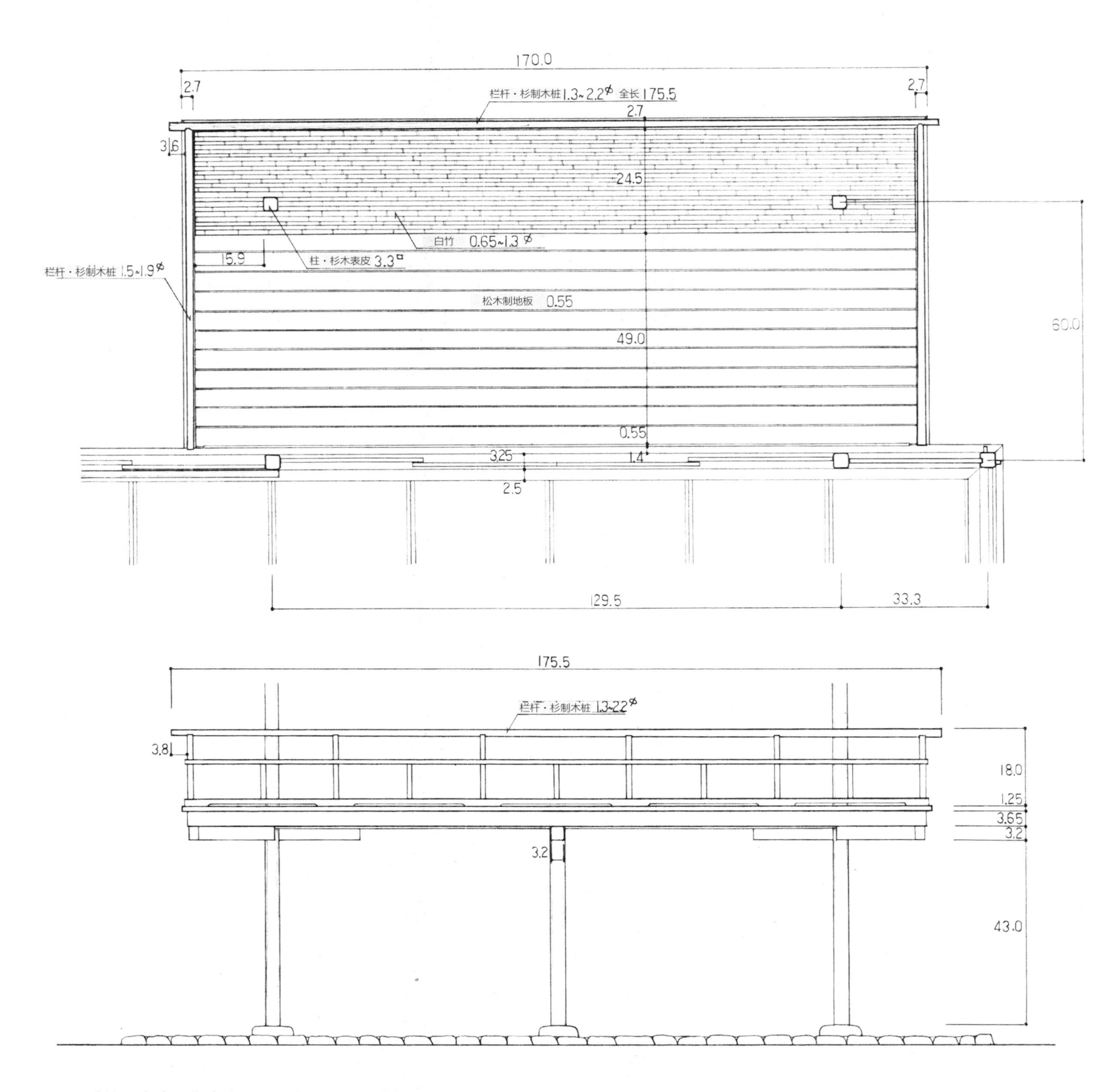

栏杆・杉制木桩 1.3~2.2$^\phi$　全长 175.5
栏杆・杉制木桩 1.5~1.9$^\phi$
白竹 0.65~1.3$^\phi$
柱・杉木表皮 3.3$^\phi$
松木制地板 0.55

170.0
2.7
3.6
24.5
15.9
49.0
60.0
0.55
3.25
1.4
2.5
129.5
33.3

175.5
3.8
栏杆・杉制木桩 1.3~2.2$^\phi$
18.0
1.25
3.65
3.2
3.2
43.0

八胜馆八事店　御幸之屋观月台正面图　比例尺 1:30

栏杆　实测图

旭化成芝寮　客厅前的走廊栏杆

阪口　小客间周围的栏杆

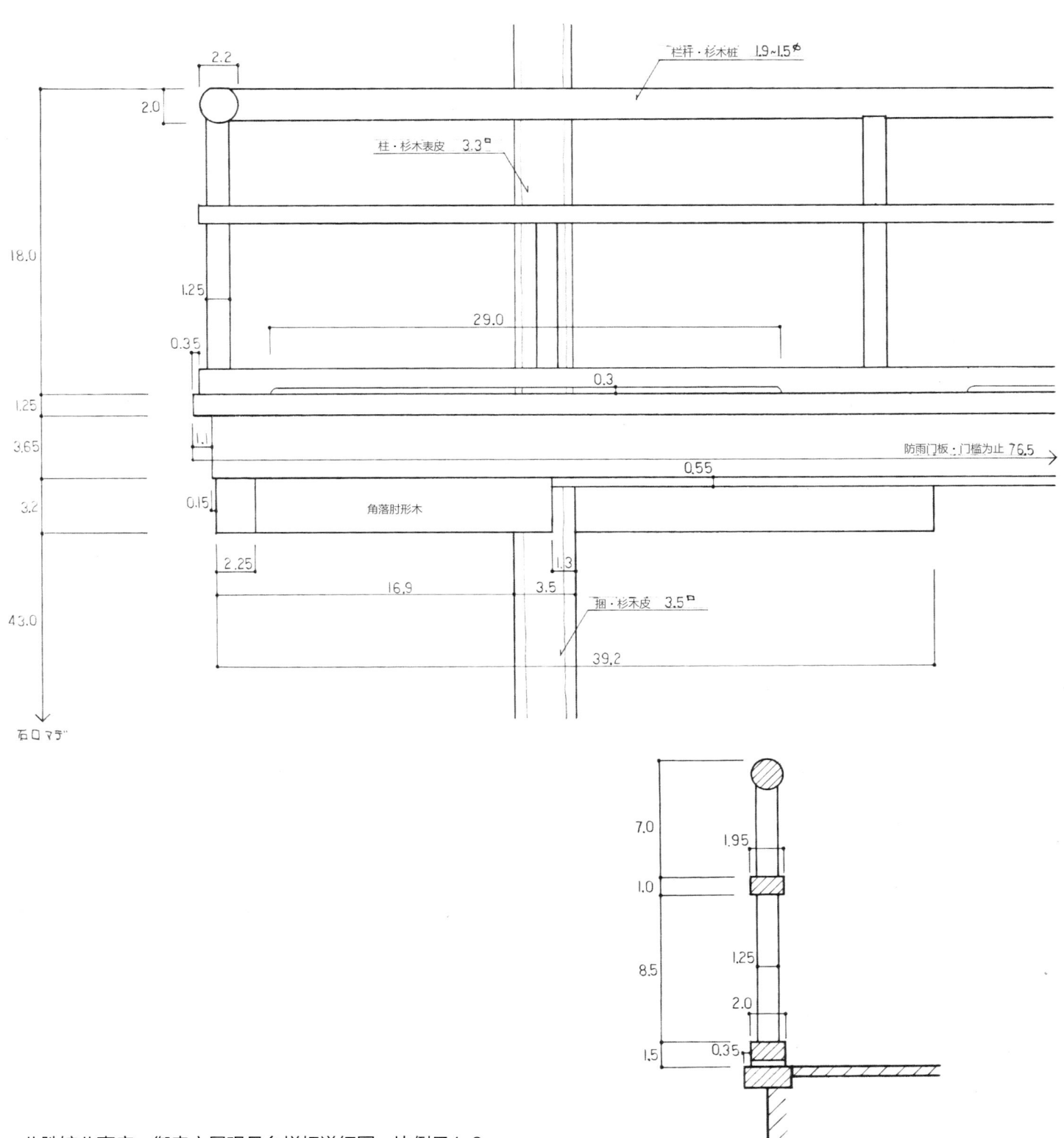

八胜馆八事店　御幸之屋观月台栏杆详细图　比例尺1:8

栏杆　实测图

栏杆 实测图

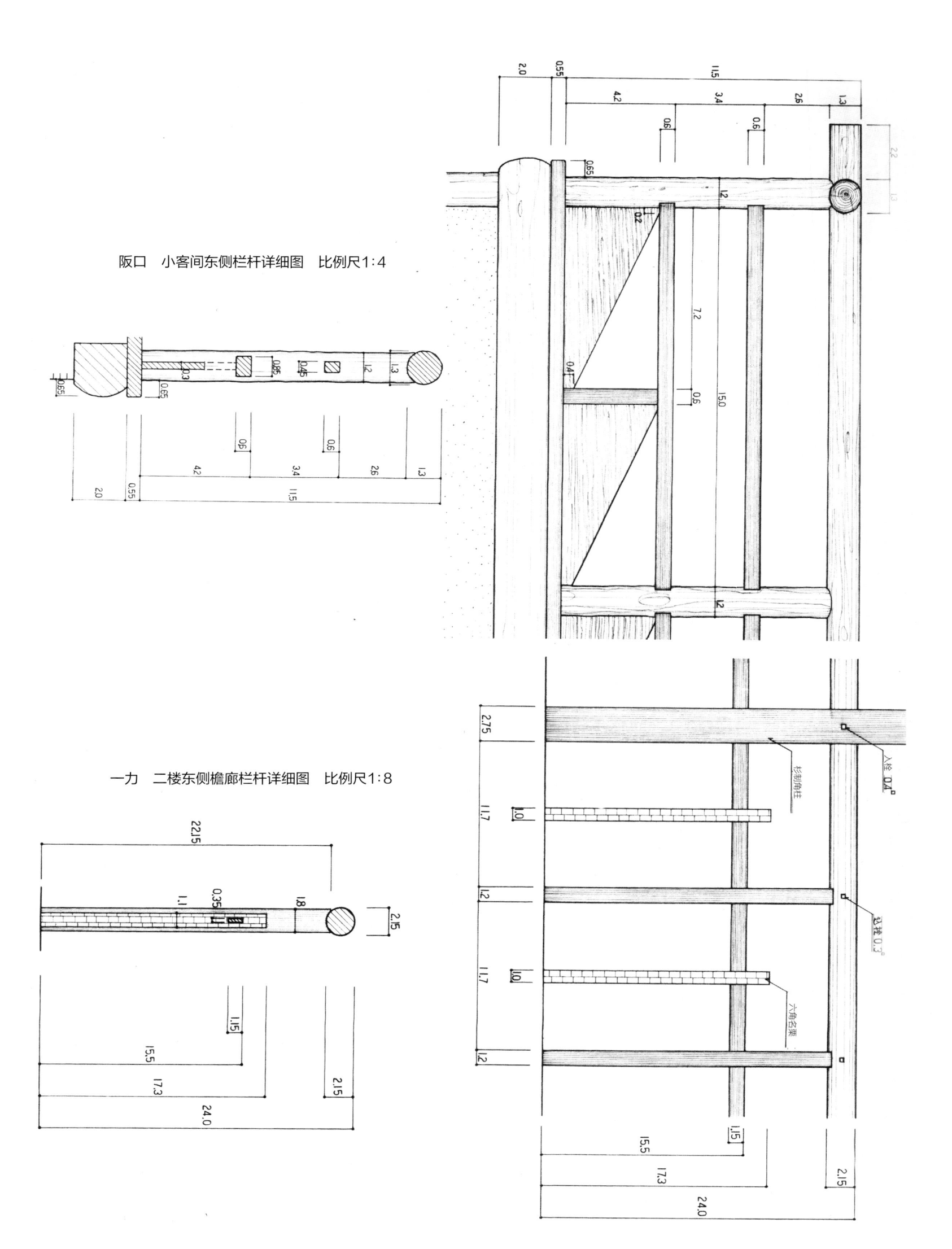

阪口　小客间东侧栏杆详细图　比例尺1:4

一力　二楼东侧檐廊栏杆详细图　比例尺1:8

栏杆　实测图

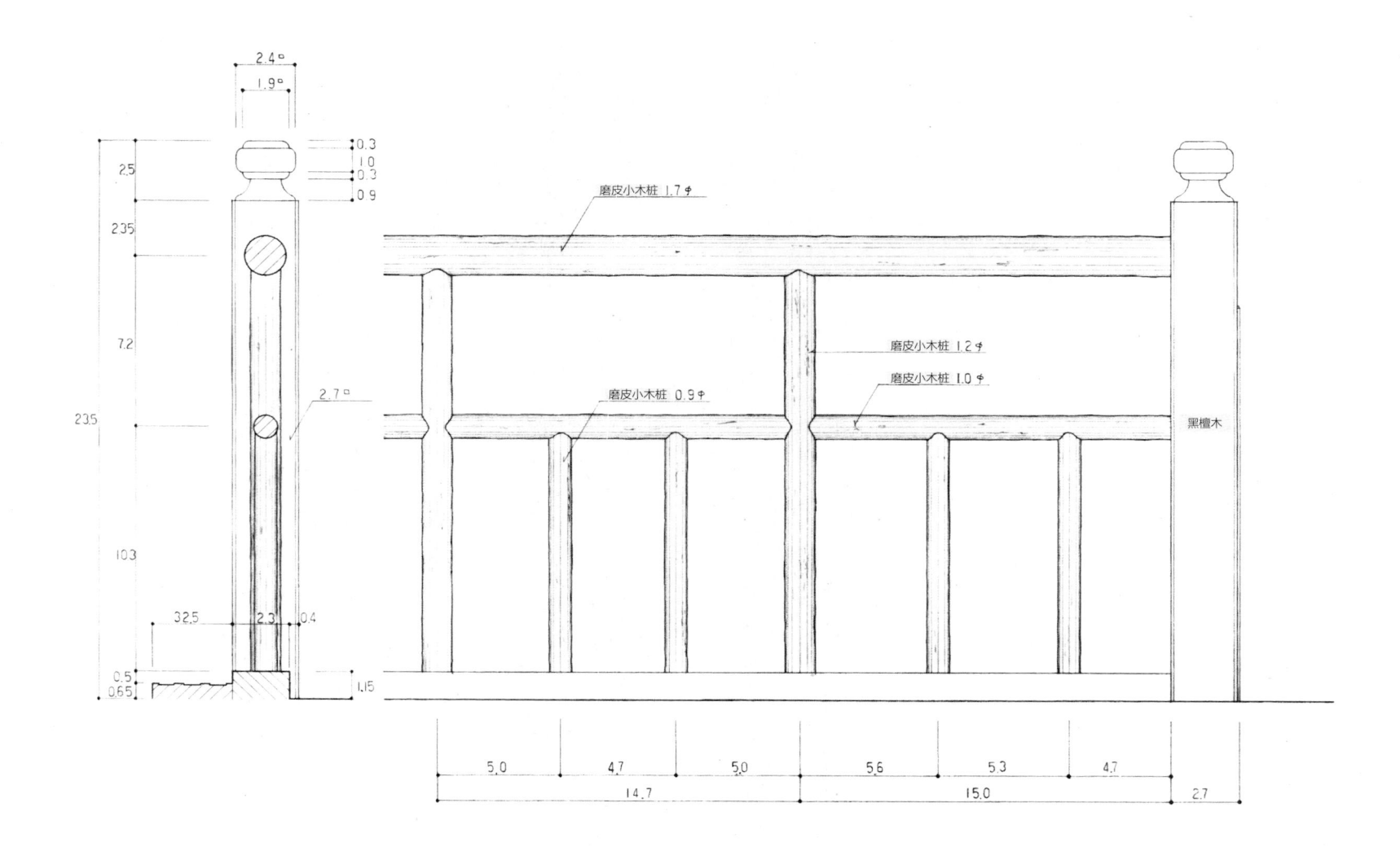

无限庵　一楼客间檐廊栏杆详细图　比例尺1:6

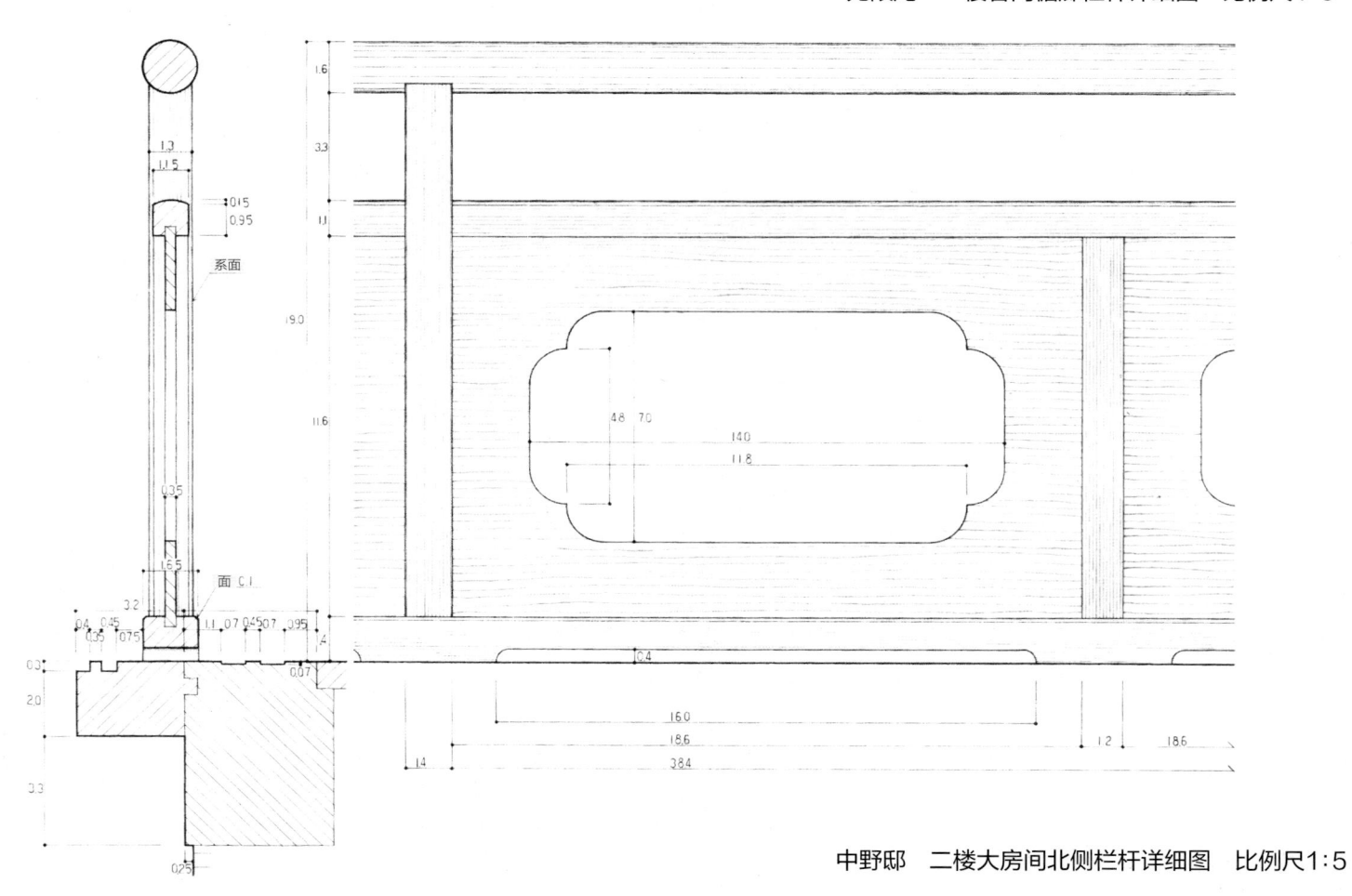

中野邸　二楼大房间北侧栏杆详细图　比例尺1:5

栏杆　实测图

走廊和渡廊

作为连接各个房间的通道的走廊，也和房间一样，有很多设计上的考虑。不仅是为了人走在那里时的心情，作为引导到目的房间的预备空间，还需要考虑人通过那里进入房间时的效果。山翠楼二楼的走廊是用榻榻米铺地，天花板是竹椽的船底形，正面的墙壁上露出牡丹之屋的地下窗。像这样的室内窗户直接被活用在走廊的设计上，使走廊的气氛活跃了起来。

在石川县山中市的无限庵（旧新家别邸），金泽的横山章邸的豪华书院被移筑。横山家是加贺藩家老的名门，这所书院是十三代旁支的横山章在儿子的婚礼时建造的，据说是在大正元年（1912年）。大门就有四间宽，三十六张榻榻米大小的主室配以二十张榻榻米大小的次室，是日本近代书院建筑中的名品。新家自行车制造株式会社首任社长新家熊吉，大正十年（1921年），在蟋蟀桥附近的河畔风景名胜地建造了二层建筑的书院和茶室，在河岸的陡坡上建造了这个别墅。新造部分的书院玄关和客厅之间的走廊，隔着尽头的两道隔扇，与旧横山邸书院相接。

两者连接的部分的祈愿木、横梁、椽子都是磨圆木的船底天花板，用小墙壁隔开的新造书院那边是圆形的细木天花板。

明治村是名古屋的商家东松松邸移建过来的。建于明治三年（1870年）前后，生动地刻画了当时街道上富商住宅生活的痕迹。像名古屋的民家一样，楼层上设置了大厅和小客间的茶室。从大厅旁边的房间看连接大厅和小客间的走廊，它是在庭院的通风楼梯井上面建造的，起到了楼上茶室的露地的作用。面向楼梯井，中间的窗户下面全部是双层格子的，上面的栏间上雕出椭圆形，是开闭自如的构造，当然也是考虑了人从庭院抬头看时的样子。走廊的木板和榻榻米贴在同一个平面上。

从清流亭的某个大厅通向七铺房间的走廊，右边是中坪，左边（有四扇拉门）是内玄关。地板用略微翘起的圆木铺成，天花板是装饰屋顶。尽头是七铺大的房间，可以看见下一个房间南侧的地下窗。

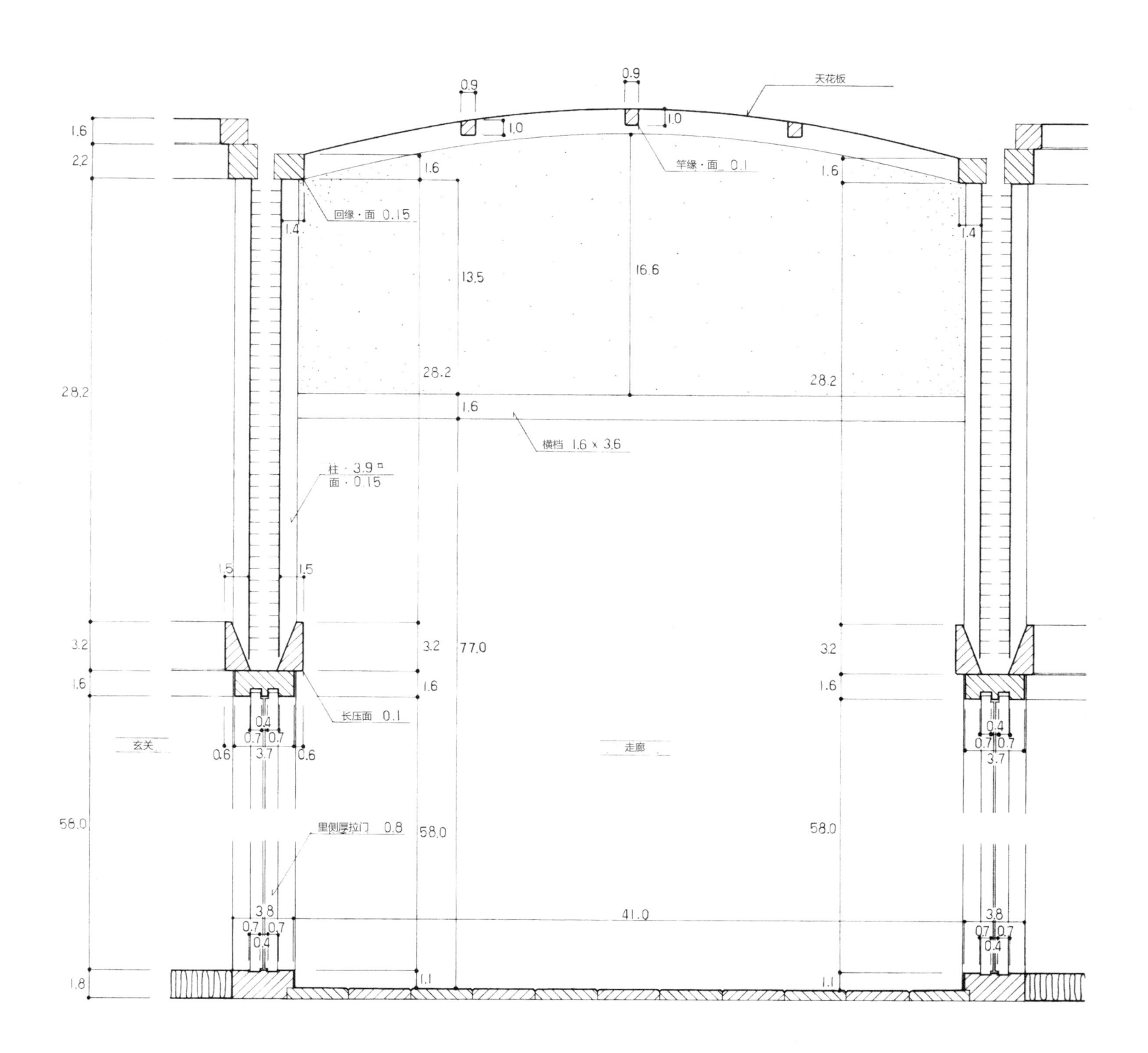

无限庵　走廊剖面图　比例尺 1:8

走廊和渡廊　实测图

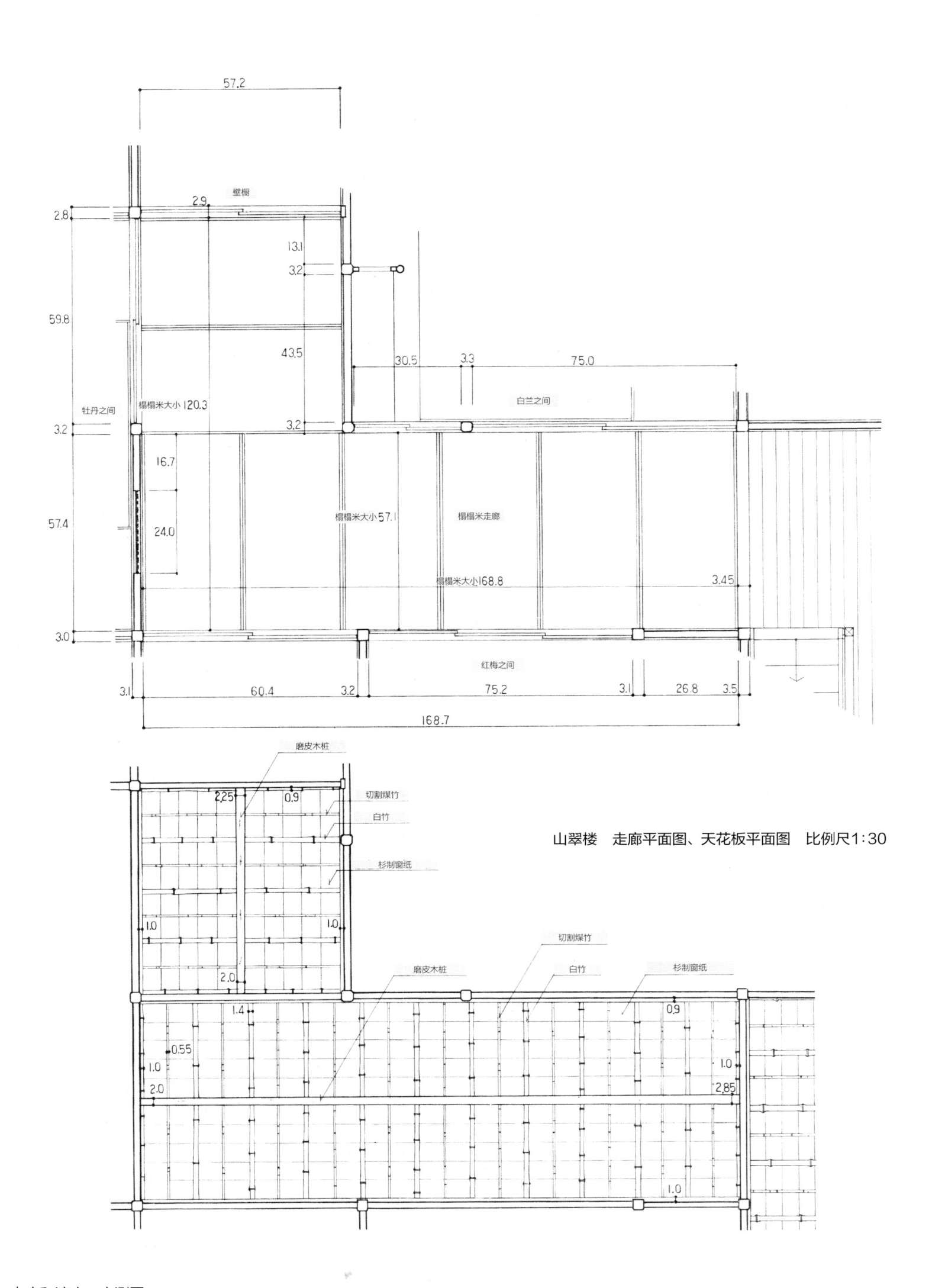

山翠楼　走廊平面图、天花板平面图　比例尺1:30

走廊和渡廊　实测图

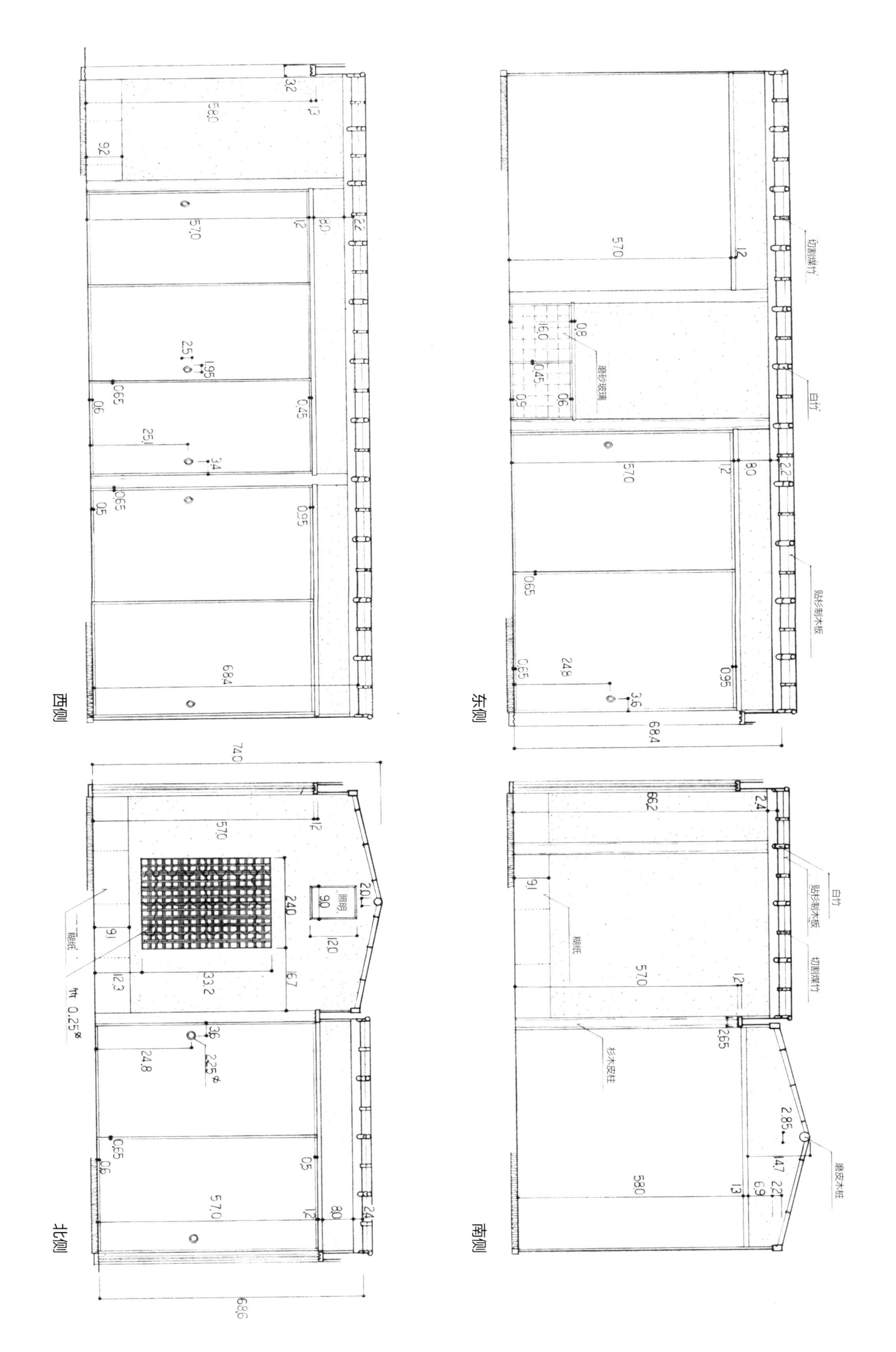

走廊和渡廊　实测图

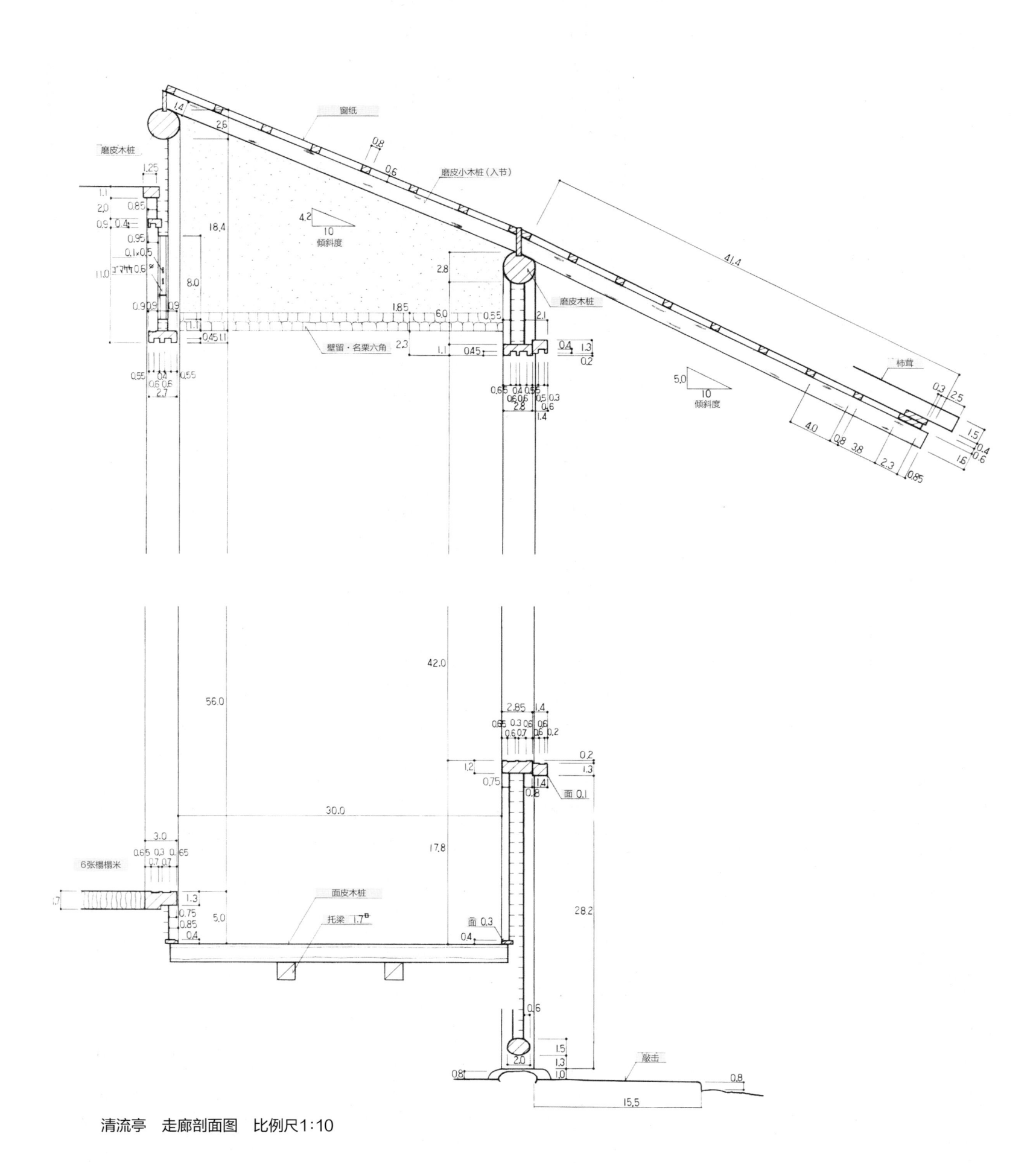

清流亭　走廊剖面图　比例尺1:10

走廊和渡廊　实测图

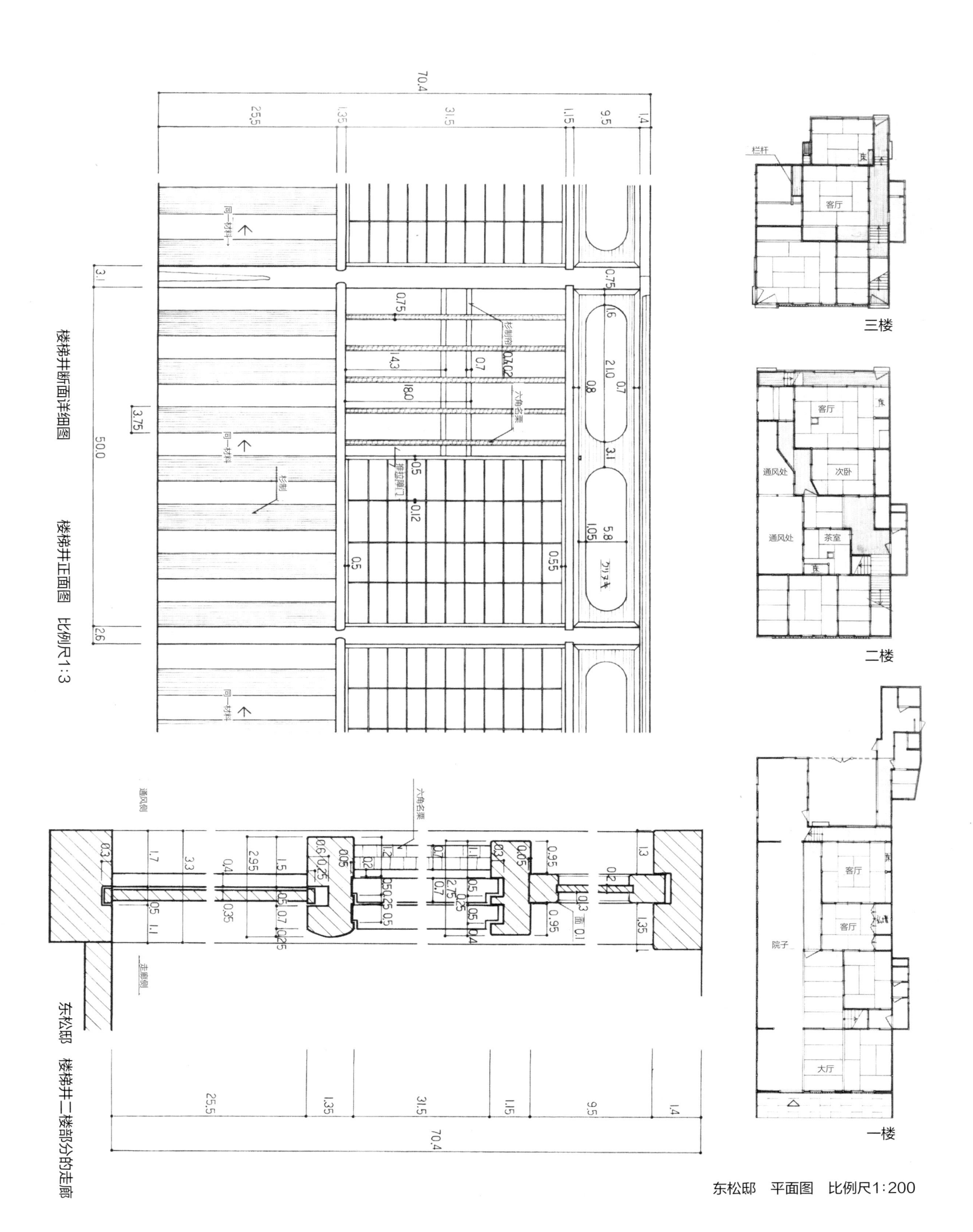

楼梯井断面详细图　楼梯井正面图　比例尺1:3

东松邸　楼梯井二楼部分的走廊

三楼

二楼

一楼

东松邸　平面图　比例尺1:200

走廊和渡廊　实测图

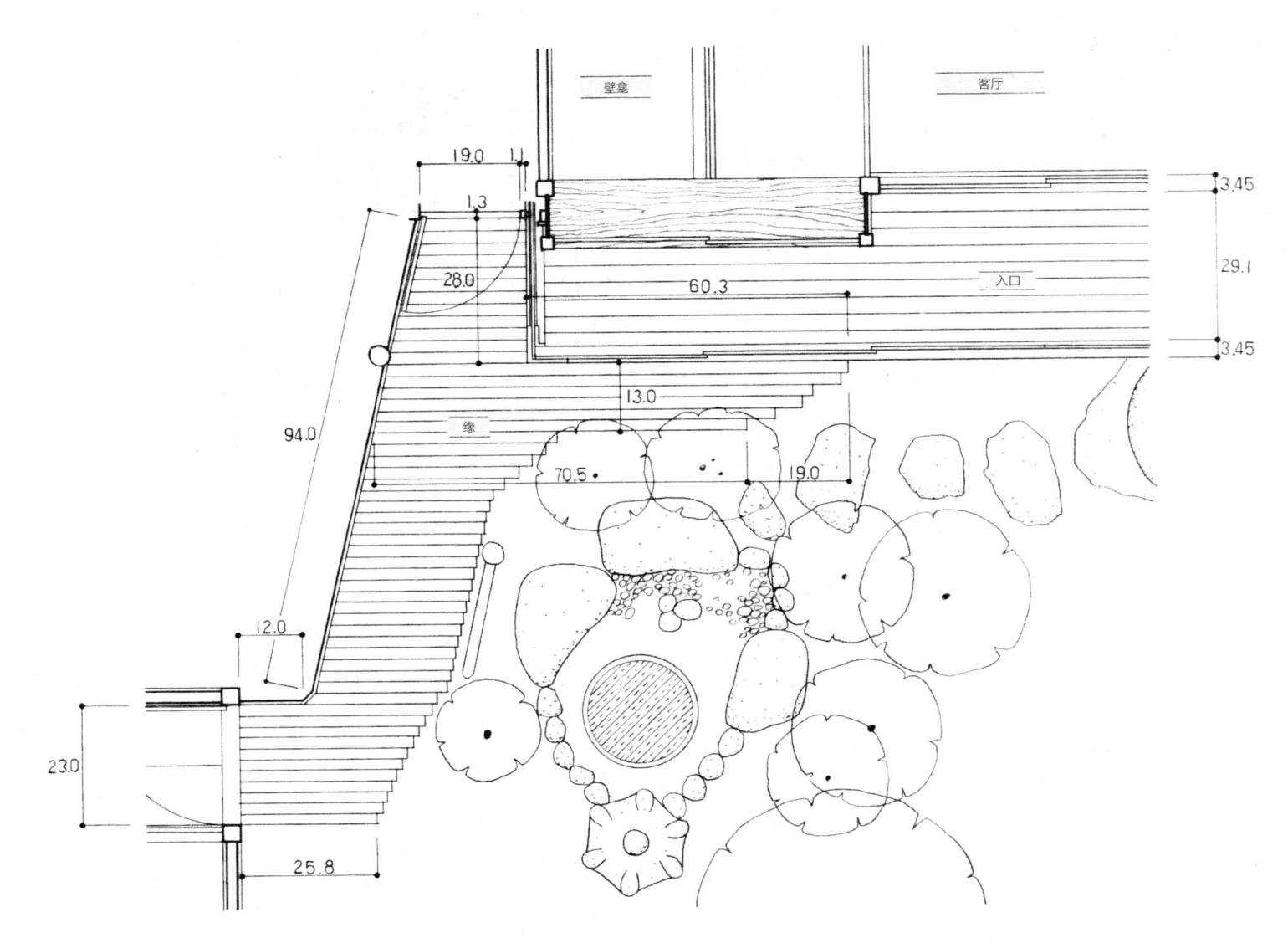

剖面图　比例尺1:5

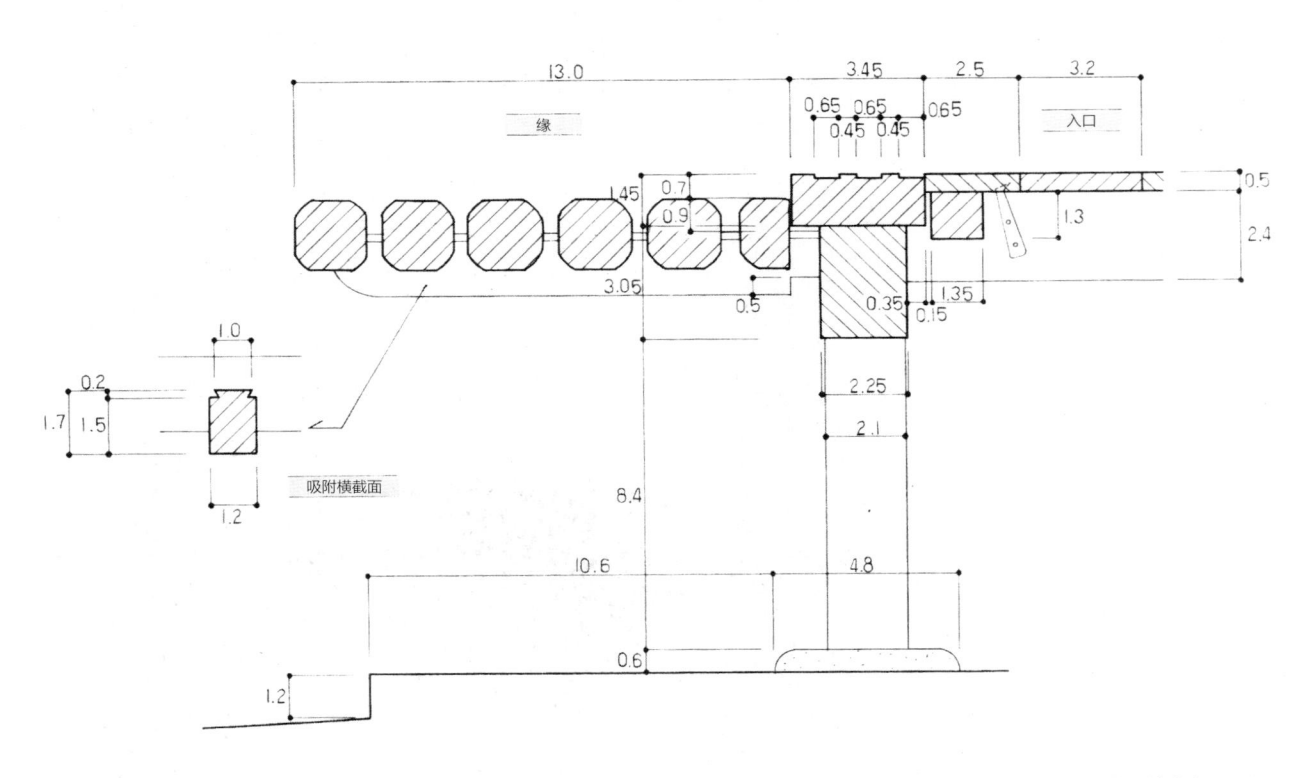

平面图　比例尺1:30

深见邸　走廊

走廊和渡廊　实测图

深见宅邸是中京的一处民家，从主室通往远处的渡廊，屋檐下小圆木的截面不整齐地排列成筏状，在不经意的风情中透露着雅趣，也富有耐久性。

　修善寺的新井旅馆，有以安田靫彦设计的天平浴池为代表的几个房间。大池的两侧是两层楼的房间，横穿池塘连接两栋楼的长廊也是由安田设计，于昭和十年（1935年）建成。从南侧客厅的檐廊延伸出一条弯曲的走廊，走一段然后下去，与紧贴水面的低矮的走廊相连。这条走廊可以称为廊桥。途中向水池方向延伸出观月台的部分，也是有长长的走廊作为巧妙点缀。一面是楼梯井，上面有纤细的线和结构轻快的栏杆，另一面的墙面则是一条两尺三寸高的横档，穿过下方，隔着中央的柱子开了一扇横向的窗户。玻璃拉门的排列方式也很独特，推拉门向一侧打开，就能看到三扇窗。三个地方的钓灯笼也是由画伯设计的。画伯似乎从年轻时起就对建筑抱有浓厚的兴趣，从这幅作品中也可以看出他跃动的建筑天分。

　从北村邸的西式房间（立礼席）到茶室珍散莲相连的走廊，地板是斜铺着四瓦半的土间。全长约50尺的走廊开始半间宽，部分倾斜，中途扩展到一间，再次变为半间，直至到达茶室的西端。西端南侧的等待席前面设有手洗。这条长长的走廊南侧到手洗也有通风处，北侧也在中途越过竹帘，另外，在宽敞的角落里摆放着凳子，可以眺望两侧庭院的景色和石造的名品，丝毫不会让人感到无聊。品茶的时候，客人从等候处沿着走廊走到凳子这儿，在中门接受亭主的迎接。

　京都下京木屋町的北村传兵卫氏代代继承了木匠师傅的职业，在前辈的协助下，昭和初期完成的别邸位于京都山科劝修寺附近。土间走廊的左侧是手洗和浴室。用曲木做成开口，摆上陶制的手水钵，也是很少见的结构。

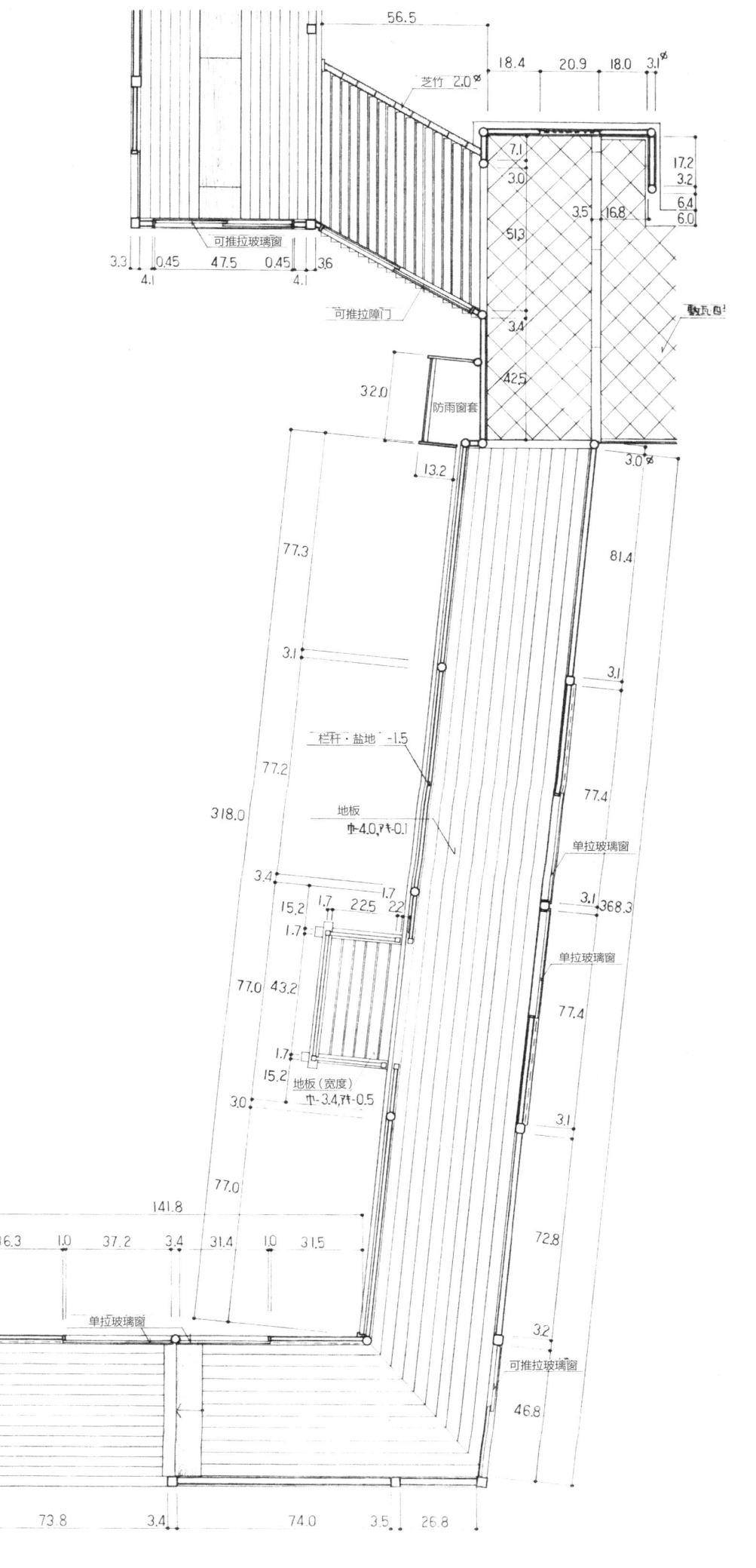

新井旅馆　走廊平面图　比例尺1:50

走廊和渡廊　实测图

北侧

西侧

东侧

钓灯笼详细图　比例尺1:4

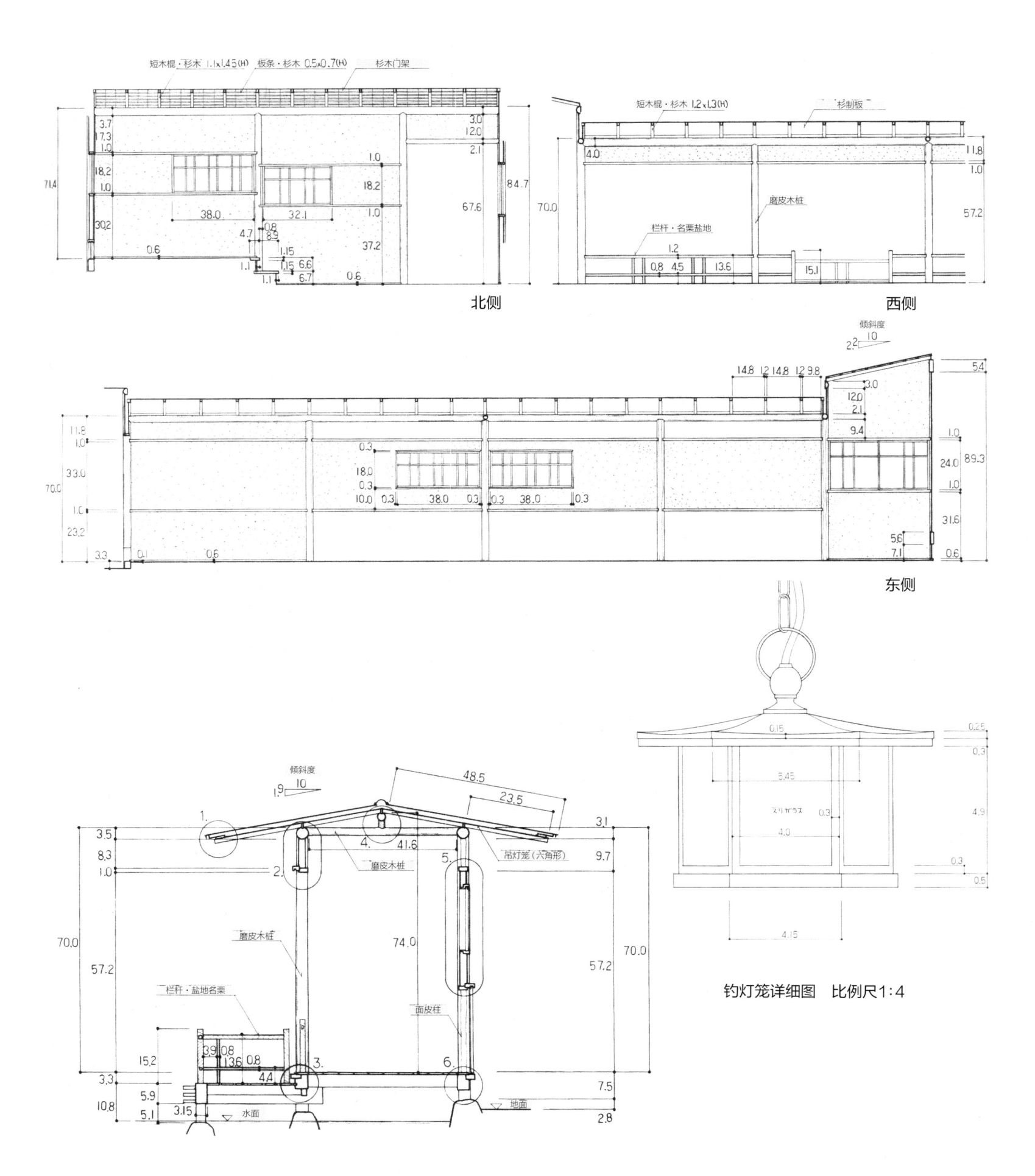

新井旅馆　走廊展开图、断面图　比例尺1:50、1:30

走廊和渡廊　实测图

详细图1

详细图3

详细图4

详细图6

新井旅馆　走廊详细图　比例尺1:3

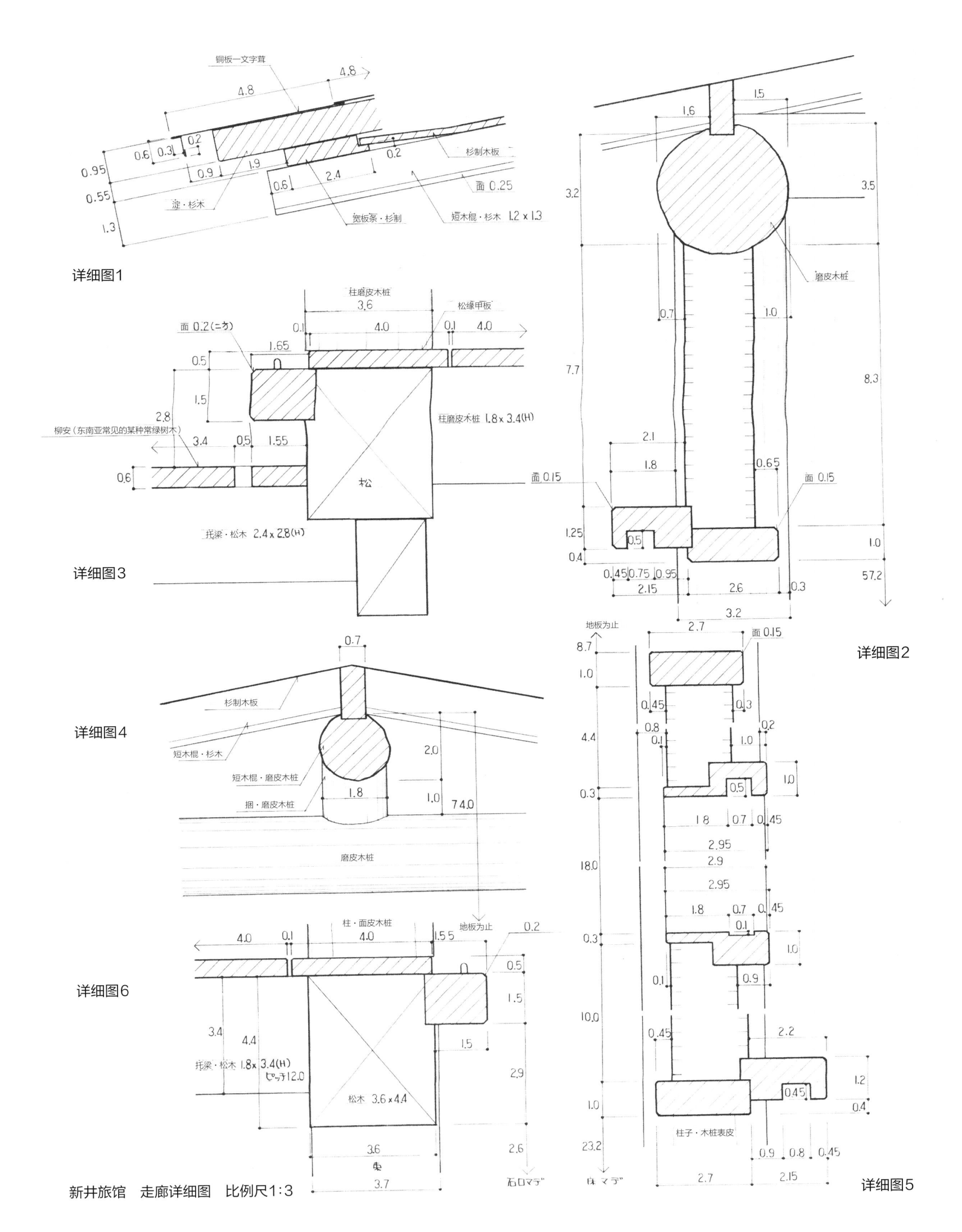

详细图2

详细图5

走廊和渡廊　实测图

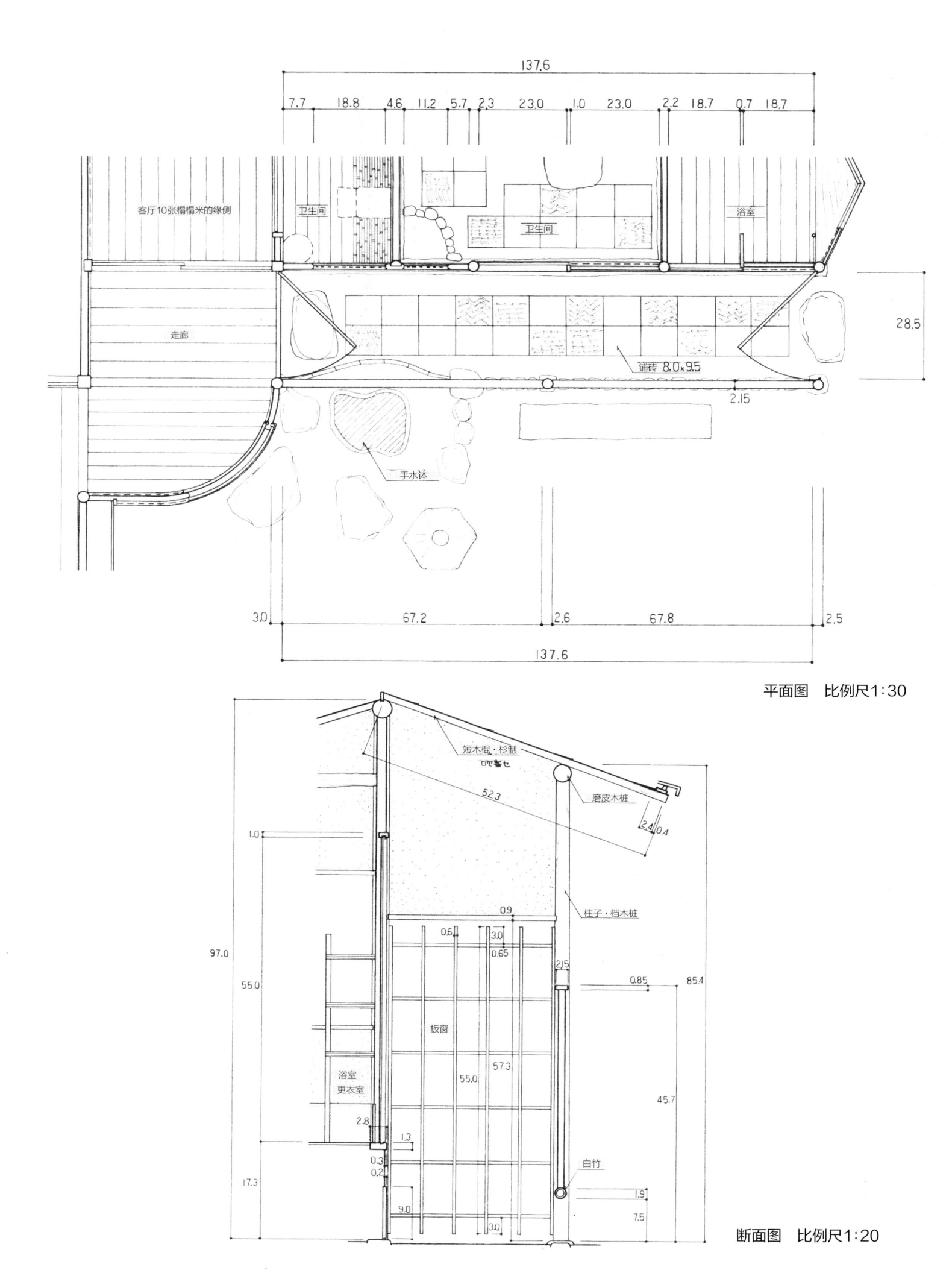

平面图　比例尺1:30

断面图　比例尺1:20

北村别邸　土间走廊

走廊和渡廊　实测图

新井旅馆　走廊的钓灯笼

深见邸　走廊的地板

清流亭　走廊的地板

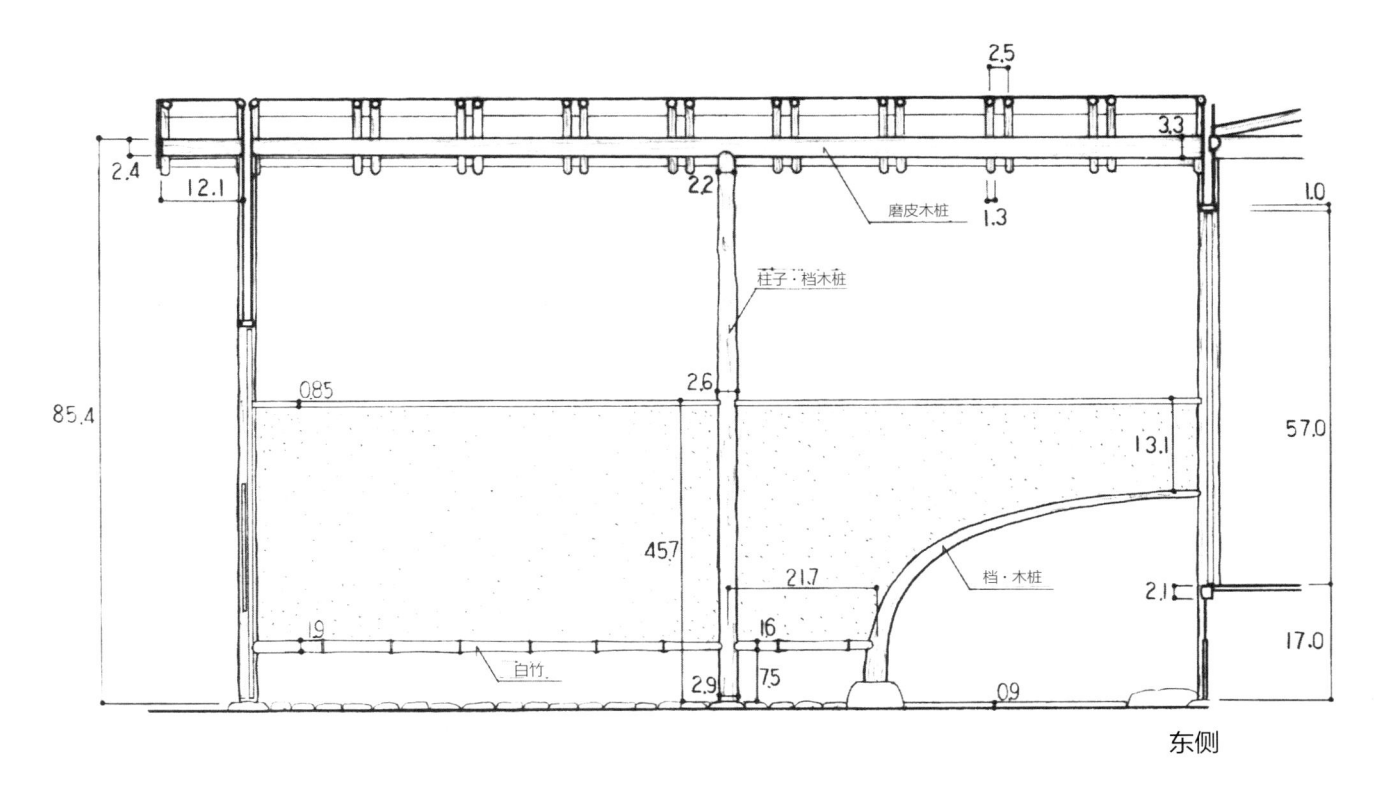

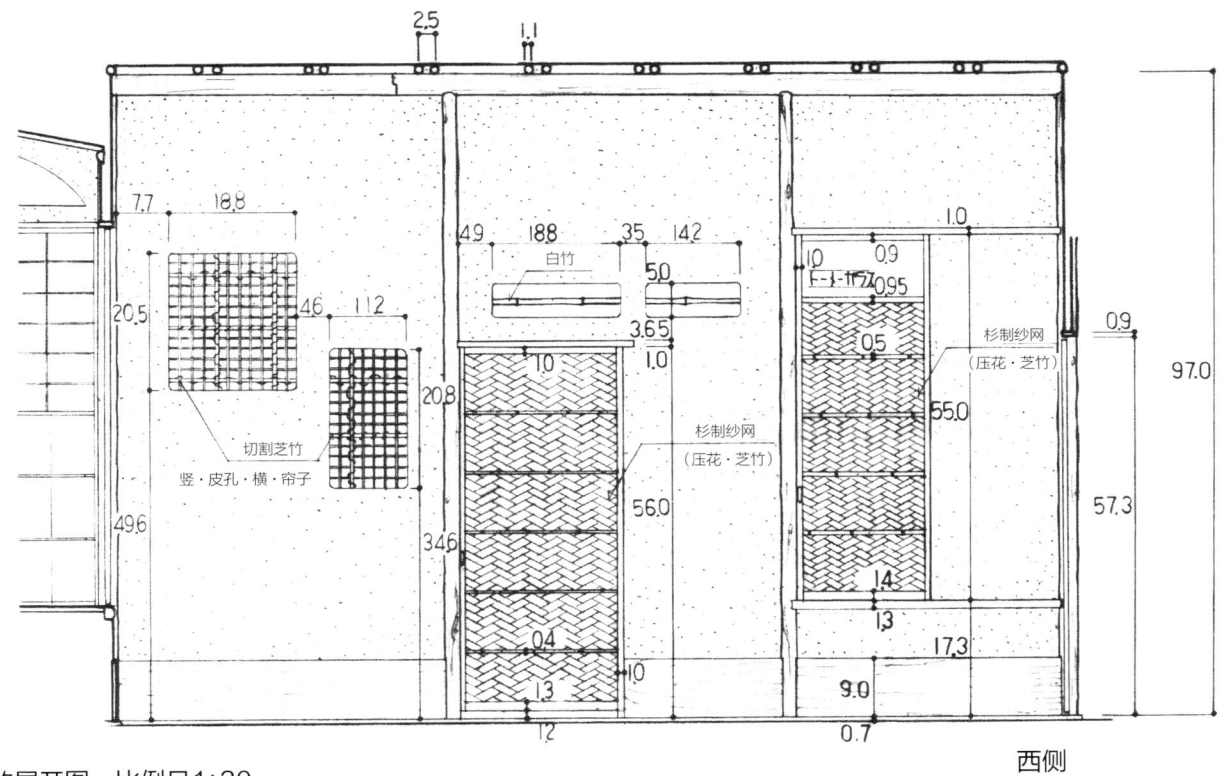

北村别邸　土间走廊的展开图　比例尺1:30

走廊和渡廊　实测图

断面图　比例尺1:15

轩先详细图　比例尺1:3

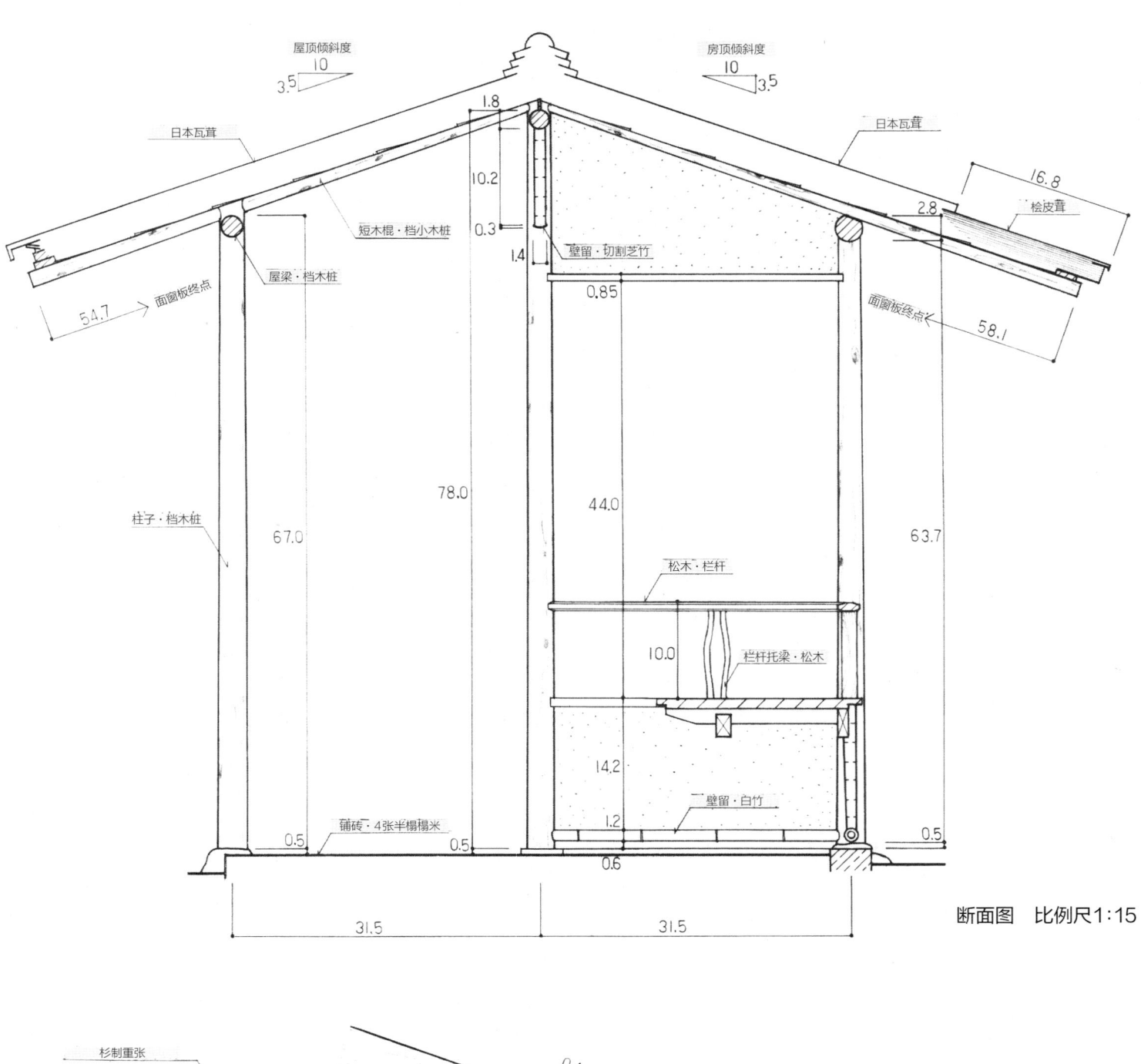

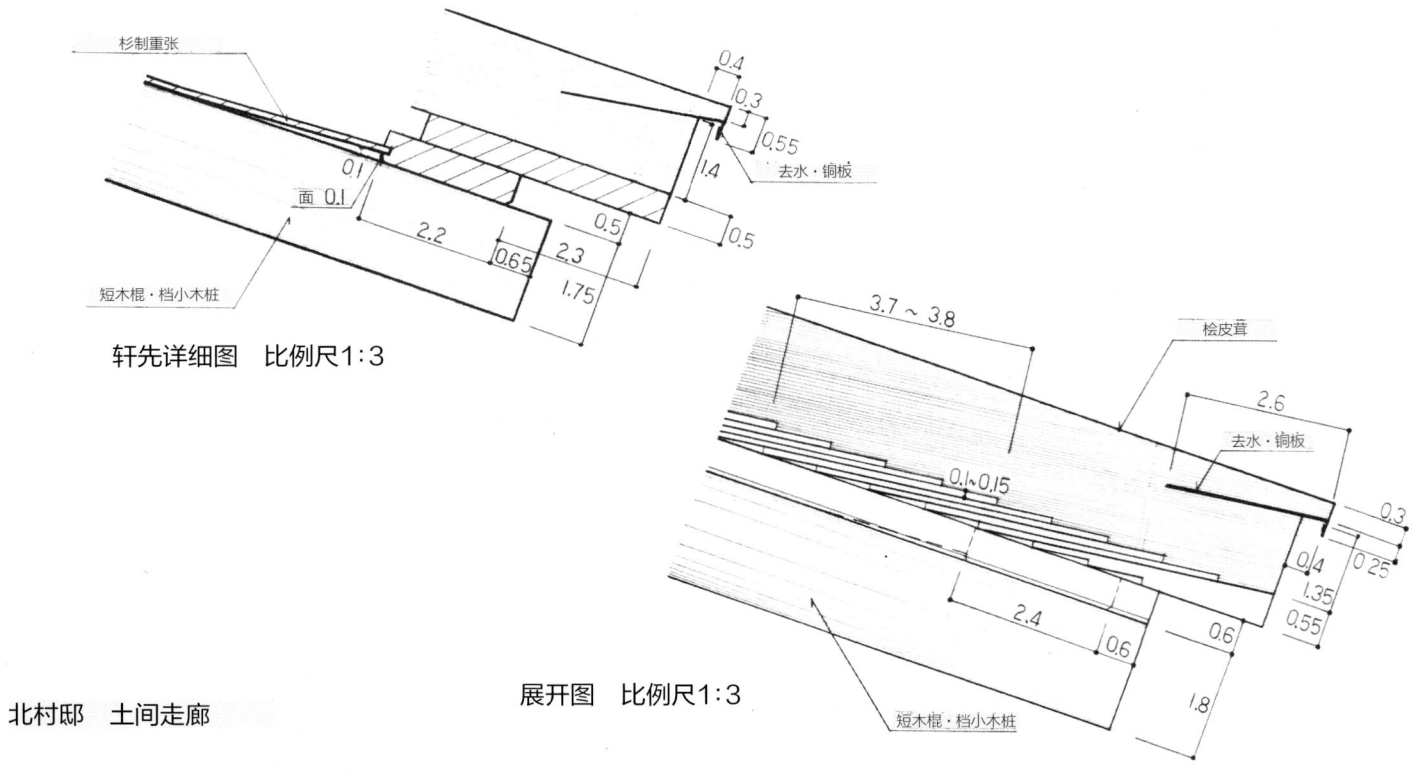

展开图　比例尺1:3

北村邸　土间走廊

走廊和渡廊　实测图

断面图 比例尺1:15

轩先详细图 比例尺1:3

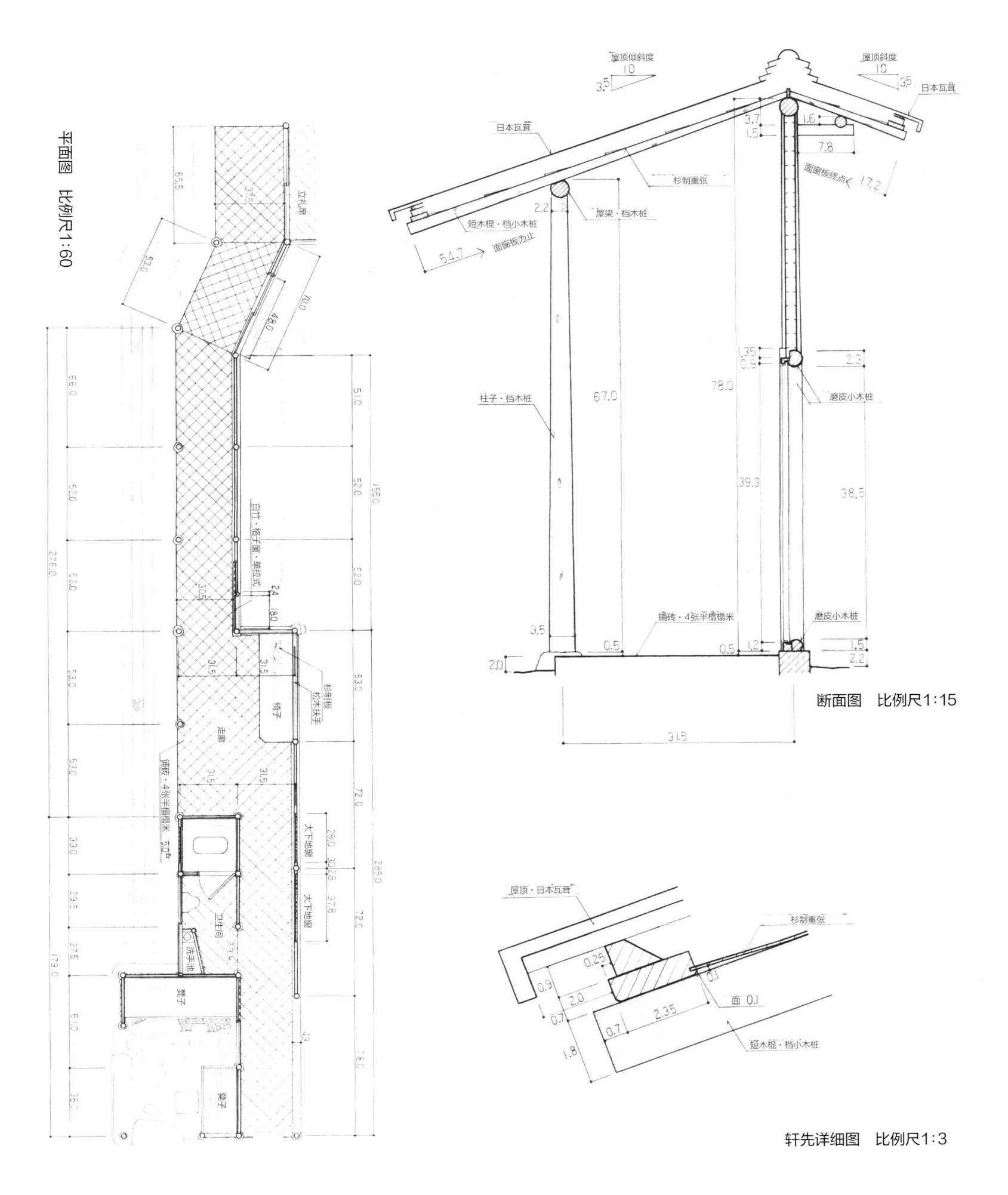

平面图 比例尺1:60

北村邸 土间走廊

走廊和渡廊 实测图

北村邸　土间走廊等候处的详细图　比例尺1:3

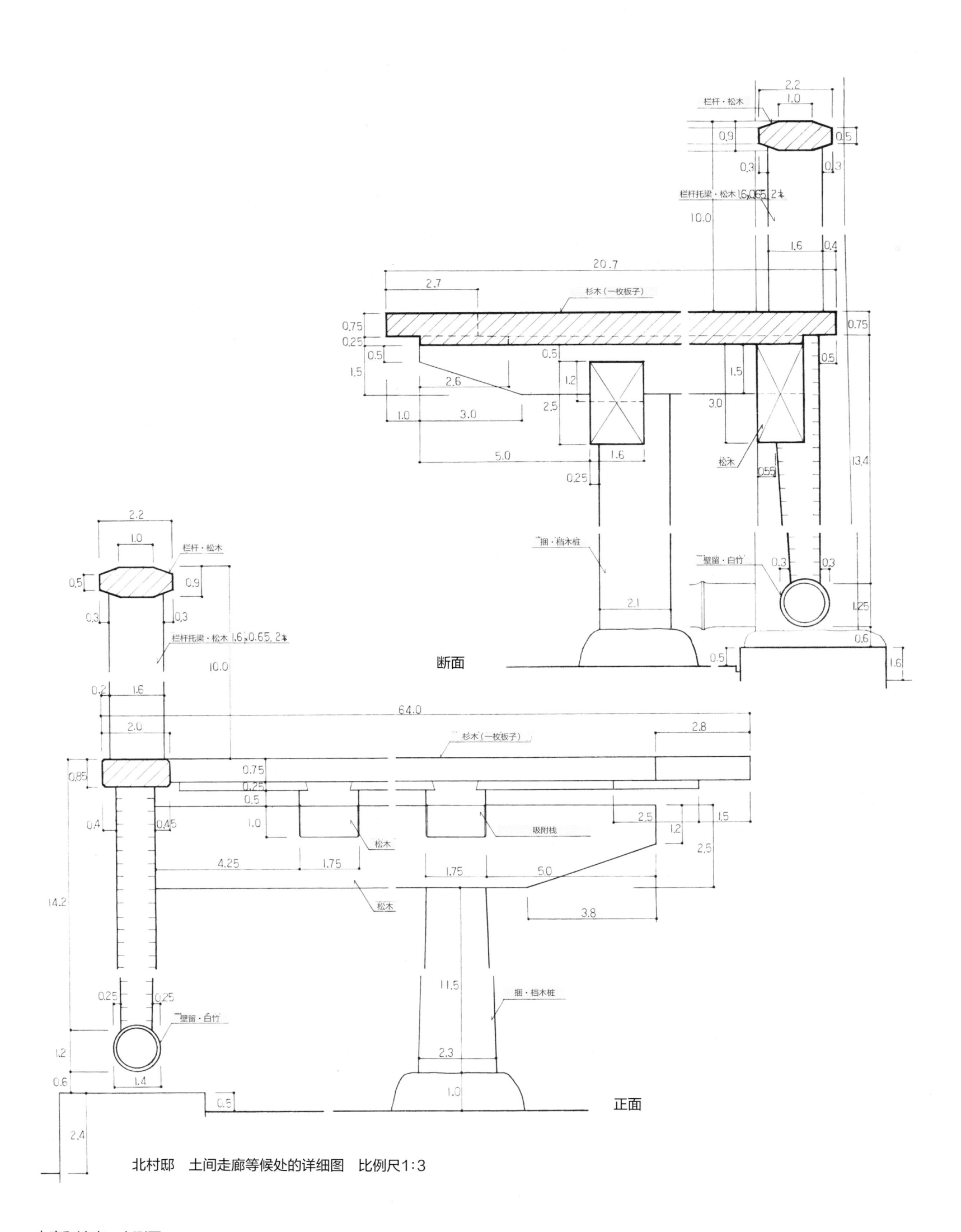

走廊和渡廊　实测图

手洗

　　日本茶室的手洗实际上是为了让人精神安定，必定设置在远离主屋的绿叶和苔藓的茂密树林中，沿着走廊，在微弱的光线中，一边沐浴着微微明亮的纸拉门中透过的光线，一边沉湎于冥想，或者眺望窗外庭院风景也是极好的。手洗可说是一个能玩味四季万物的绝佳场所，恐怕日本古代的俳人就是从这里得到了无数题材吧。这样说来，在日本的建筑中，最能体现风雅的建筑非手洗莫属了。

　　谷崎润一郎在《阴翳礼赞》中写道，日本人有重视手洗的习惯。在数寄屋建筑中，手洗方面的设计尤其精心，为整个建筑增添了安逸与风雅的风情。

　　设置在京都一力的楼下大客间的南侧庭院里的洗手台，是从檐廊一侧用斜铺四瓦半地砖的土间连接起来的。秀丽的坪庭和手洗的结构奏出难以言喻的风韵，将手洗提高到了诗一般的境界。在名古屋暮雨巷的洗手处有将蹲踞引入室内的设计，巧妙地使用档圆木，也让人赏心悦目。手洗也同样是应用于庭院的景物。在北村宅邸大房间附属的手洗，实际上非常宽敞，而且还有和榻榻米一样的好材料。从旁边敞开的稀疏的竹格子窗中望去，将内露地的风景尽收眼底。

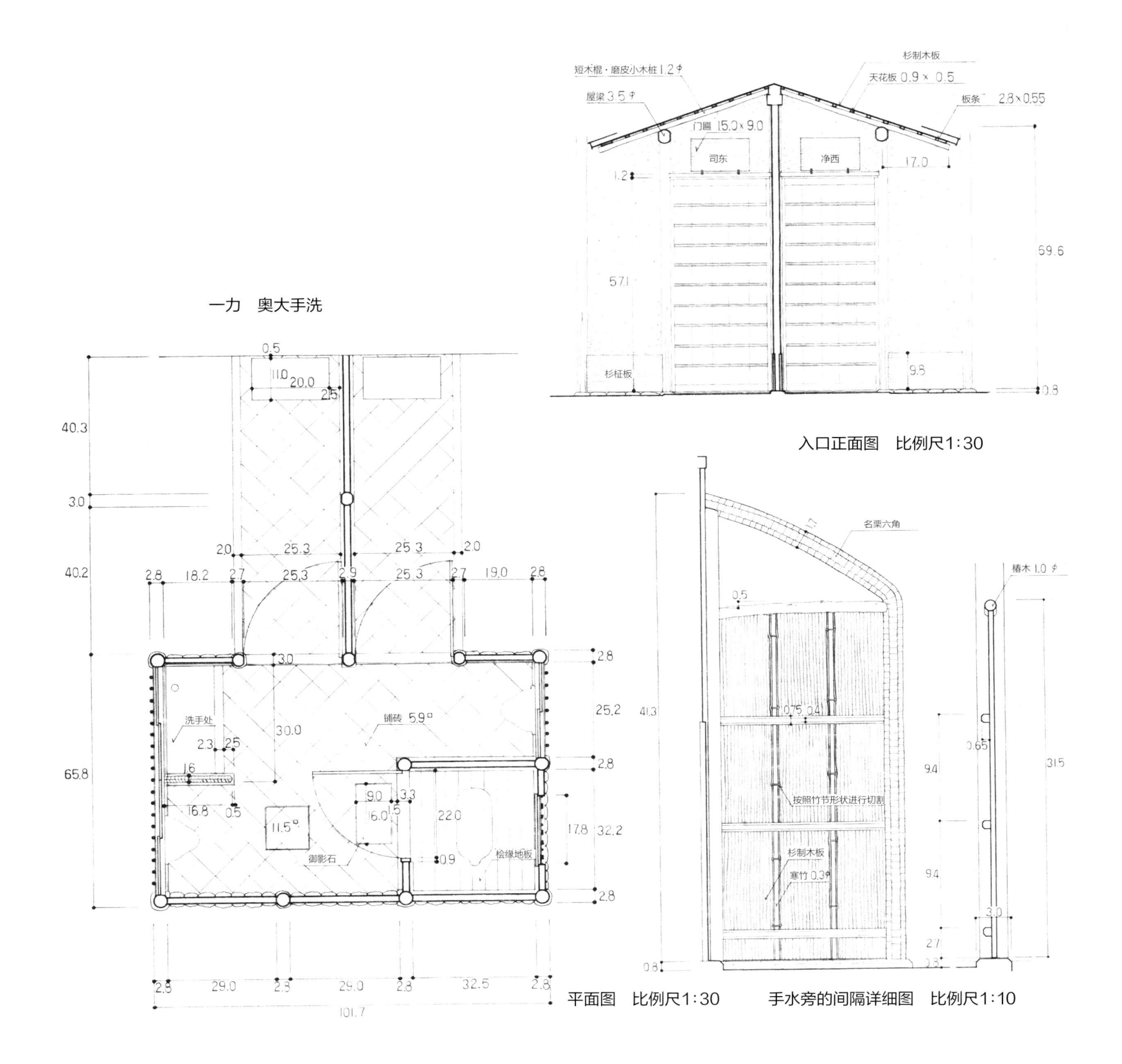

一力　奥大手洗

入口正面图　比例尺1:30

平面图　比例尺1:30　　手水旁的间隔详细图　比例尺1:10

手洗　实测图

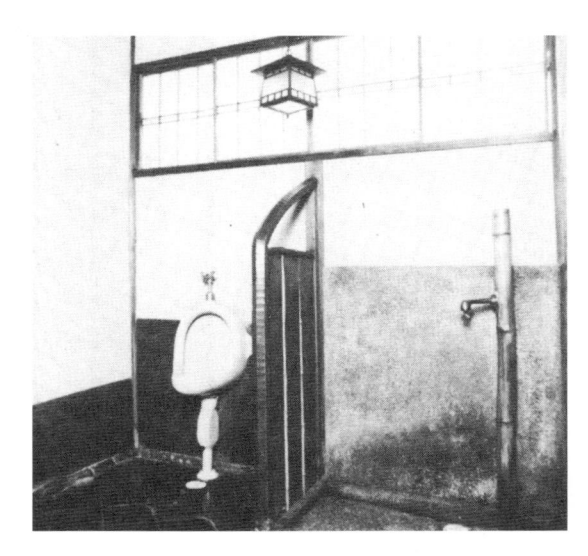

一力　奥大手洗

一力　奥大手洗的门

一力　奥大控之屋手洗入口（西侧）

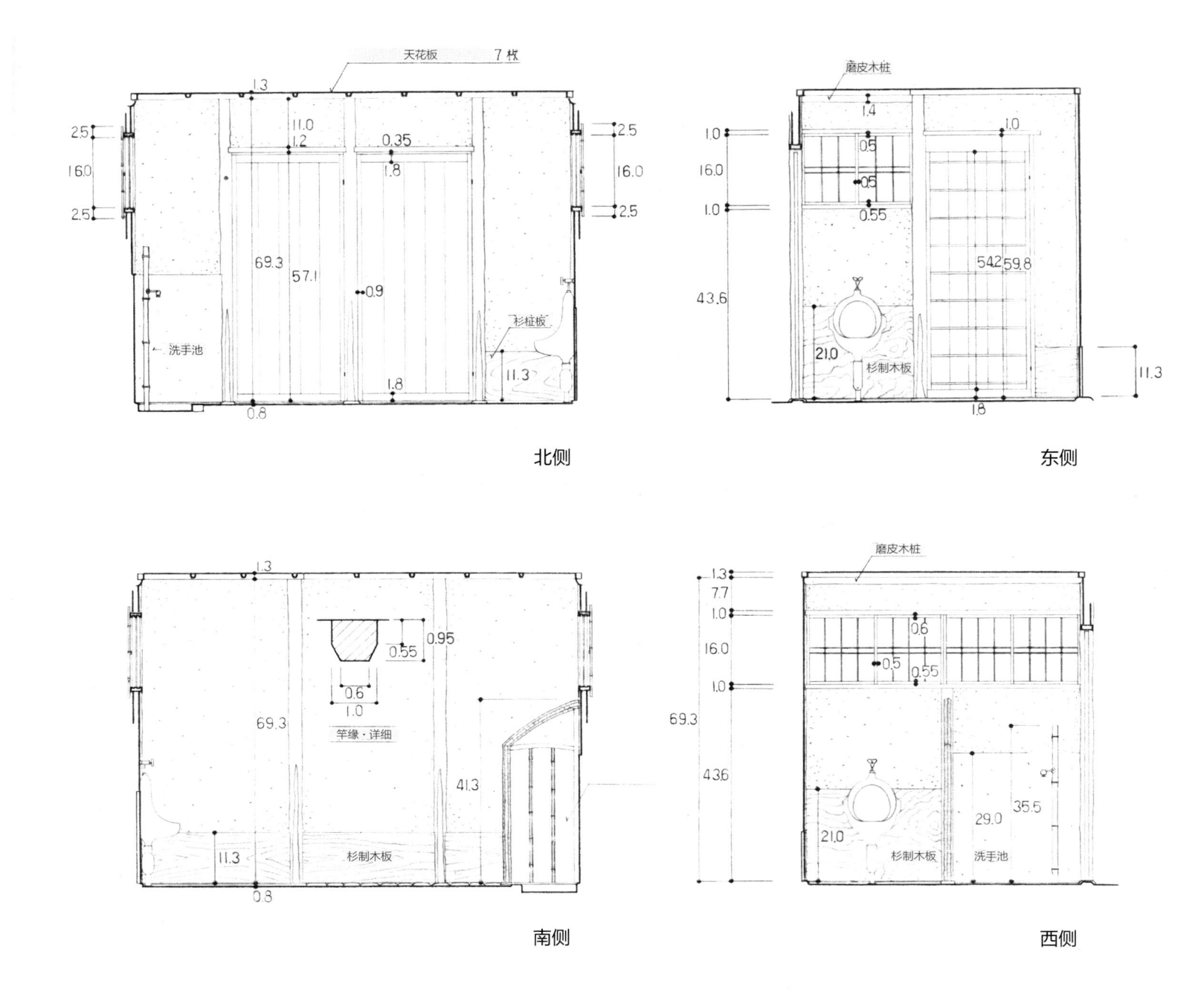

北侧

东侧

南侧

西侧

一力　奥大手洗展开图　比例尺1:30、1:3

手洗　实测图

一力 表座敷手洗平面图 比例尺 1:30

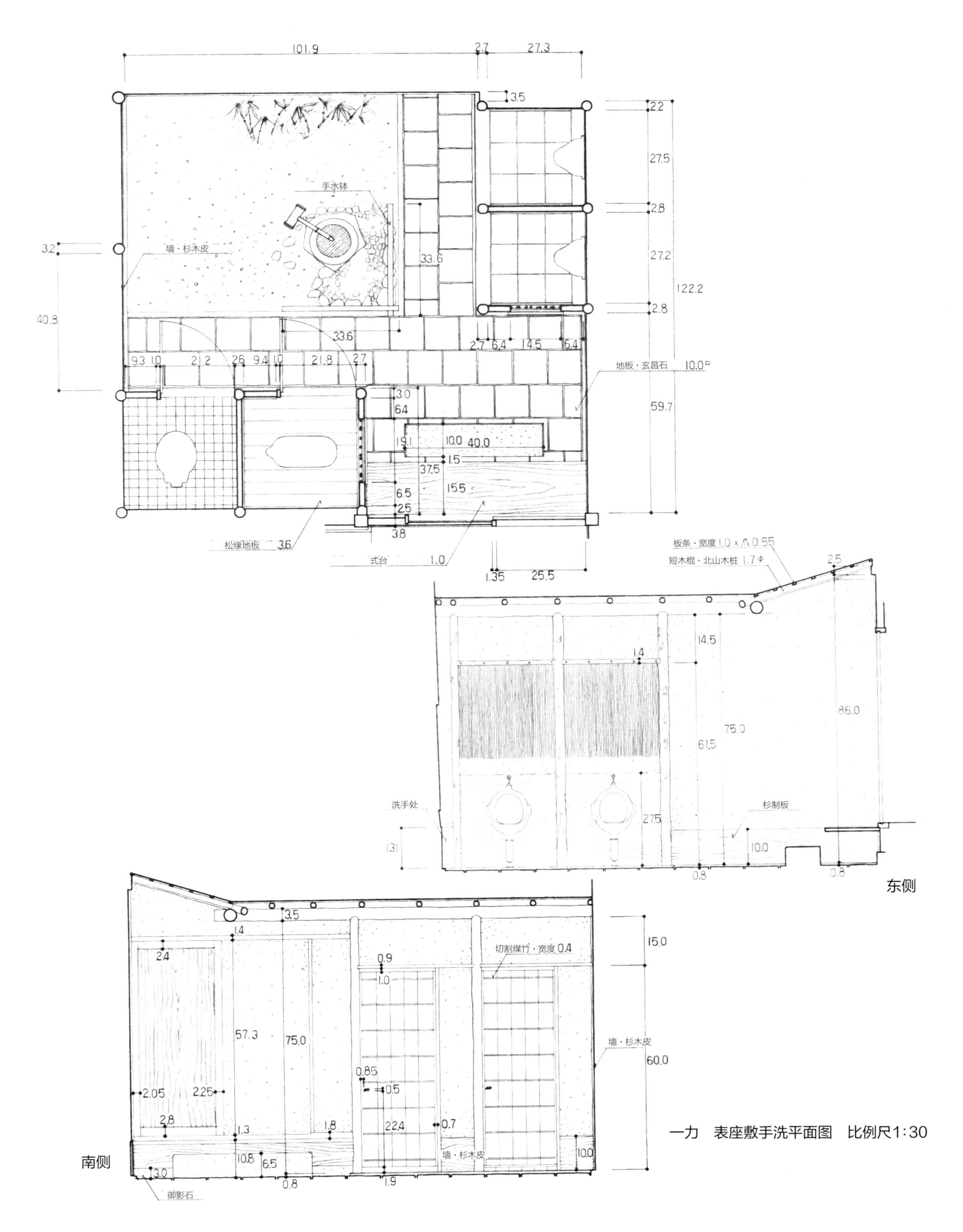

手洗 实测图

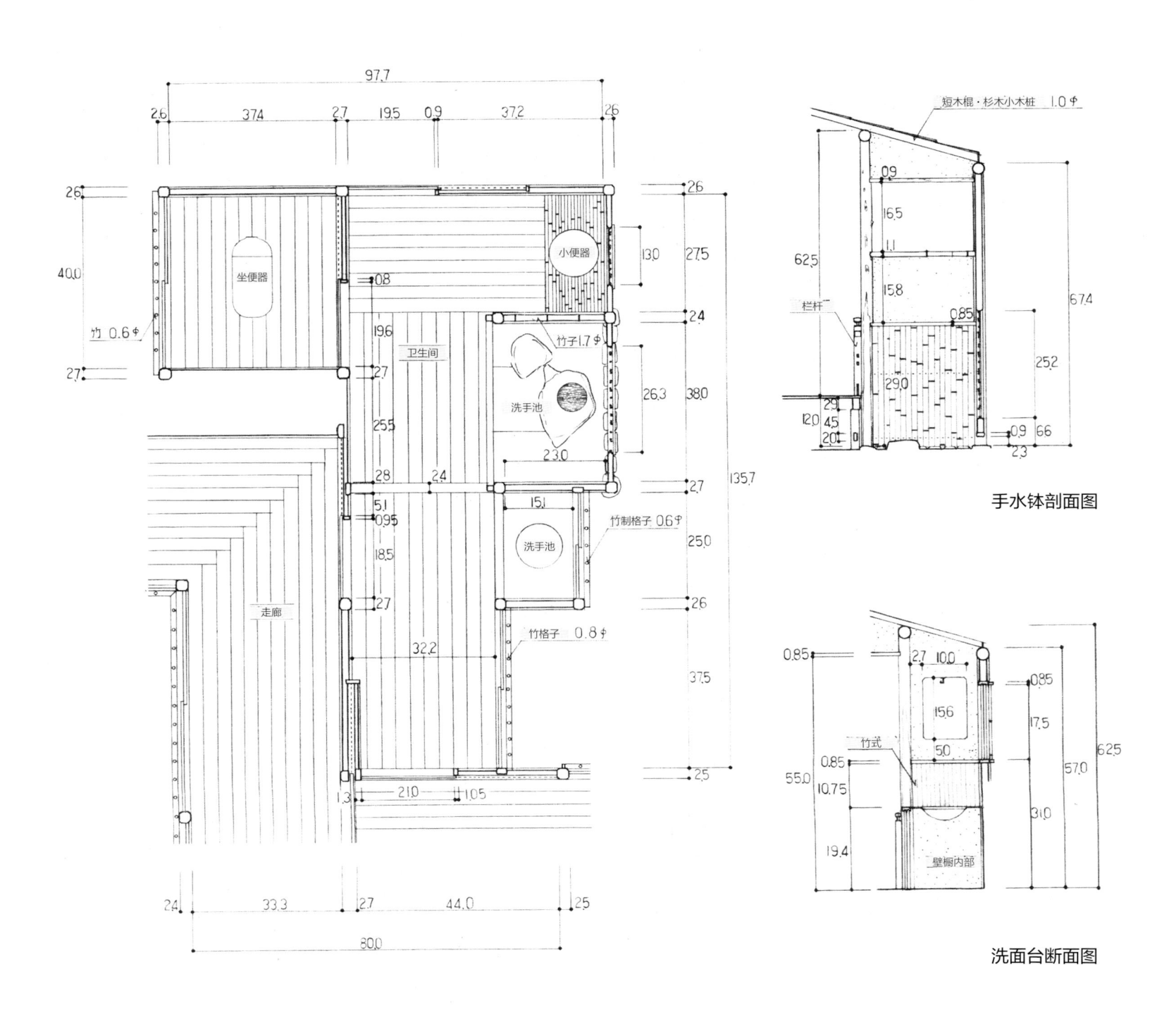

暮雨巷　等候室北的手洗平面图　比例尺 1:30

手水钵剖面图

洗面台断面图

手洗　实测图

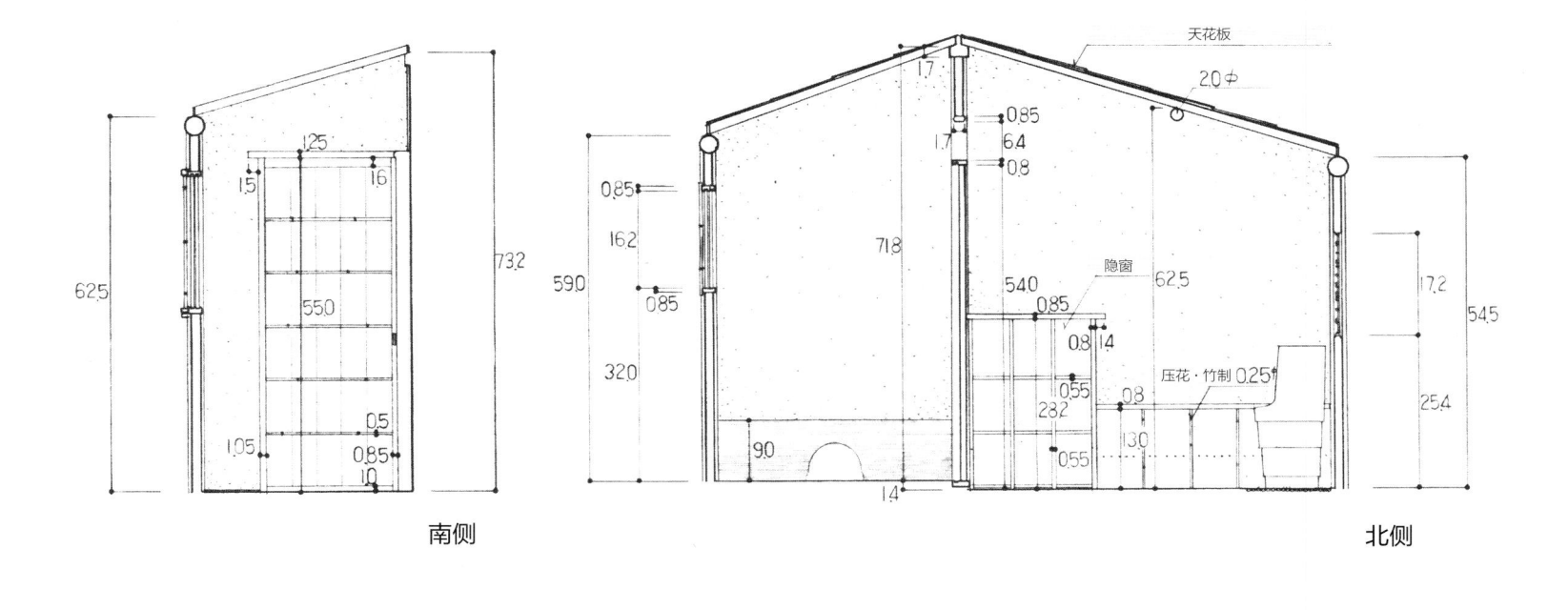

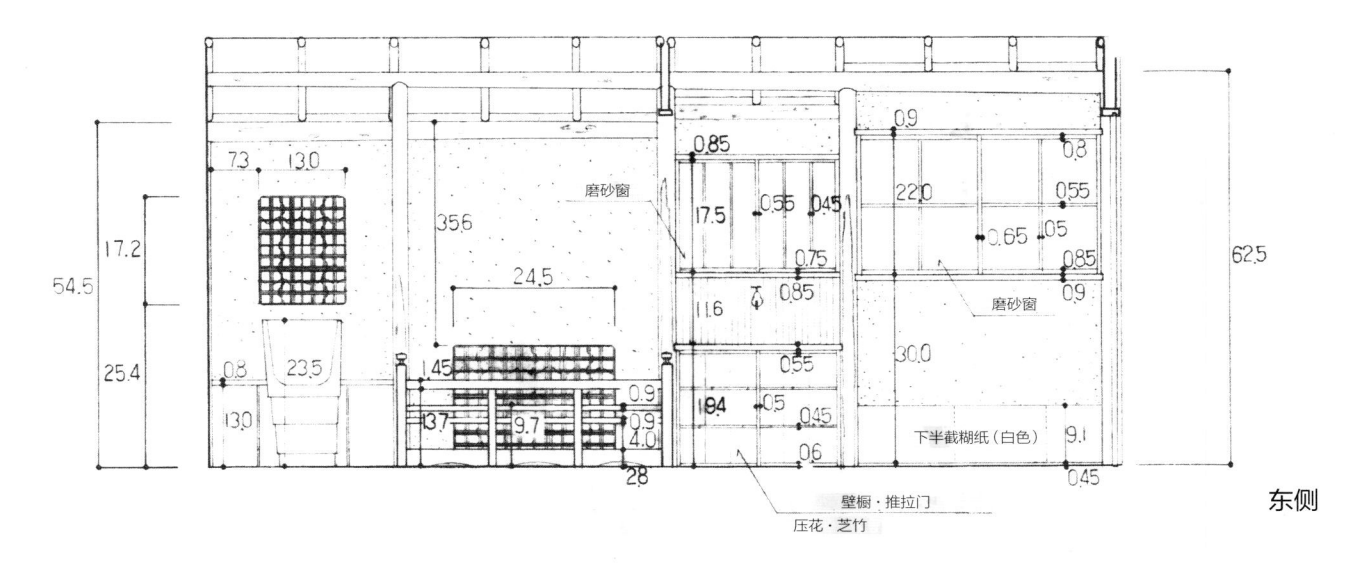

暮雨巷　等候室北的手洗展开图　比例尺1:30

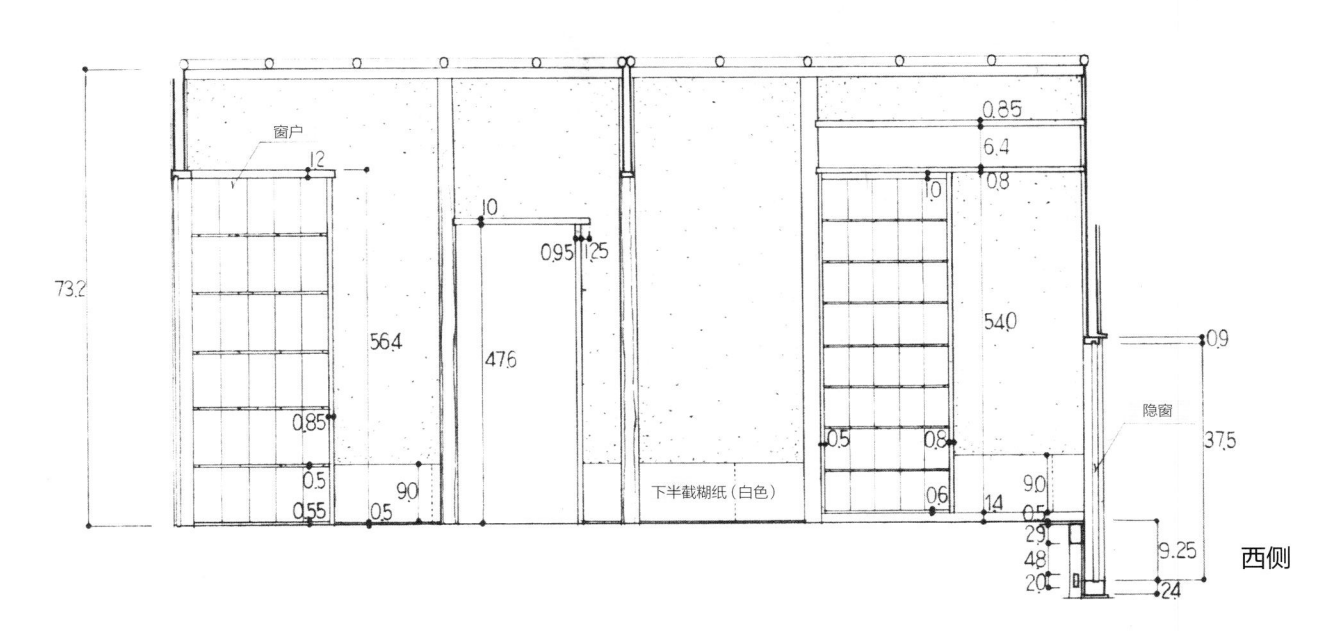

手洗　实测图

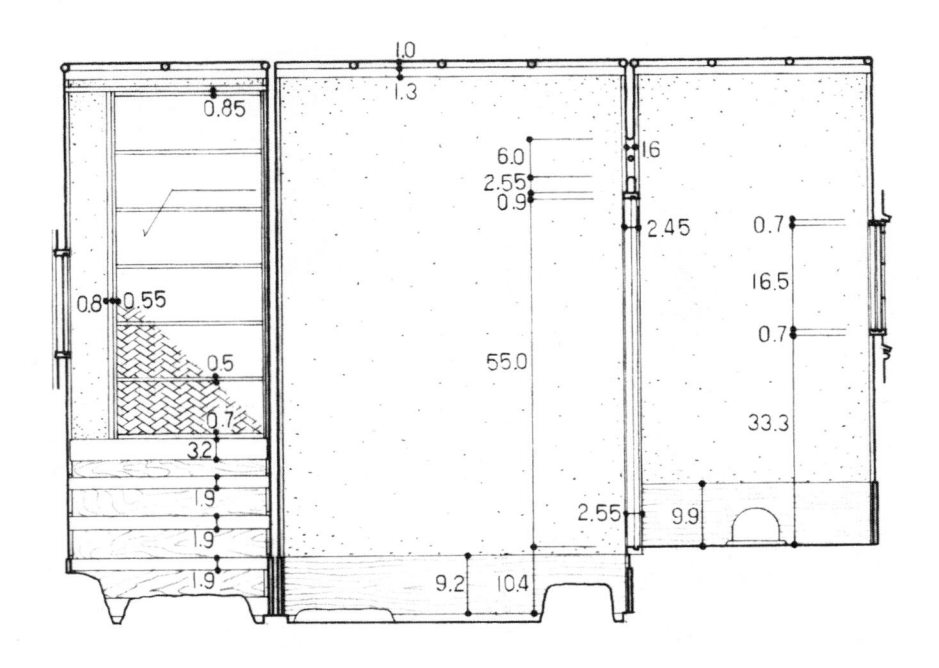

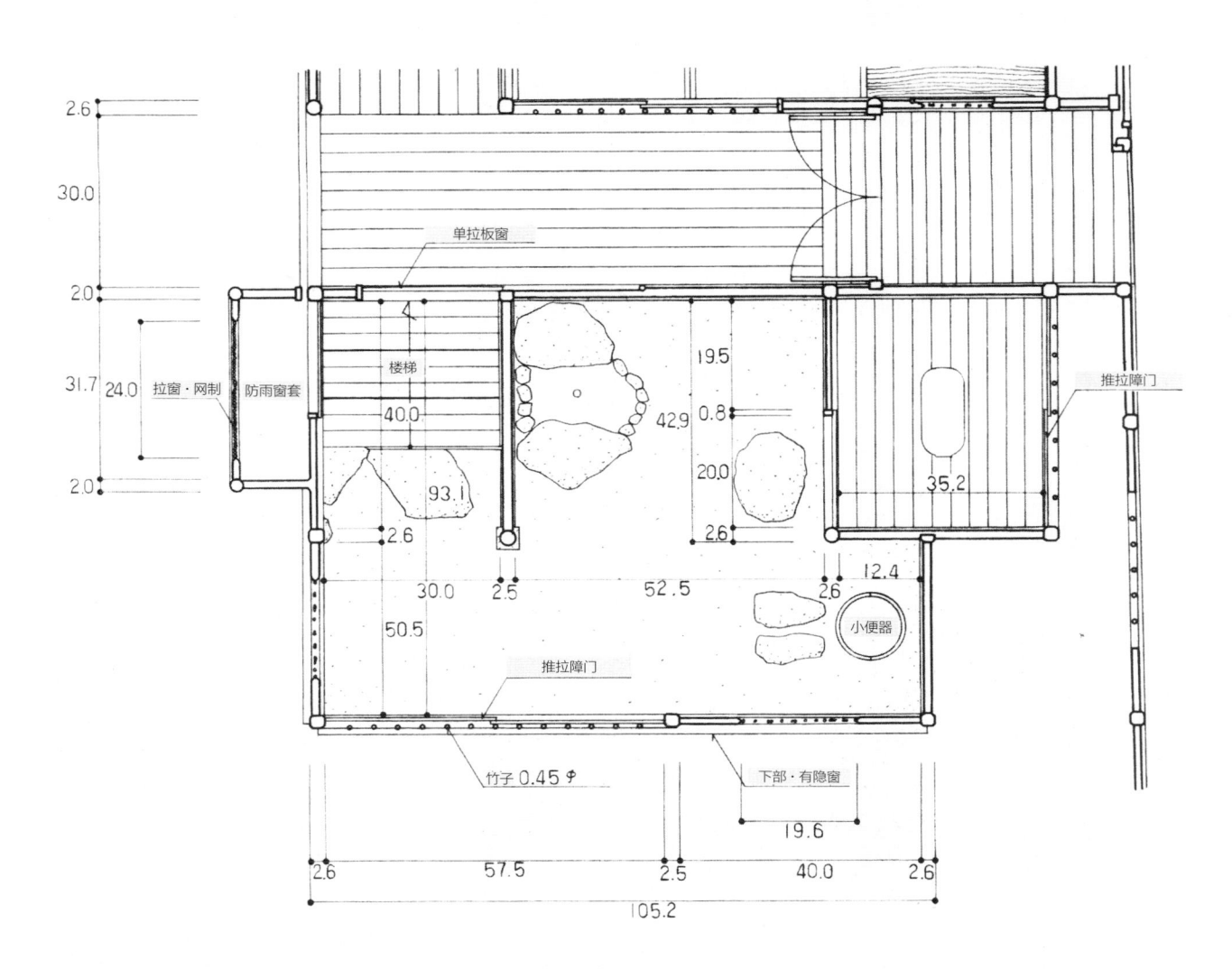

西侧

手洗 实测图

南側

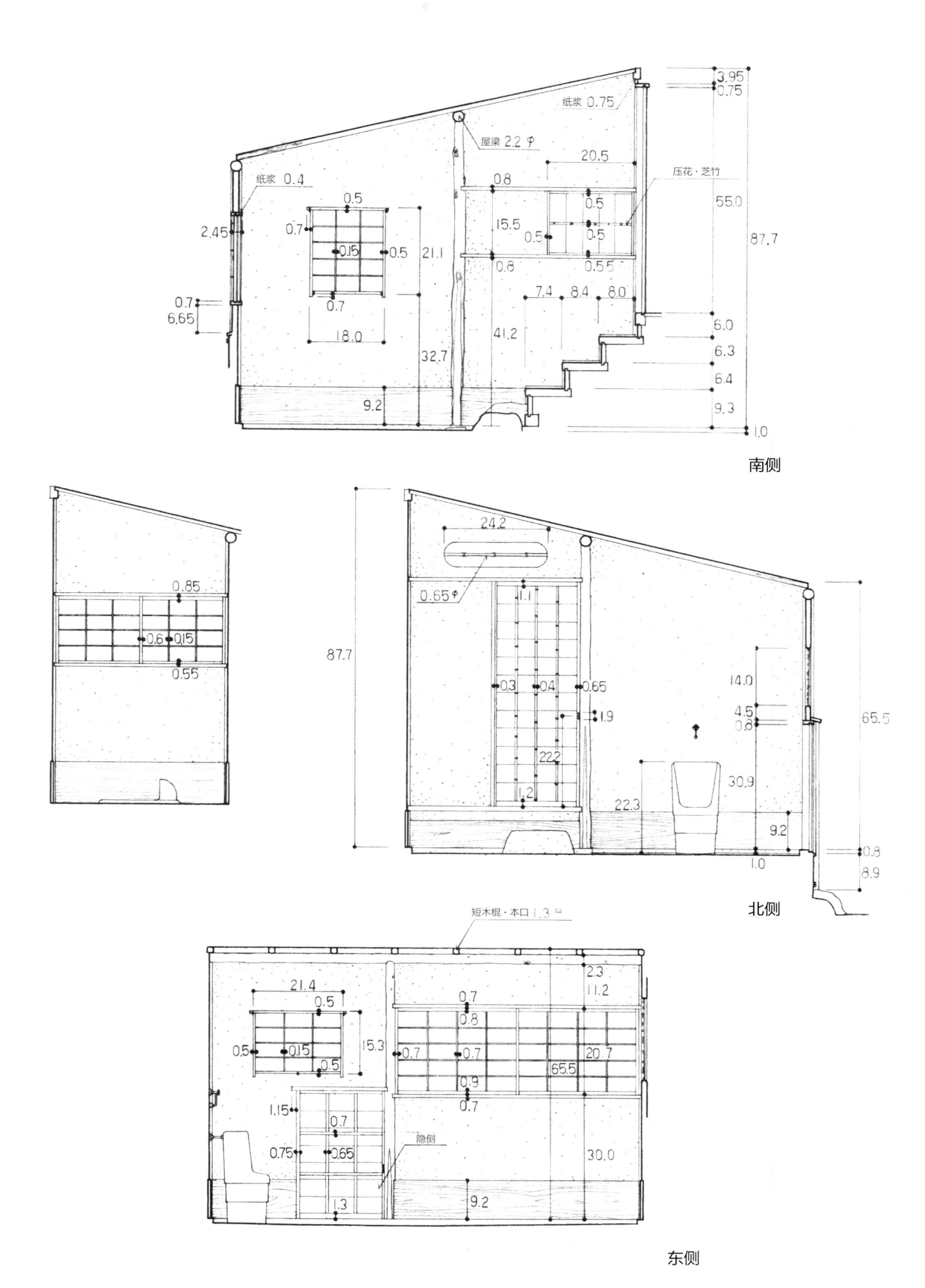

北側

東側

暮雨巷　原叟地板茶室东的手洗平面图、展开图　比例尺1∶30

手洗　实测图

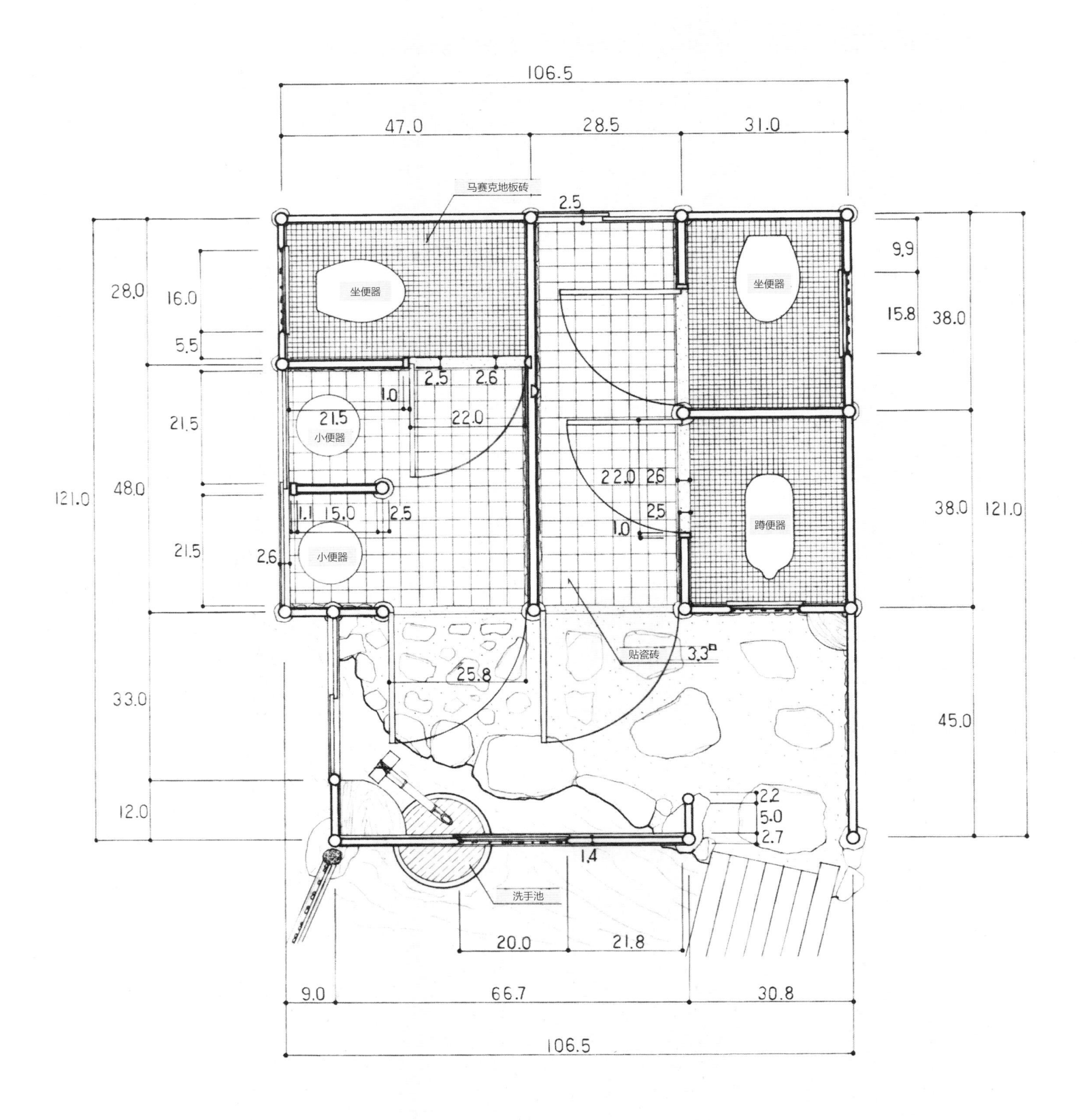

瓢亭　手洗平面图　比例尺1∶25

手洗　实测图

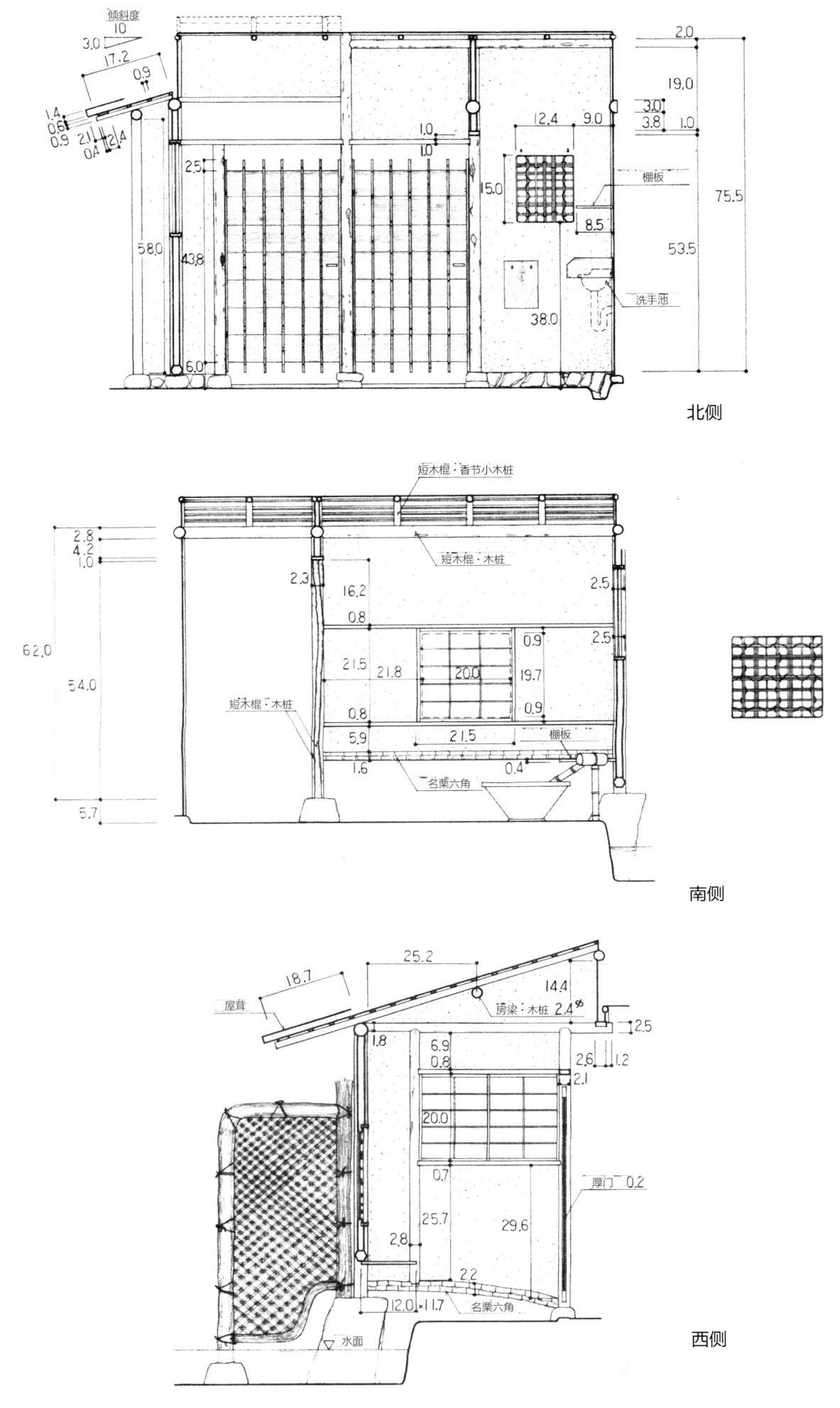

瓢亭　手洗展开图　比例尺1:30

手洗　实测图

中野邸　水亭手洗的门 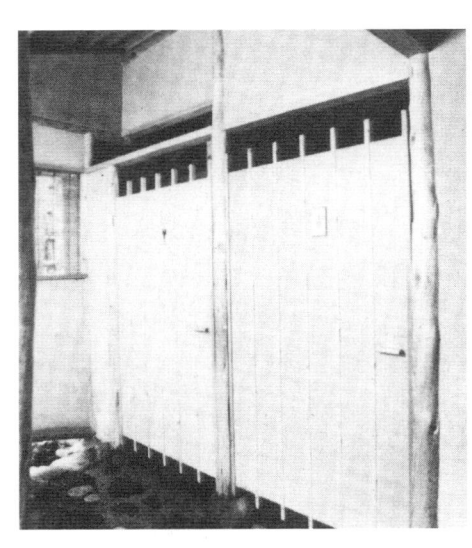　　　　　　瓢亭　手洗的门 　　　　　　暮雨巷　原叟茶室东的手洗入口

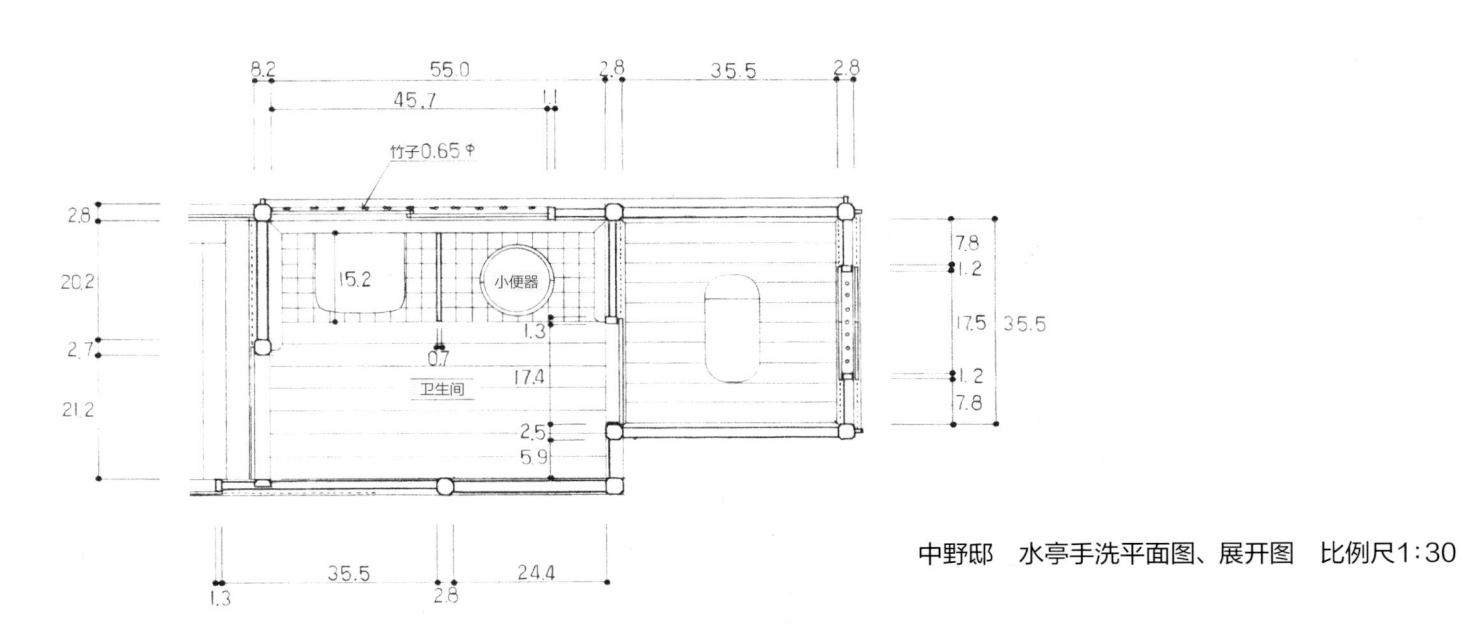

中野邸　水亭手洗平面图、展开图　比例尺1:30

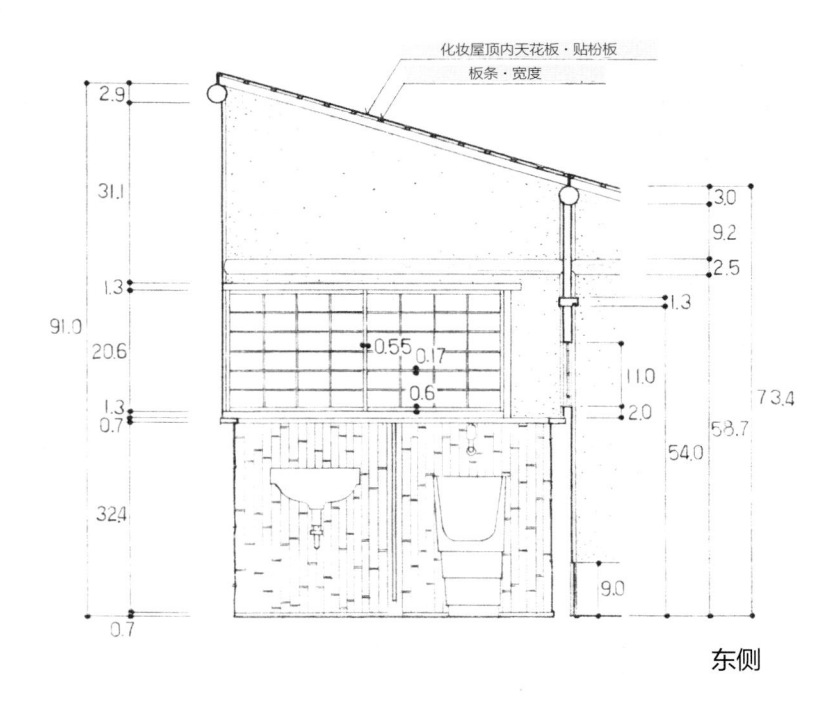

东侧 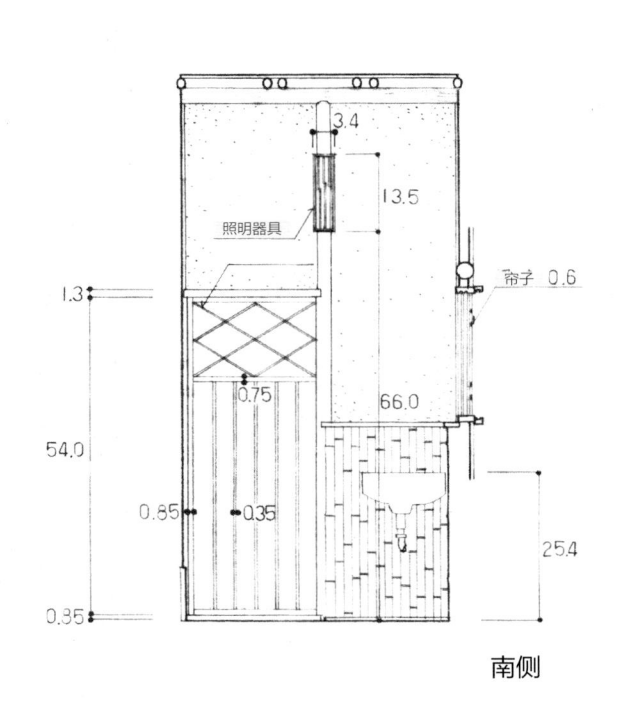　　　　　　　　　　　　　南侧

手洗　实测图

北村邸　珍散莲手洗的圆窗外观

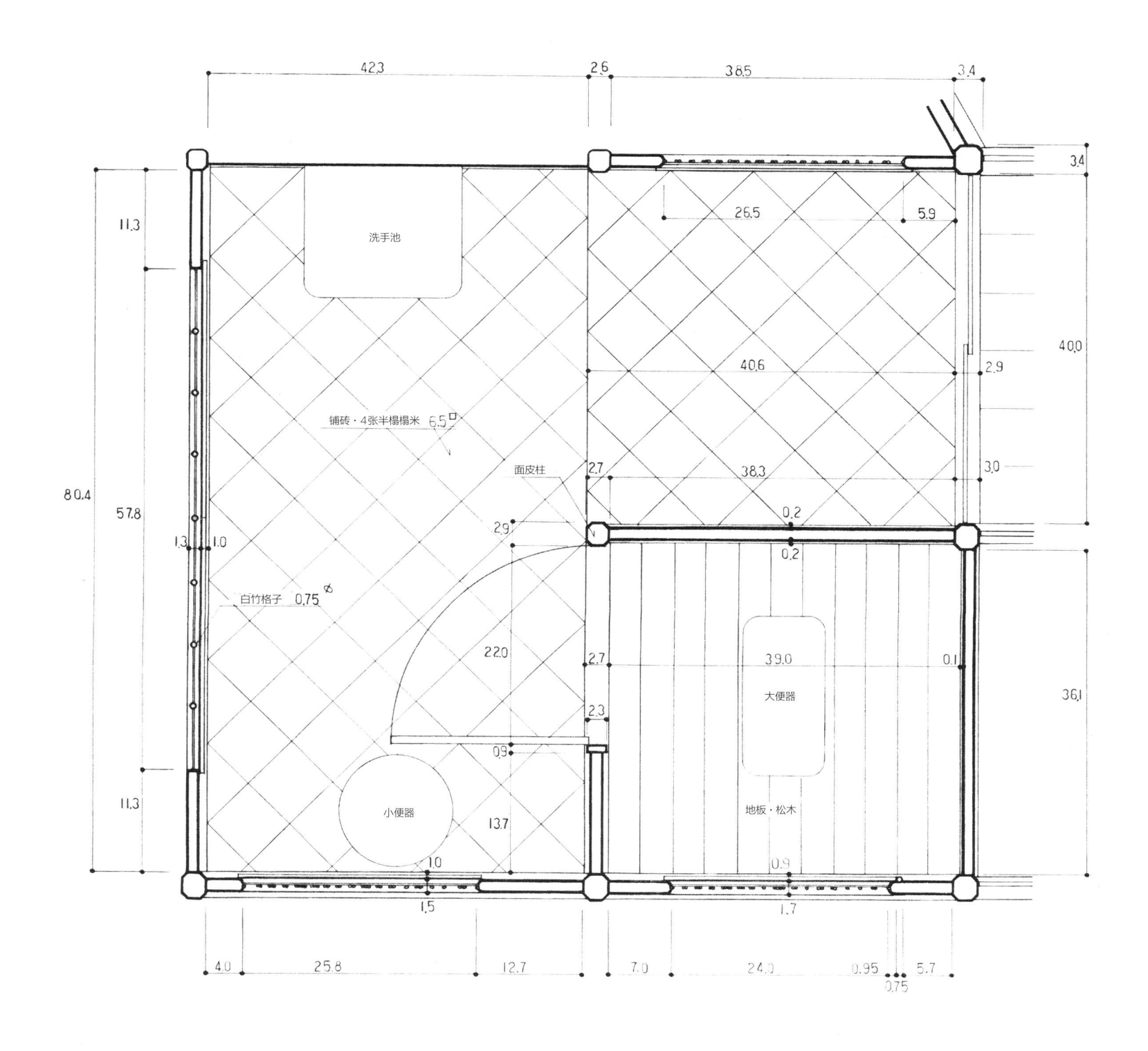

北村邸　珍散莲手洗平面图　比例尺1:15

手洗　实测图

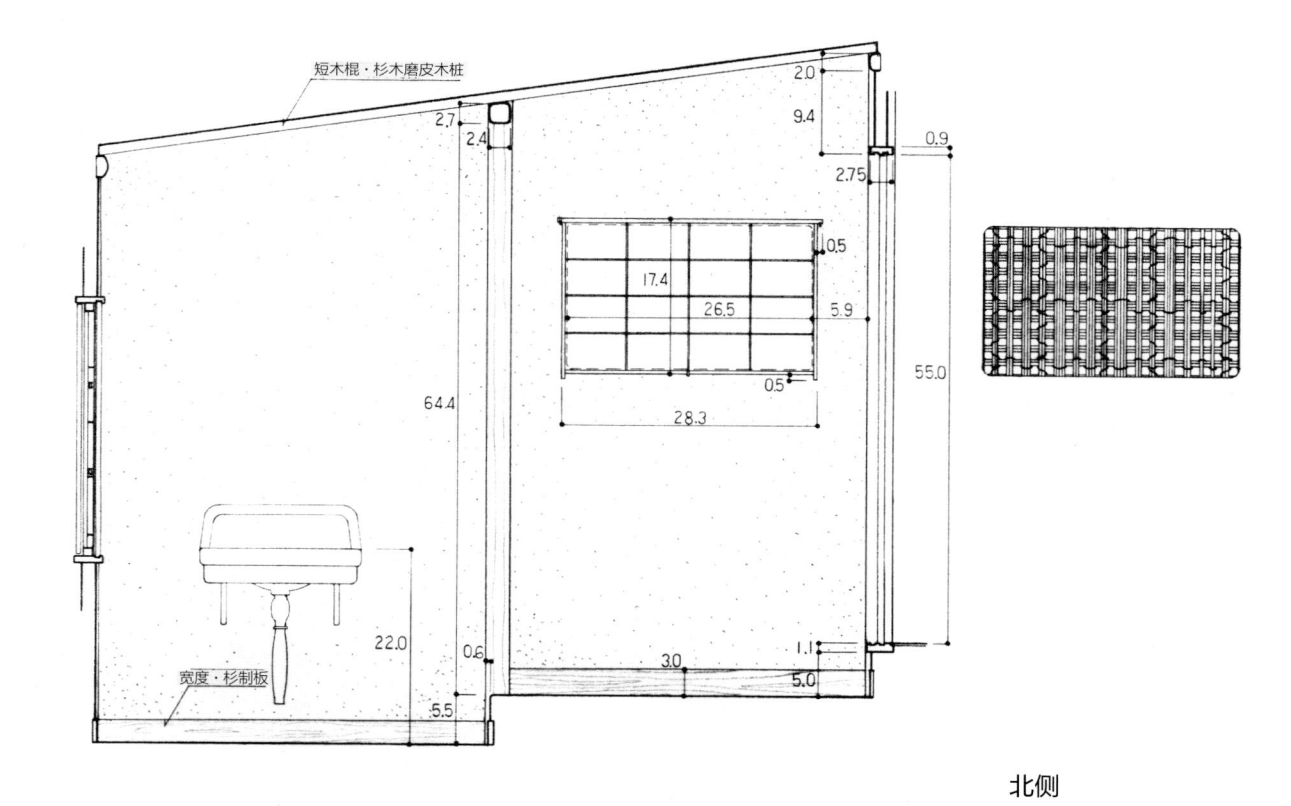

日本建筑集成　周边的技法　　　　　　　　　　　　100

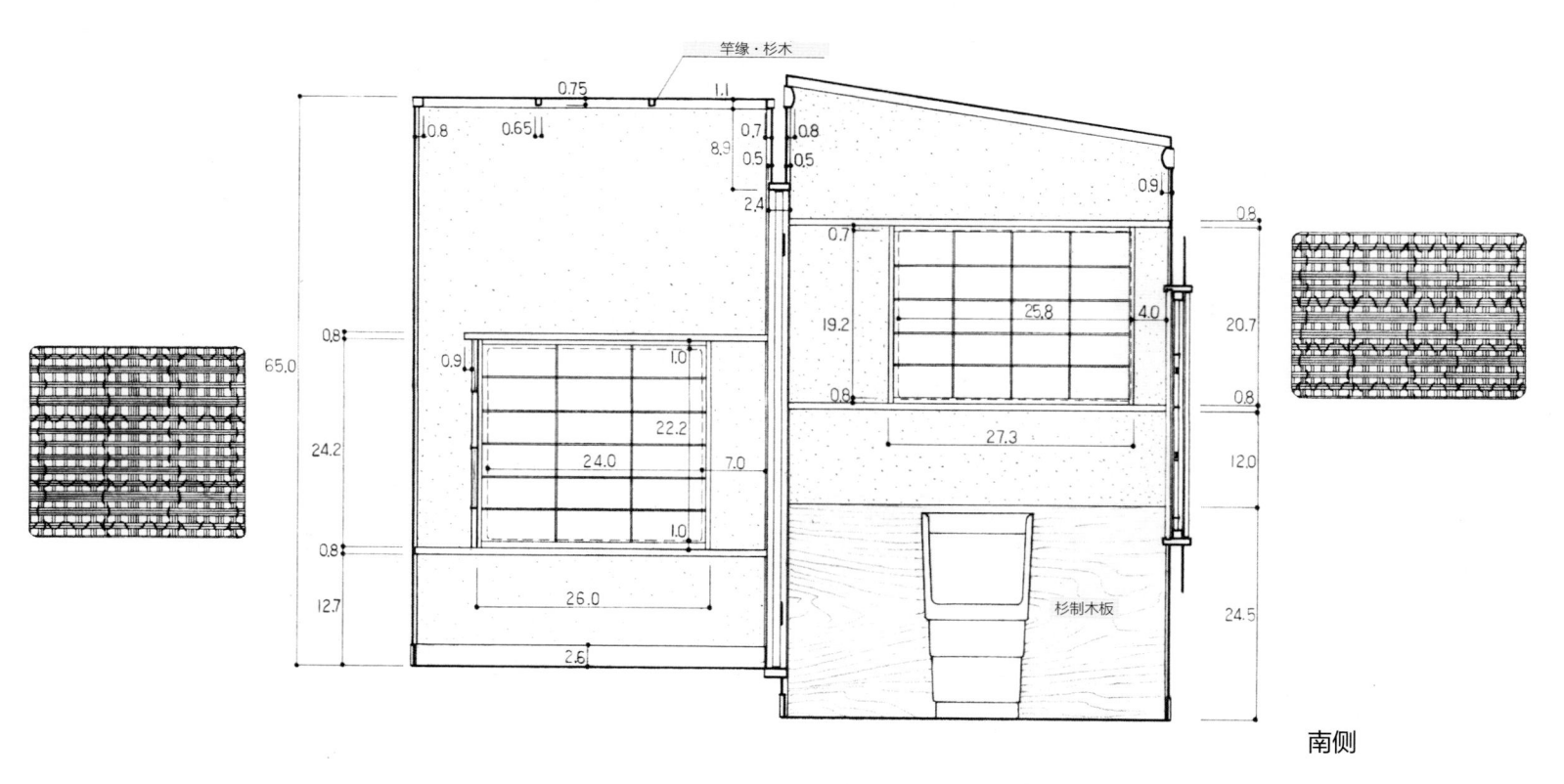

短木棍・杉木磨皮木桩

宽度・杉制板

北侧

竿缘・杉木

杉制木板

南侧

手洗　实测图

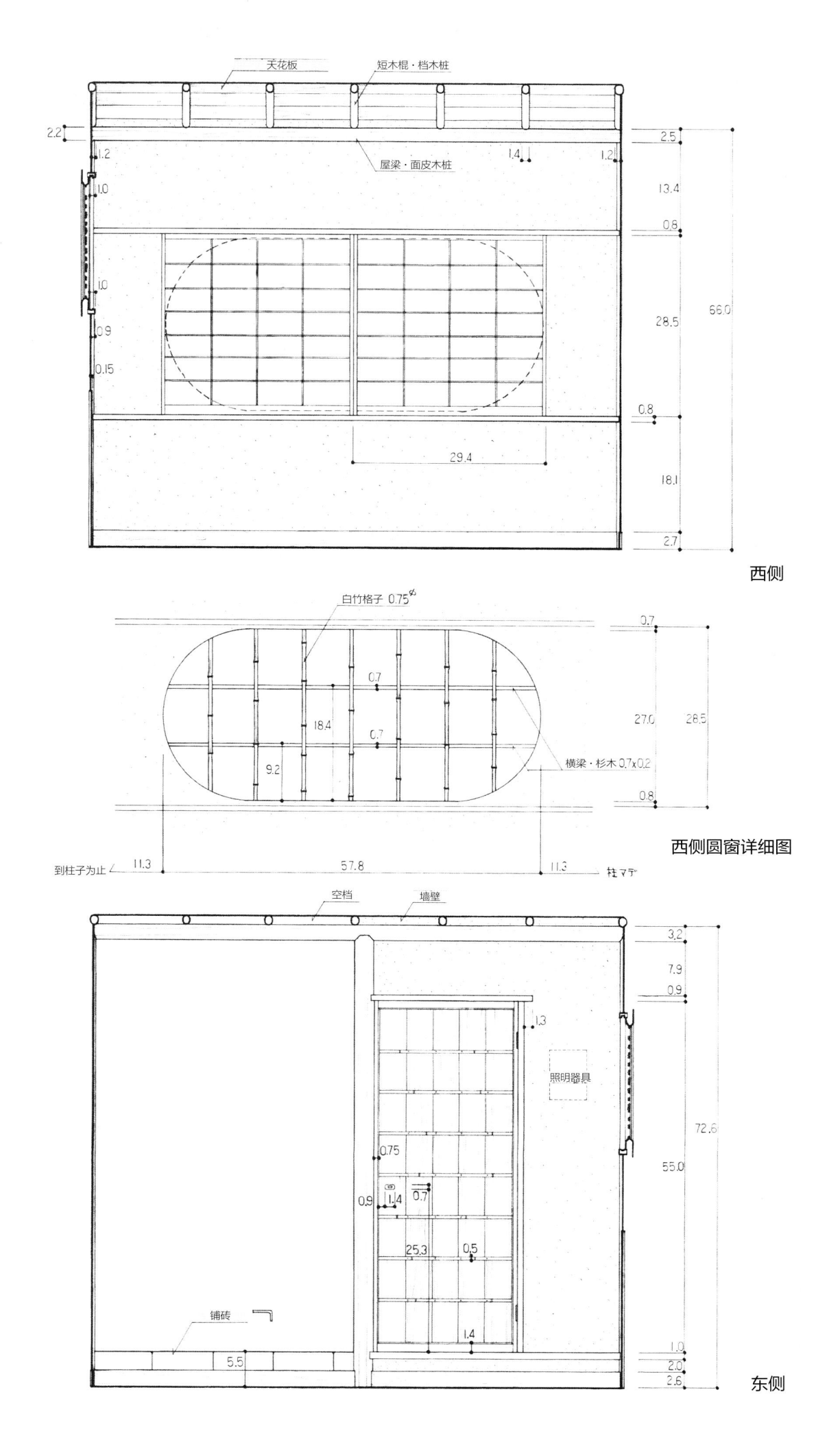

北村邸　珍散莲手洗展开图　比例尺1:20

手洗　实测图

楼梯

在日本建筑中，楼梯是被忽视的。在古代，楼梯坡度陡峭，犹如难以升降的梯子一样。可以说，直到近代才出现了设计得比较好的楼梯。设计楼梯的同时，人们也开始在楼梯平台和楼梯间的设计上下功夫。不仅是楼梯的扶手、楼梯的侧板（横板）等，与楼梯间相连的周围也与走廊的设计相关联。

据说旭化成芝寮是旧岩原谦藏邸，由仰木鲁堂设计的。鲁堂的这一作品是作为一座住宅保留下来的珍贵实例之一。但是，根据接受鲁堂教诲的藤井喜三郎先生所说，岩原氏是极有主张的人，所以鲁堂的设计没有完全发挥作用。

建在眺望相模湾景色优美的山腰上的山庄（铃木别邸），由菊竹清训氏设计。这个楼梯的前面是起居室、餐厅、卧室等，楼梯间的左侧是茶室和水屋。茶室是江守奈比古的设计。尽头的格子门外面的屋顶被用作露地。这个楼梯间就是这样被设计成连接日式和西洋式空间的地方。

京都的都酒店佳水园是村野藤吾的代表作之一。可以看到简洁扼要的结构和楼梯应有的功能和设计的完美融合。

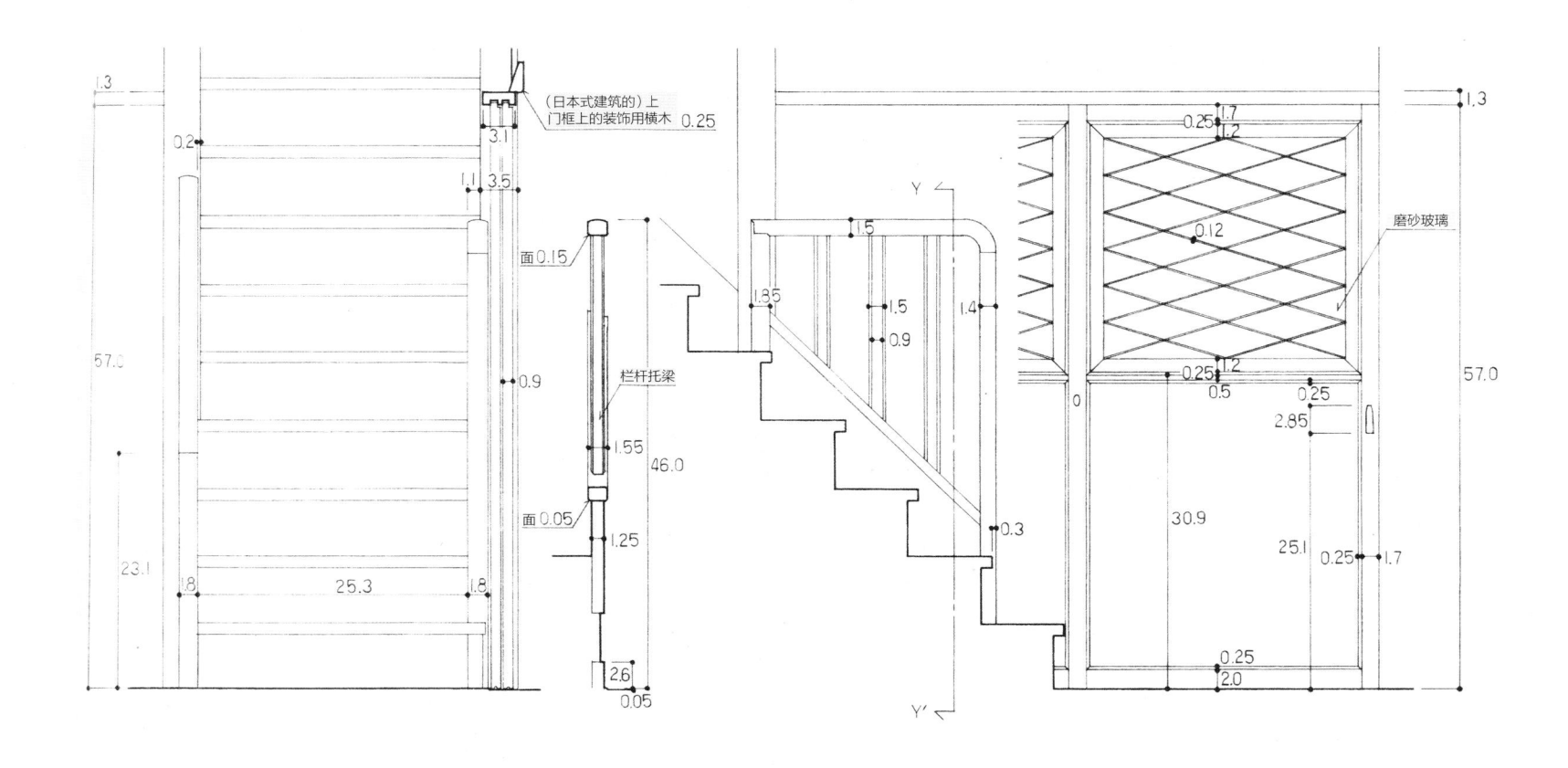

旭化成芝寮　南边的楼梯断面详细图　比例尺1:15

楼梯　实测图

楼梯 实测图

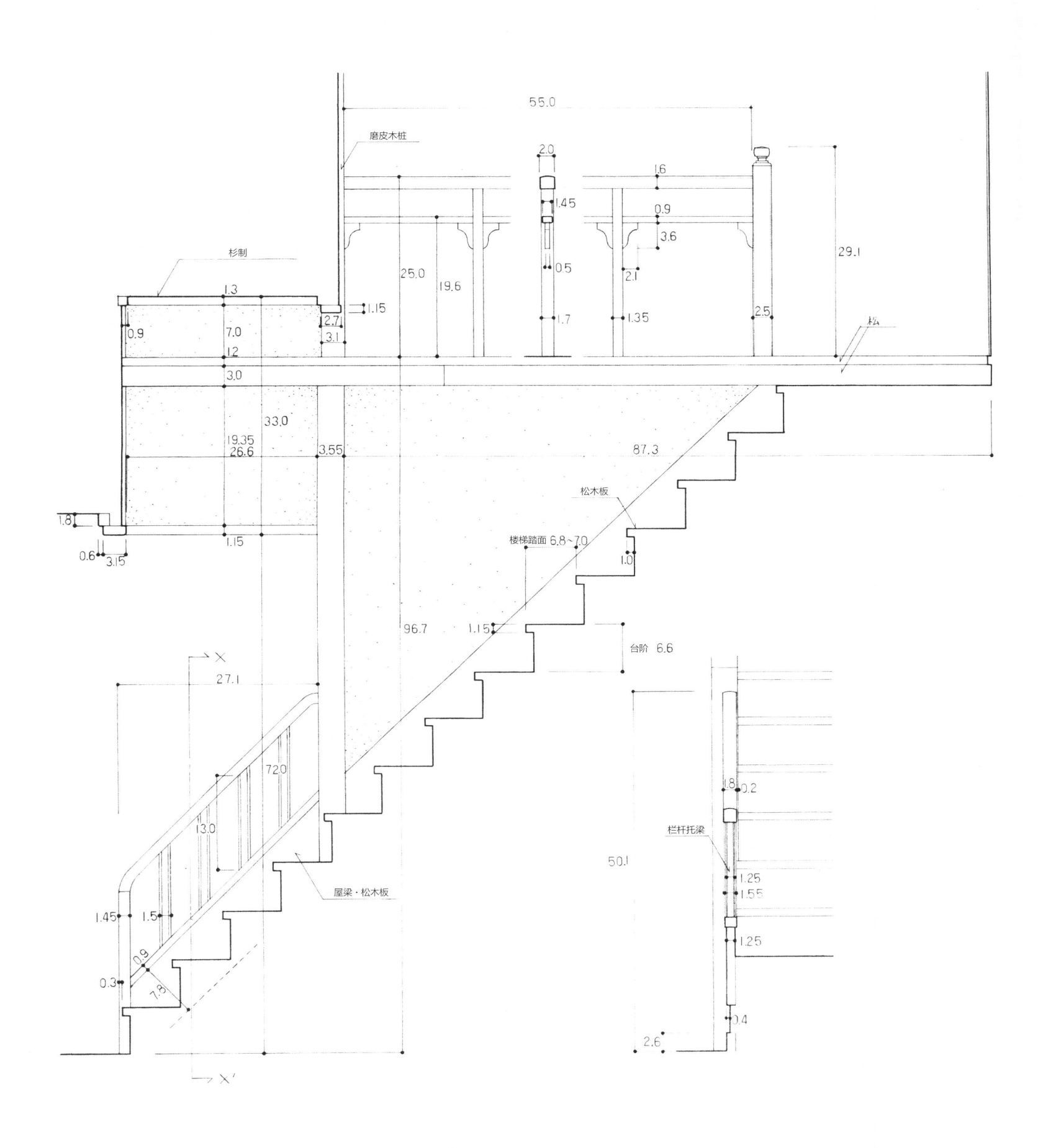

河文　东玄关旁的楼梯一楼天花板部分 　　河文　东玄关旁的楼梯隔断 　　河文　东玄关旁的楼梯二楼部分

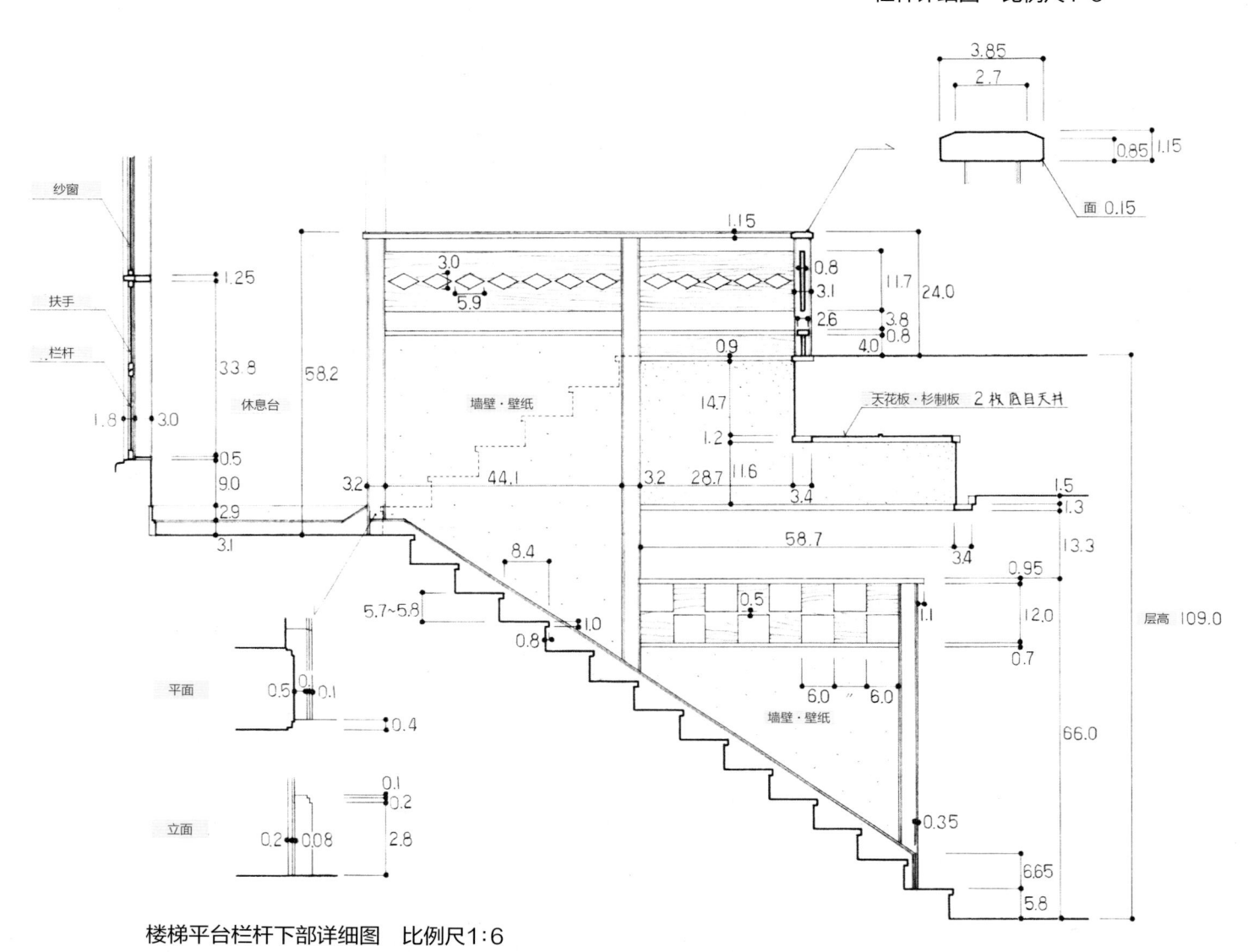

栏杆详细图　比例尺1:6

楼梯平台栏杆下部详细图　比例尺1:6

河文　东玄关旁的楼梯断面图　比例尺1:30

楼梯　实测图

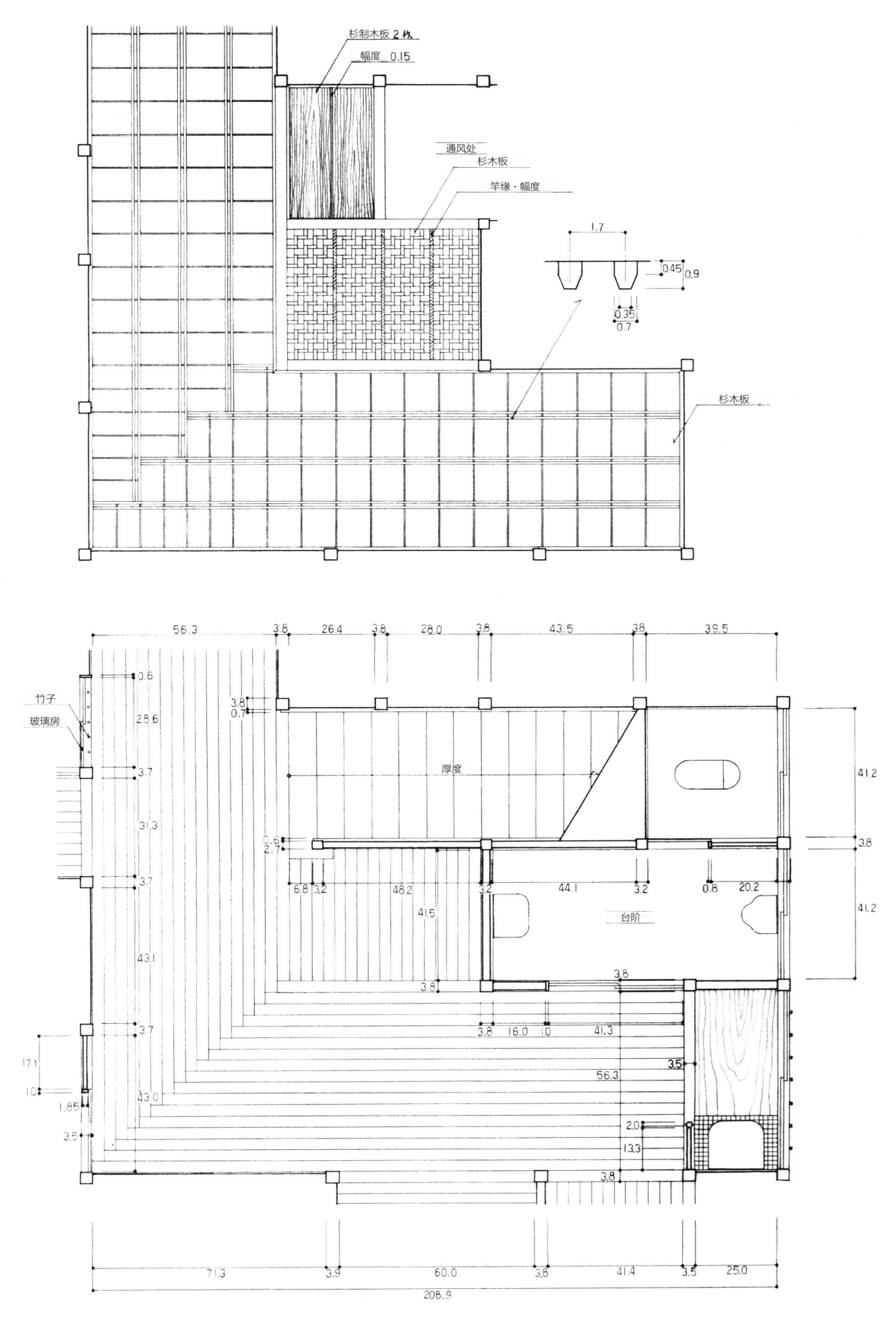

河文　东玄关旁的楼梯一楼平面图、天花板平面图　比例尺1:40、1:4

楼梯　实测图

断面图　比例尺1:30

栏杆详细图　比例尺1:10

八芳园　楼梯

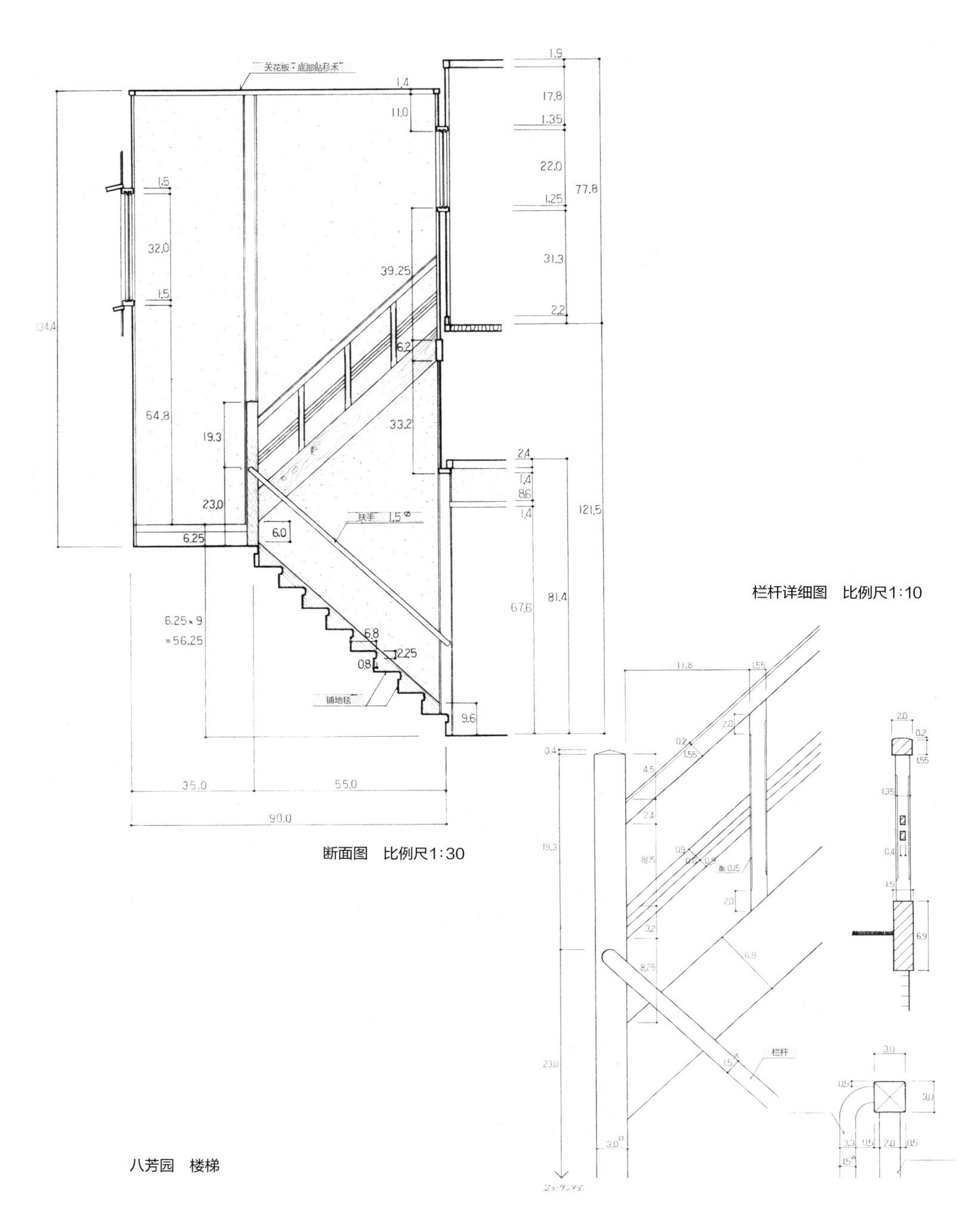

楼梯　实测图

断面详细图　比例尺1:8

断面图　比例尺1:15

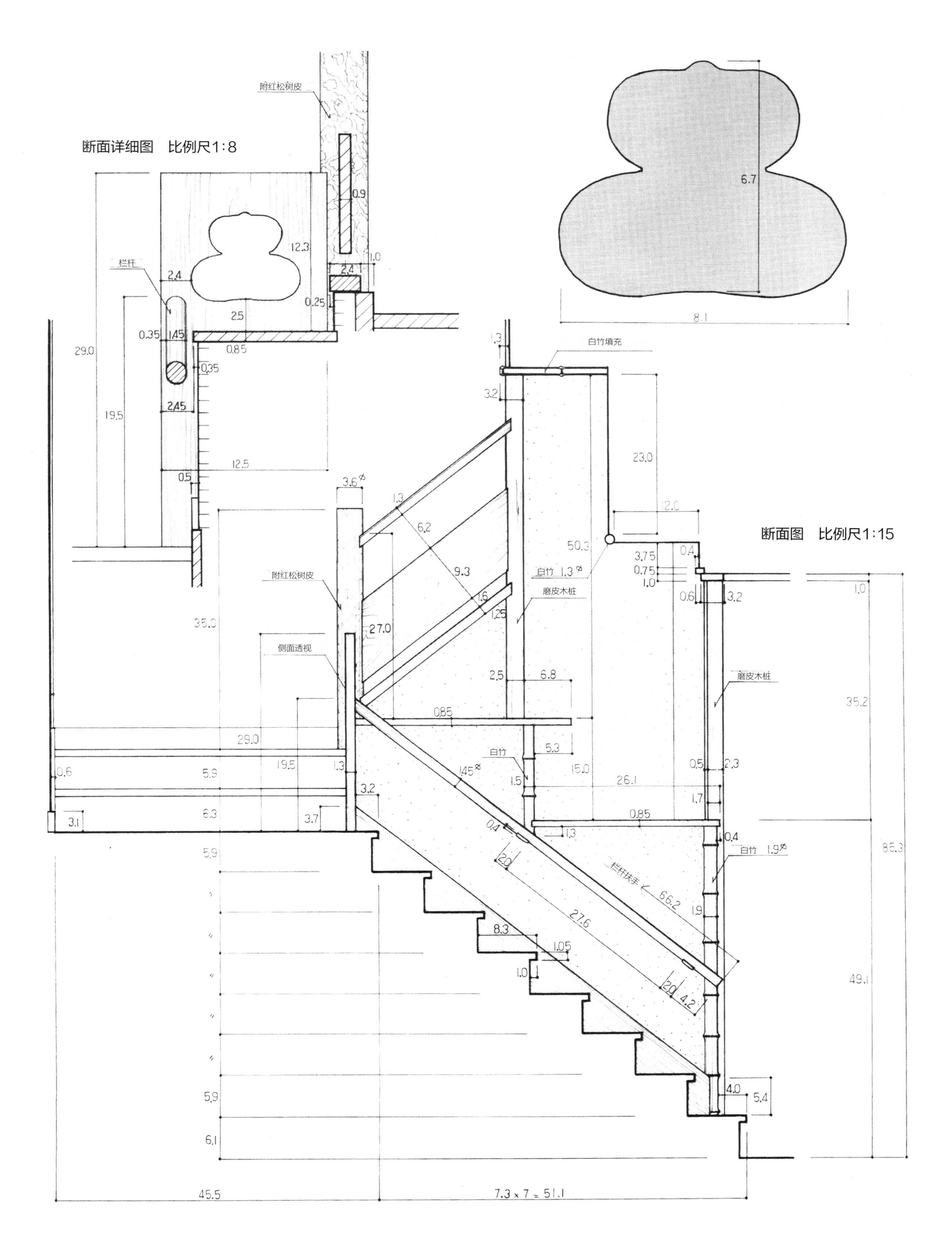

楼梯　实测图

柊家　玄关旁楼梯二楼的窗户 　　　　柊家　玄关旁的楼梯俯视图 　　　　旭化成芝寮　南边楼梯的一楼部分

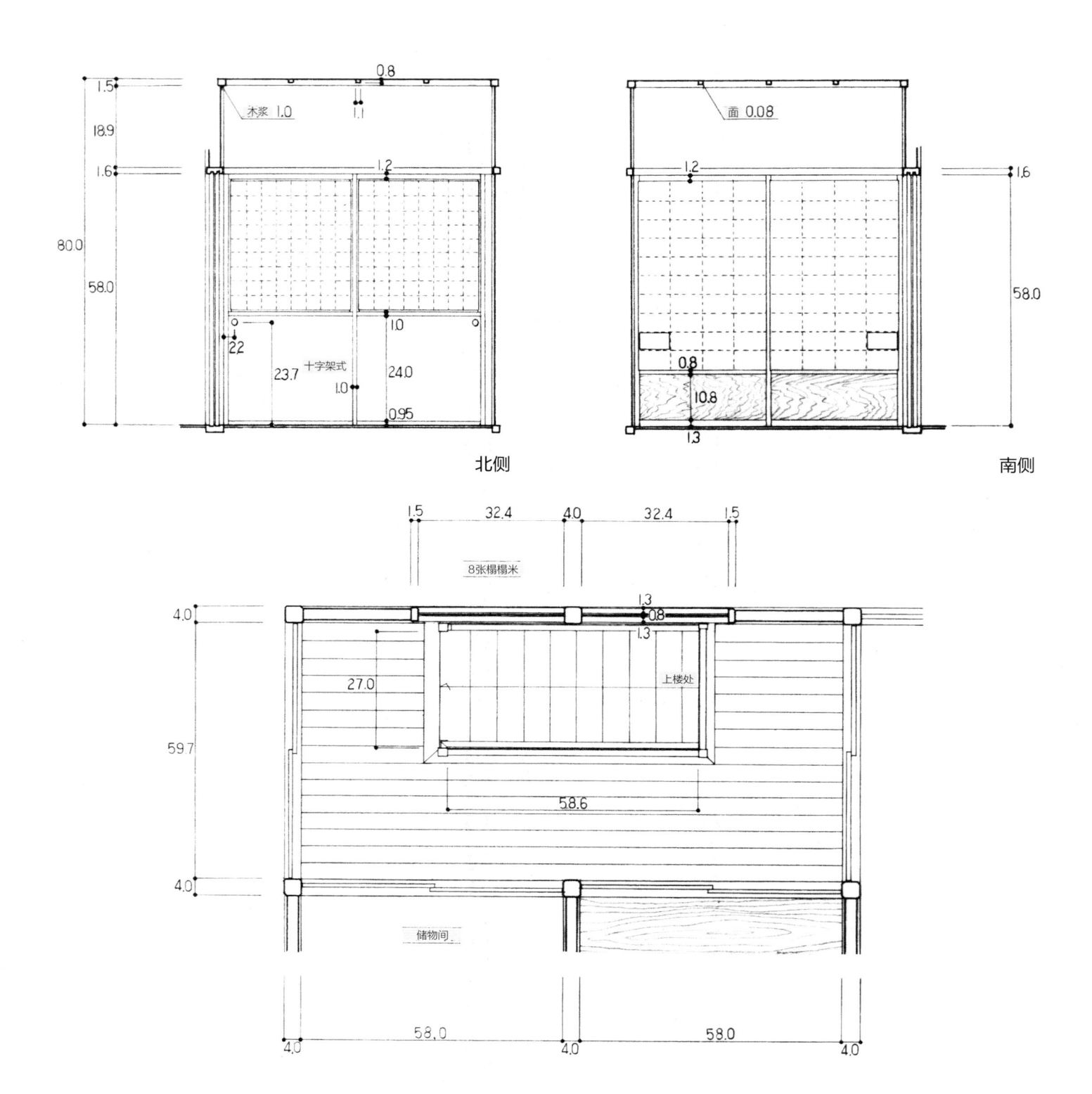

北侧　　　　　　　　　　　　　　　　　　南侧

中野邸　二楼大房间内的楼梯室平面图、展开图　比例尺1:30

楼梯　实测图

佳水园　大厅东的楼梯栏杆

佳水园　大厅东的楼梯栏杆

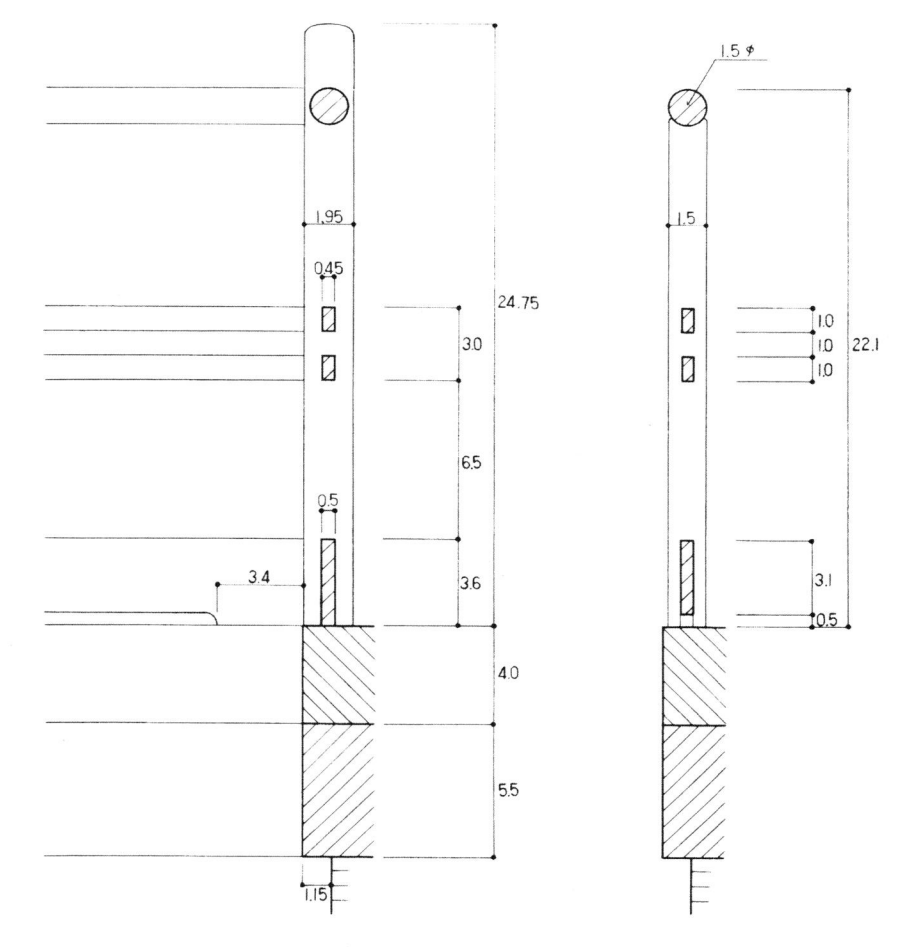

楼梯　实测图

剖面图　比例尺1:8

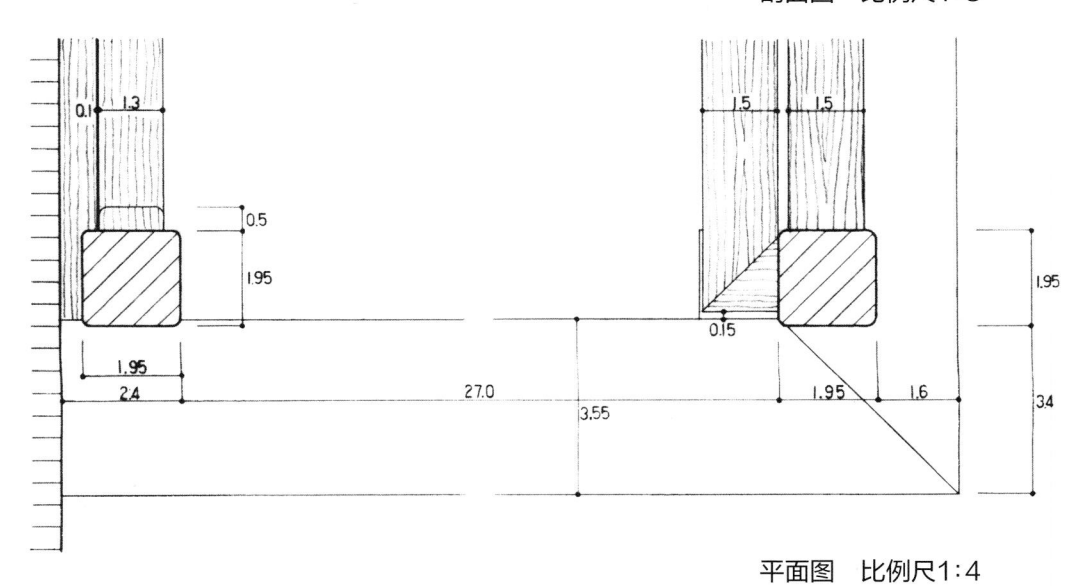

中野邸　二楼大房间内的楼梯室栏杆

平面图　比例尺1:4

楼梯　实测图

中野邸　二楼大房间内的楼梯图　比例尺1:15

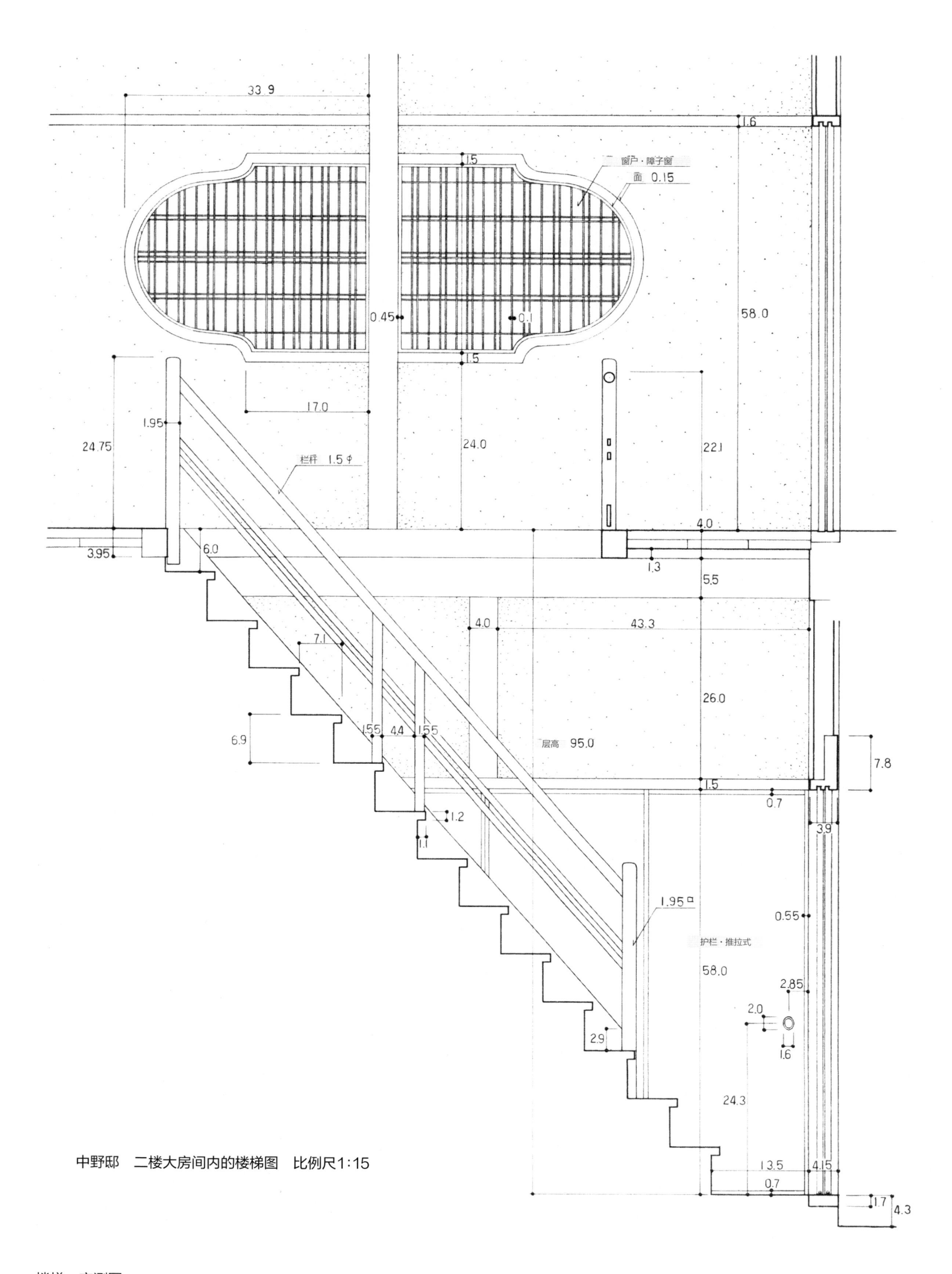

楼梯　实测图

平面图　比例尺1:40

格子户正面图　比例尺1:15

栏杆详细图　比例尺1:8

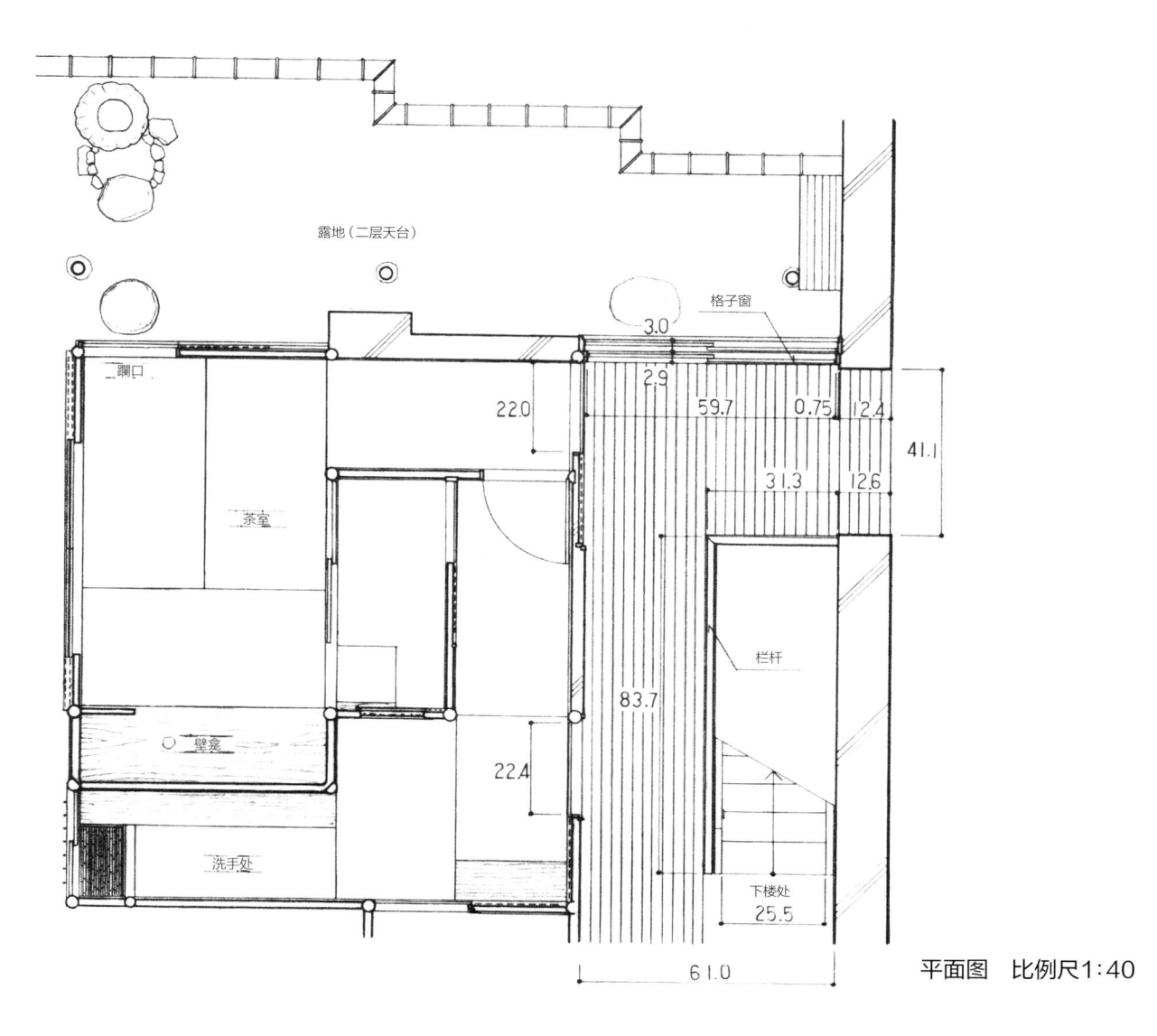

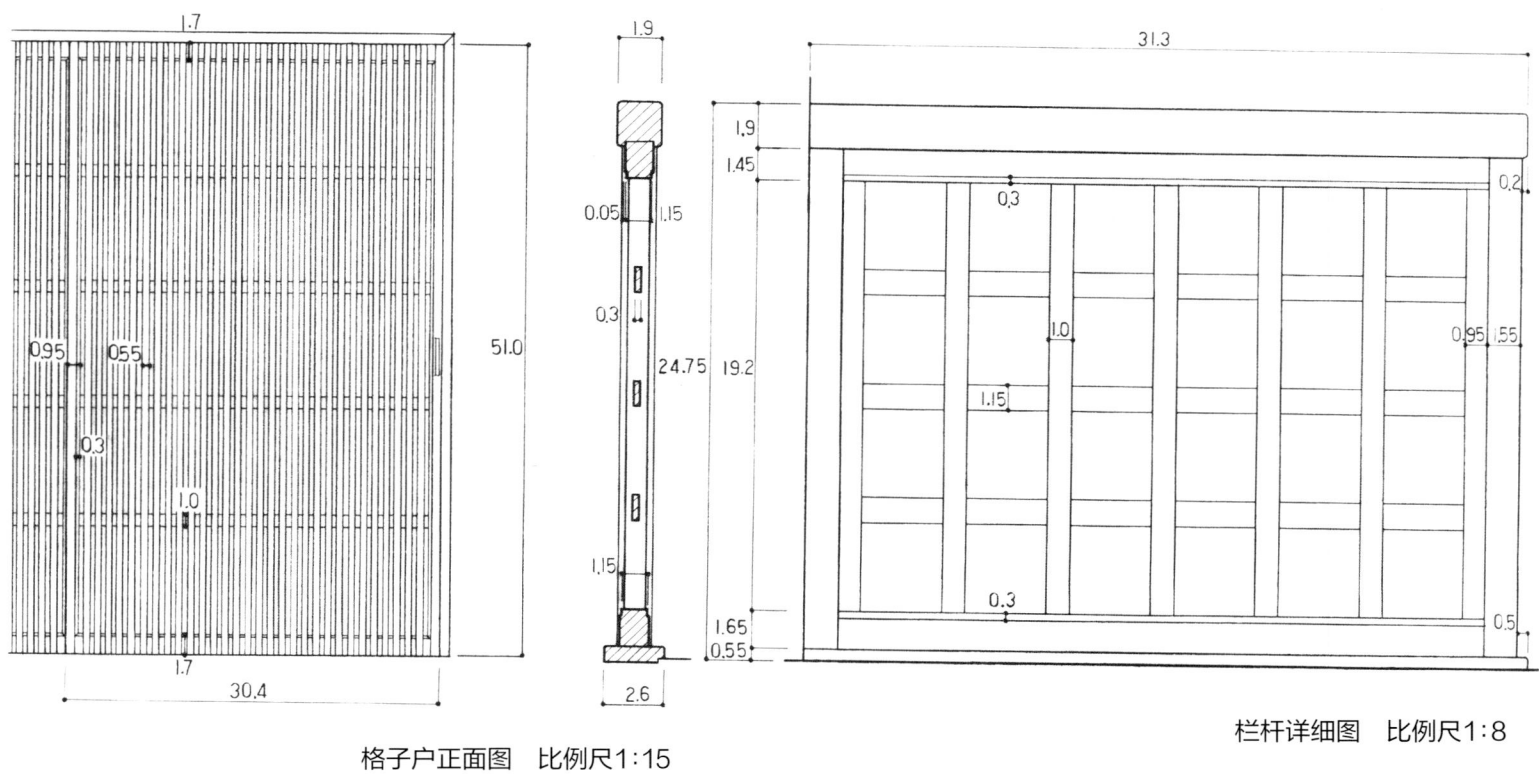

铃木别邸　二楼茶室前的楼梯室

楼梯　实测图

等候室和玄关

薮内家　等候室（谈古堂）

上＝楼梯口　下＝内部

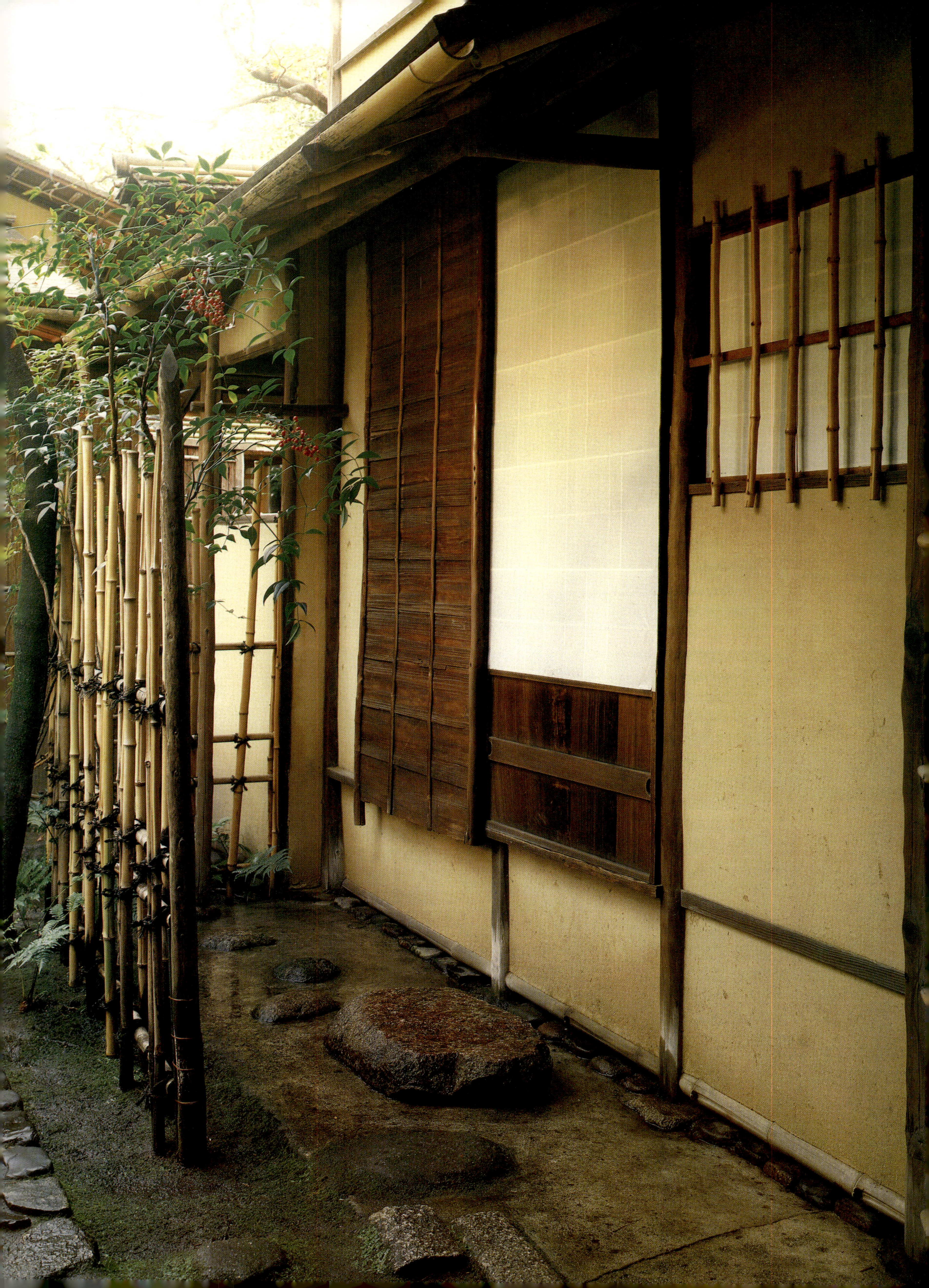

堀内家　等候室
左页图=入口外观　上=东侧　中=北侧瞭望窗　下=从南侧看等候处

北村邸　等候室
上＝外观　下右＝楼梯口　下左＝大门内侧

旭化成芝寮　等候处
上右=外观　上左=楼梯口　下右=内部　下左=土间和等候处

山口邸　玄关
上右＝内部　上左＝从玄关前看门

善田邸　玄关
下右＝楼梯口　下左＝土间和等候处　右页图＝外观

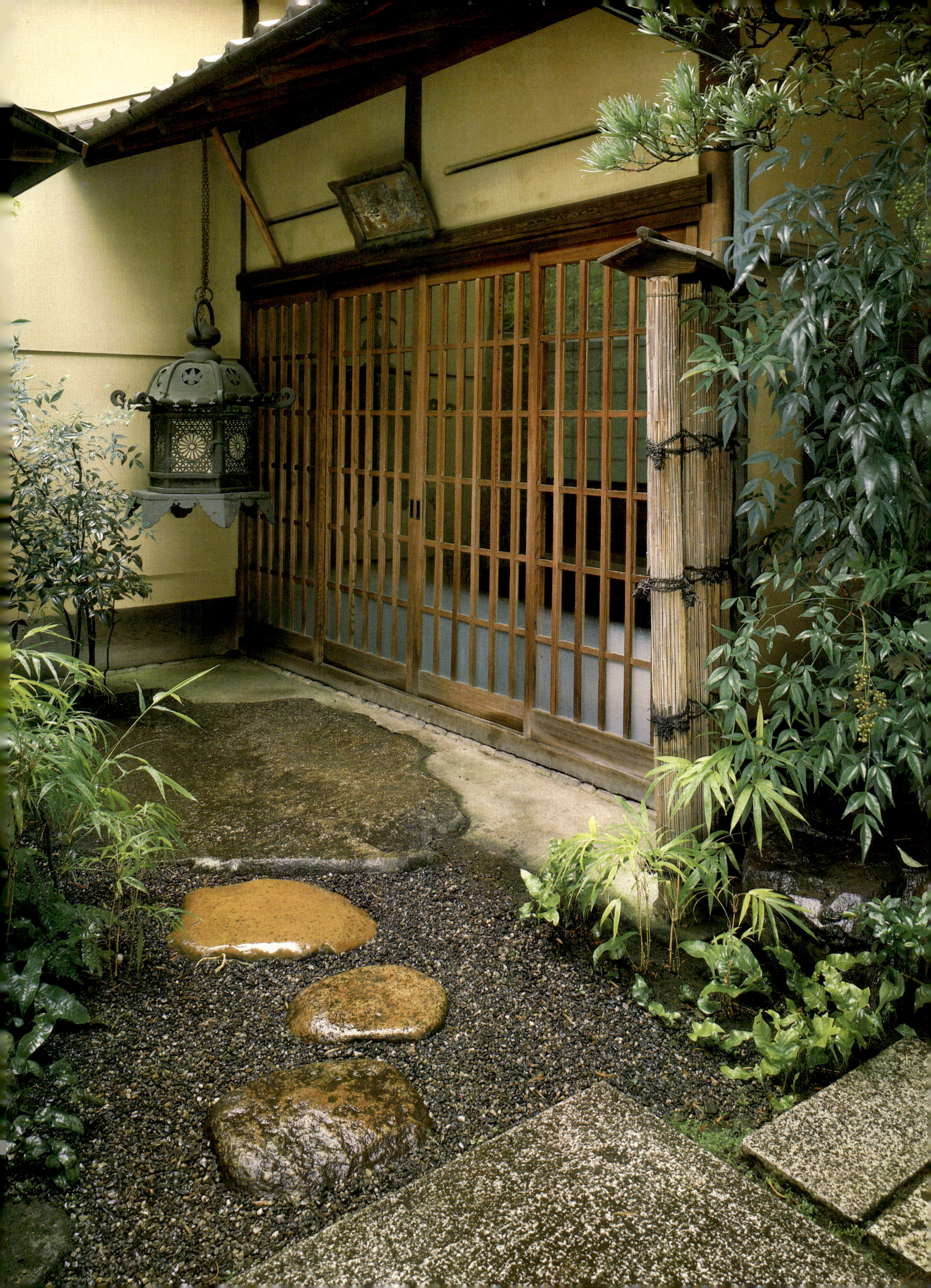

山翠楼　玄关

一力　玄关地板

桥本　玄关地板

美浓幸　玄关

八胜馆八事店　玄关
上＝外观　下＝内部

听竹居　玄关
上左＝外观　下左＝大门内侧

青青居　玄关
上右＝外观　下右＝内部

北村邸　立礼席土建走廊底部

北村邸　等候处底部

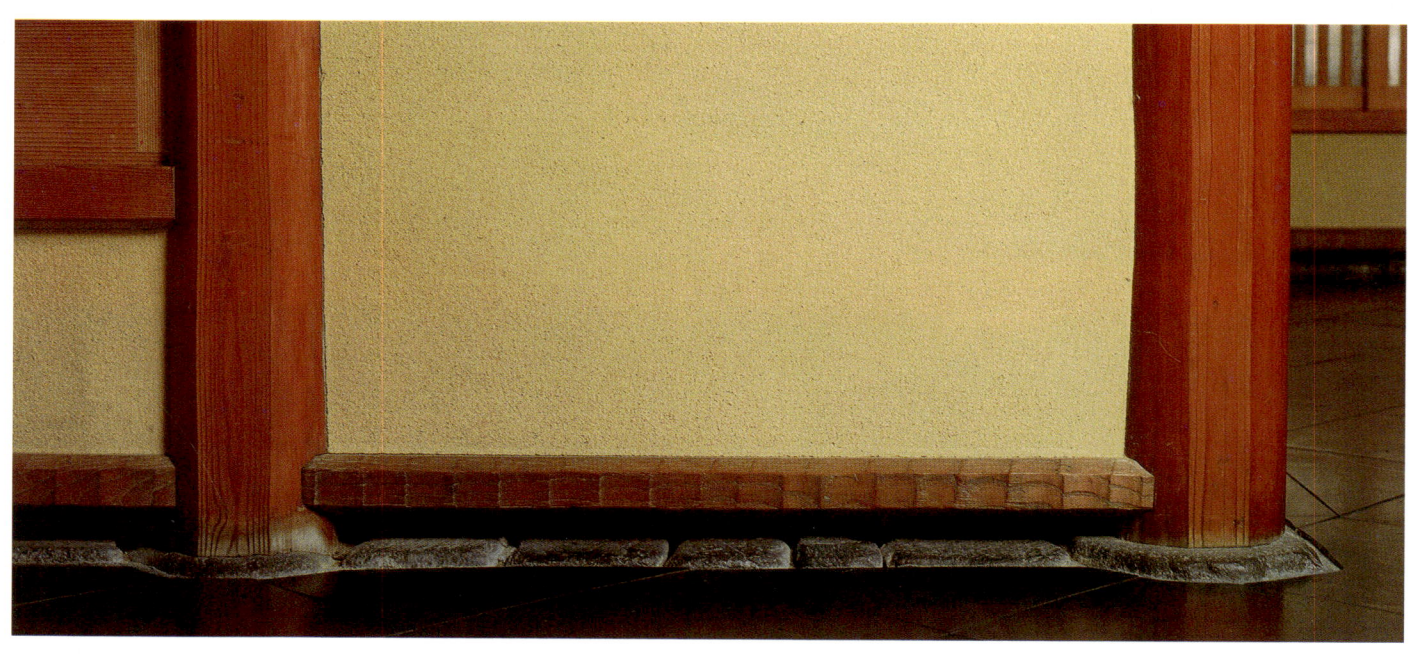

和松庵　立礼席周围的底部

清流亭茶室（白鹭）的底部　建筑底部

北村邸　走廊的出口底部

建筑底部

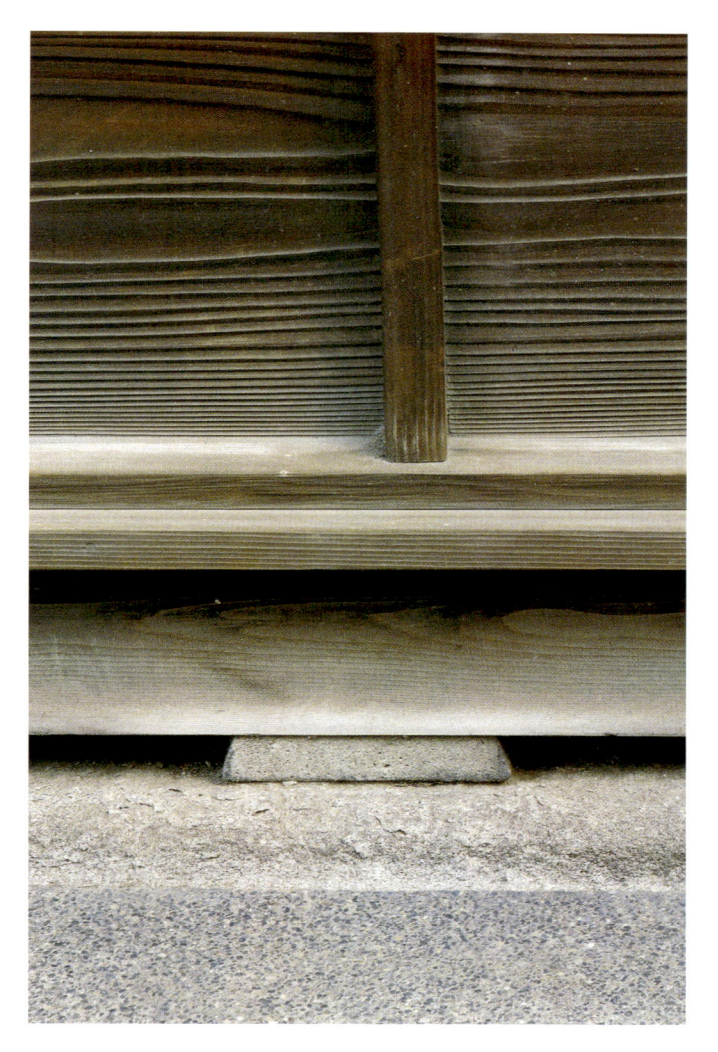

旭化成芝寮　玄关的底部

旭化成芝寮　周边的底部

青青居　玄关入口的底部

青青居　檐廊楼梯口的底部

中门

北村邸
右页图＝中门　上、下＝中控柱

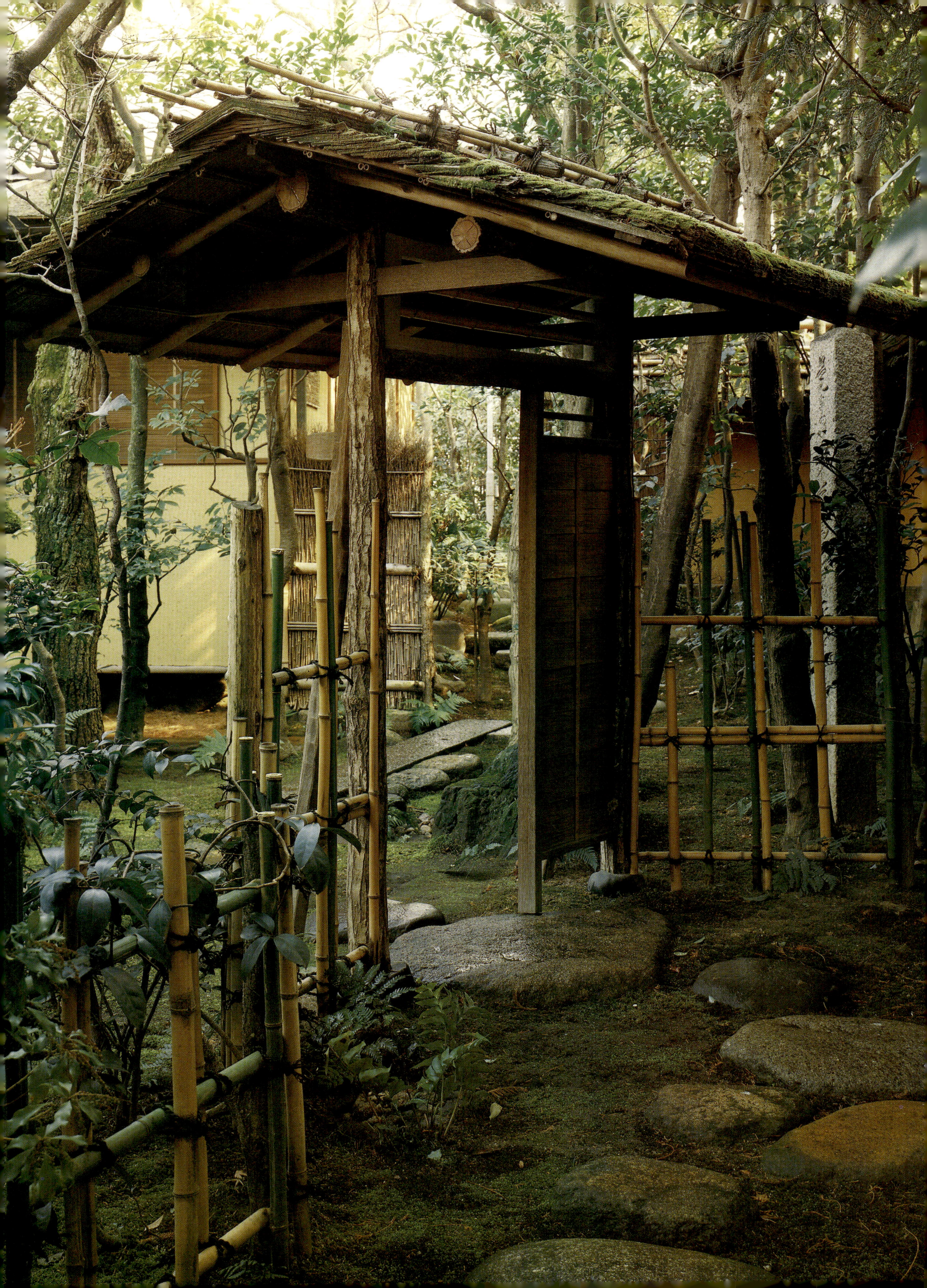

日本建筑集成　周边的技法　128

薮内家
上左＝中门　下左＝仰视图

T氏邸
上右＝中门　下右＝仰视图

野村碧云庄
上左=中门（来去门）　下左=屋顶山墙　　　　　　　　　　上右=中门　下右=仰视图

等候处

T氏邸　等候处
上＝南侧外观　中右、中左＝部分　下＝北侧外观

暮雨巷　等候处
上＝外观　下＝内部

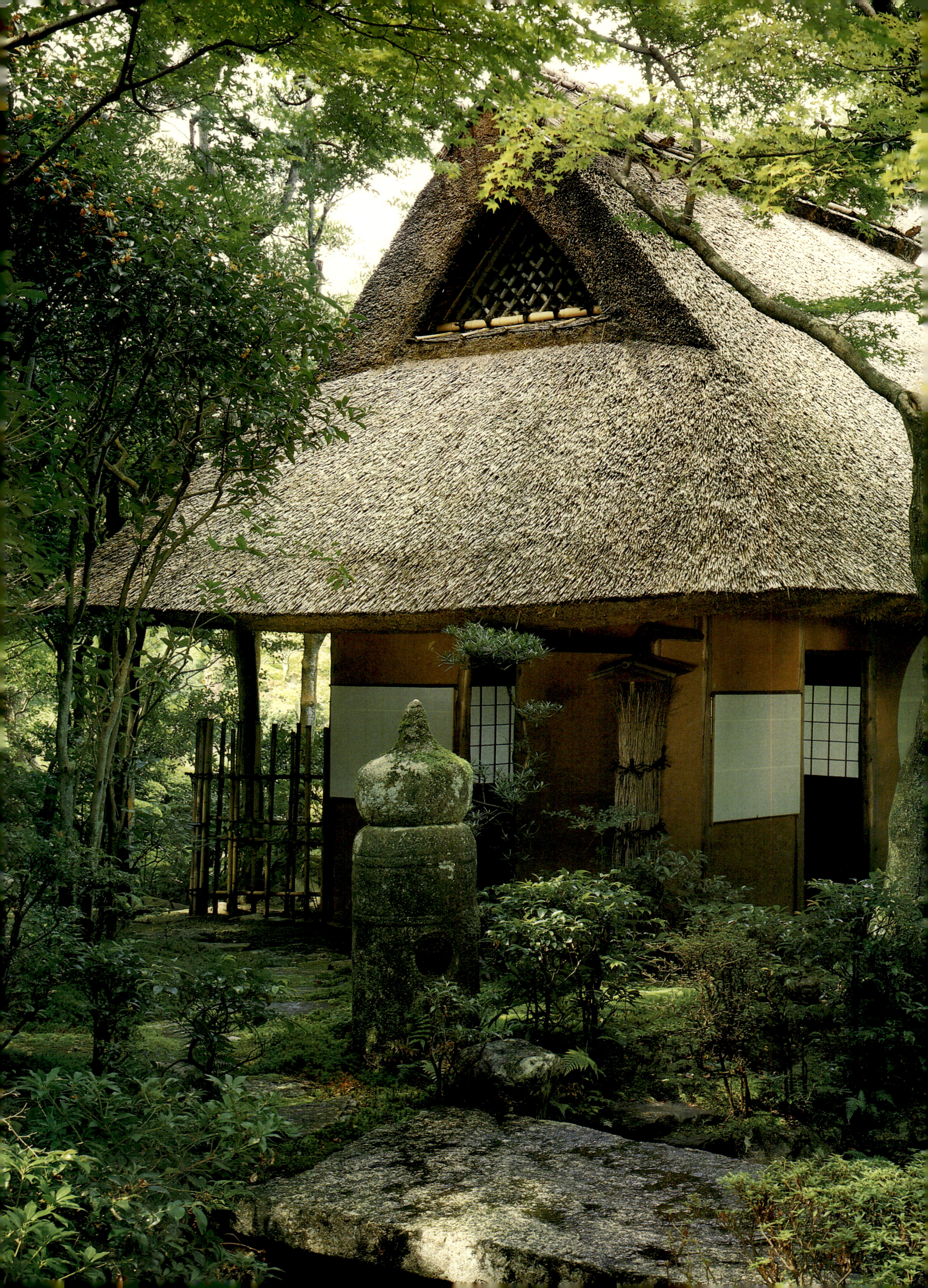

何有庄　等候处（残月）

上＝北角　中＝圆窗　下＝贵人席

左＝外观

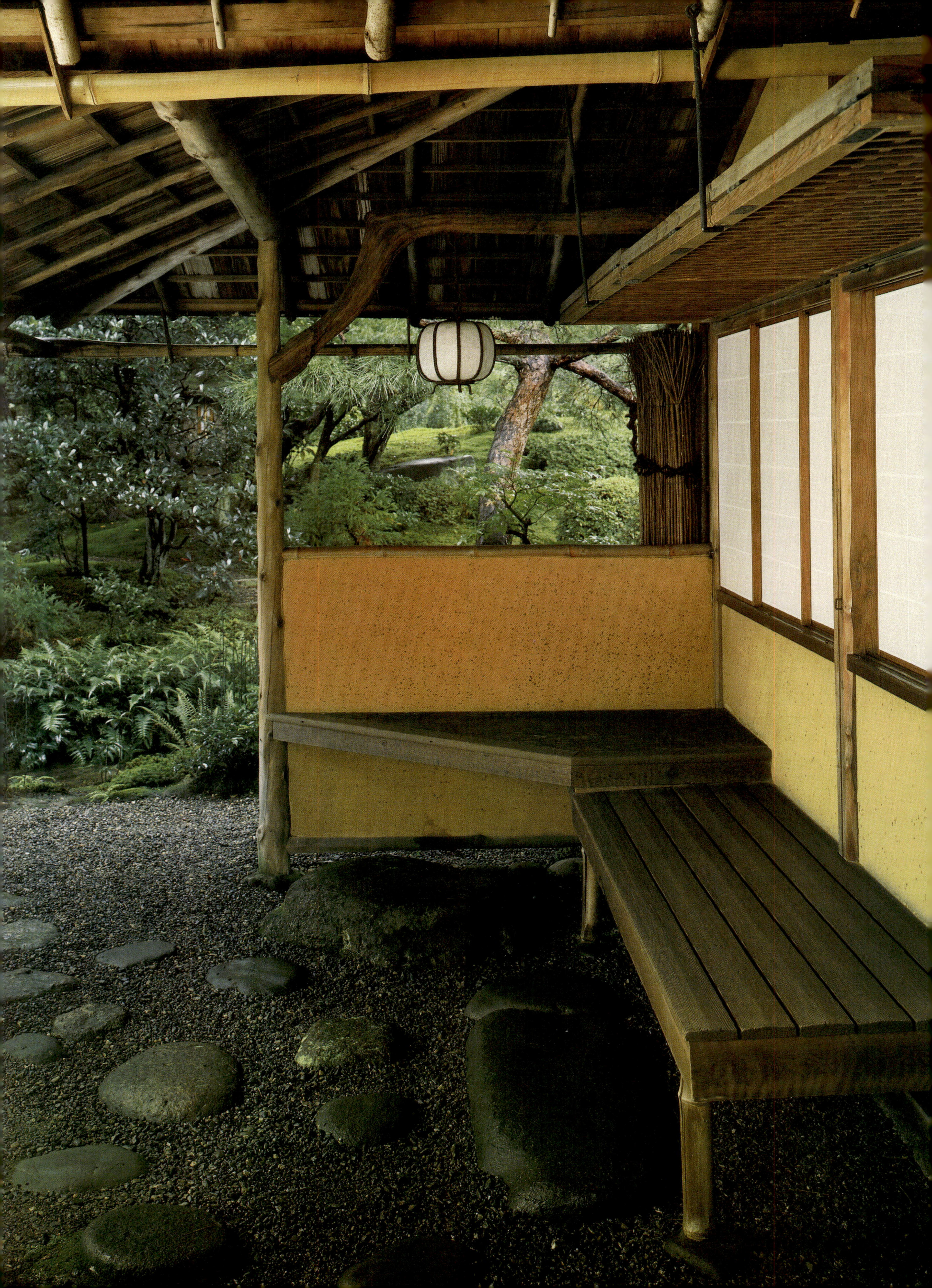

屋檐

清流亭 七铺房间的土间屋檐
左页图＝对龙山庄 聚远亭北侧的等候处

滩万山茶花庄
上＝屋檐外观
下右＝葵、花桐之屋屋檐内　下左＝花桐之屋的土间屋檐

T氏邸水池上的伸出的屋檐
上＝外观　下＝屋檐仰视图

日本建筑集成　周边的技法　　138

上左、上右＝T氏邸　导雨水管

北村邸　导雨水管

对龙山庄　导雨水管

北村邸　等候室屋檐仰视图

清流亭　等候处屋檐仰视图

北村邸　珍散莲的土间屋檐

北村邸　大房间东侧的土间屋檐

谷庄　房间北侧的土间屋檐
上＝屋檐的明窗　下＝外观

防雨窗套

八胜馆八事店　御幸之屋的防雨窗套

八胜馆八事店　二楼小房间的防雨窗套

清流亭　大房间的防雨窗套

清流亭　玄关控之屋的防雨窗套

北村邸
上右＝大房间南的防雨窗套　上左＝大房间东的防雨窗套

旭化成芝寮　客厅的防雨窗套

山翠楼　吹上之屋的防雨窗套

早川邸　防雨窗套

T氏邸　防雨窗套

美浓幸　水玉之屋的防雨窗套

滩万山茶花庄　葵之屋的防雨窗套

墙

上＝滩万山茶花庄　门和墙

下左、下右＝清流亭　外围的墙

上＝坐渔庄的门和墙
下左、下右＝野村碧云庄　外围墙

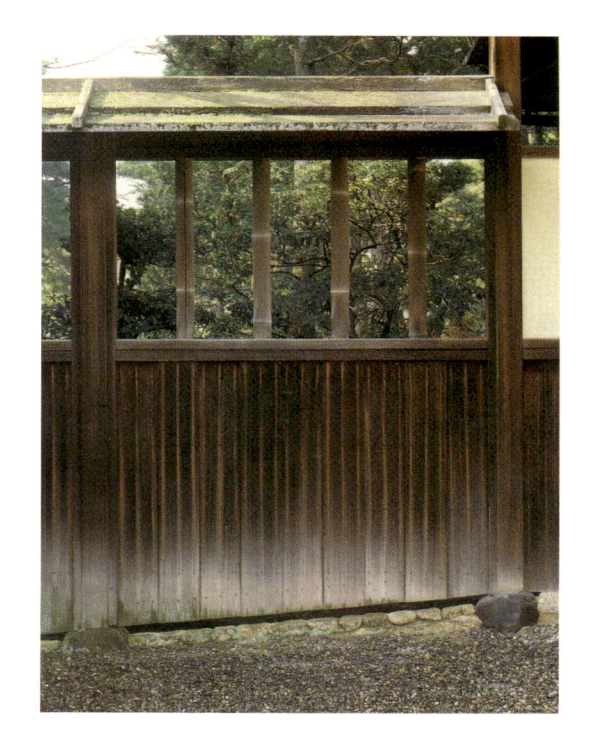

日本建筑集成　周边的技法

北村邸　防盗装置

大西邸　防盗装置

旭化成芝寮　中门旁边的墙

细川别邸　外围的墙

铃木别邸　露台的墙

山翠楼　内庭的高墙

屋脊

佳水园

上＝东栋屋顶俯瞰图　下＝西栋屋顶

旭化成芝寮　西栋屋顶
右＝俯瞰全景　上、中、下＝部分

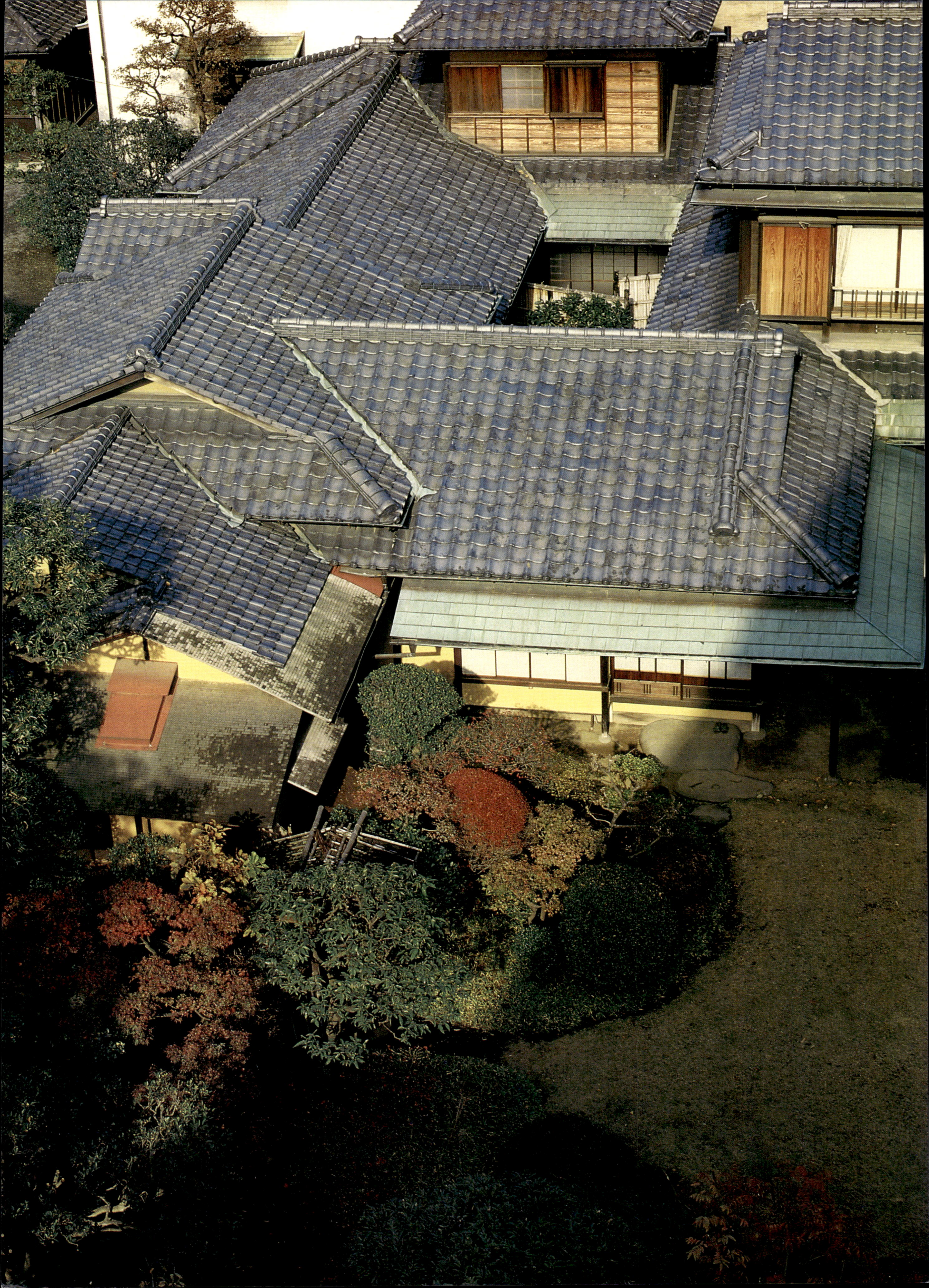

日本建筑集成　周边的技法　　　　　　　　　　　　　　　150

桃李境　橘之屋屋顶部分

旭化成芝寮　东栋屋顶部分

成胜轩　屋顶俯瞰全景

河文　走廊屋顶的屋檐装饰

河文　主屋二楼屋顶的山墙

北村邸　立礼席屋顶的山墙

北村邸　等候处屋顶的山墙

泷寿庵　大客间的屋顶

清流亭　等候处屋顶的装饰屋檐

北村邸　主屋屋顶的山墙

伊东邸
上＝主屋屋顶俯瞰图　下＝主屋外观

设计图详解（二）

等候处和玄关

被邀请参加茶事的人首先聚集的地方称为"等候处"。茶室或特别以茶事为目的的设施，会设置专用的等候处，但在住宅中建造露地和茶室的时候，常常会使用玄关作为等候处。

位于京都的薮内家的宅邸面向西洞院路，北面开着大门，南端则设有茶事专用的露地口。进去是一间四瓦半斜铺的土间，再进去是一间四瓦半铺的土间，右侧有两扇拉门的楼梯口，这里是等候处（谈古堂）的入口。

谈古堂在元治年间的战争中烧毁，不久重建。内部是六张铺，从正面（北侧）的右起一间的地方立着柱子，在那里有屋脊，形成竹椽竹木舞的船底天花板。在正面的墙壁上有一根四尺高的煤竹，中央一寸的下方打着挂物钉，作为壁龛。有地板的地方没有凳子。东侧与壁龛隔着一尺多远，立着一根柱子，设有一间飘窗，格子门的内侧建了一扇采光的拉窗。正面的柱子是磨圆木料，稍微有点棱角，西侧用四扇隔扇隔开半间走廊，再往西连接云脚的座位。这个房间没有炉子，也可以作为茶室使用。但是，因为不是以专用的茶室为目的所建造的房间，所以室内的构成也简化了，可以说是等候处的惯例。

京都中京的堀内家也一样。穿过长屋门，右手边有个露地口，进去后，在石路的右手边有个等候室的入口，有一扇腰拉门的楼梯口。这里是把长屋门楼下的一间屋子作为等候室。

在三铺席，最东边的一铺席上有一个角炉。北侧的东半部是没有边框的平铺地板，右侧是置水屋，左角是一层架子。面向釜座通路的西侧有一扇台目大小的飘窗，外面是竹制的，里面有一扇采光窗。北侧的两道隔扇后面是楼梯，通往楼上的不老之屋。南侧有三扇拉门的开口，外面有宽大的屋檐，形成等候处。

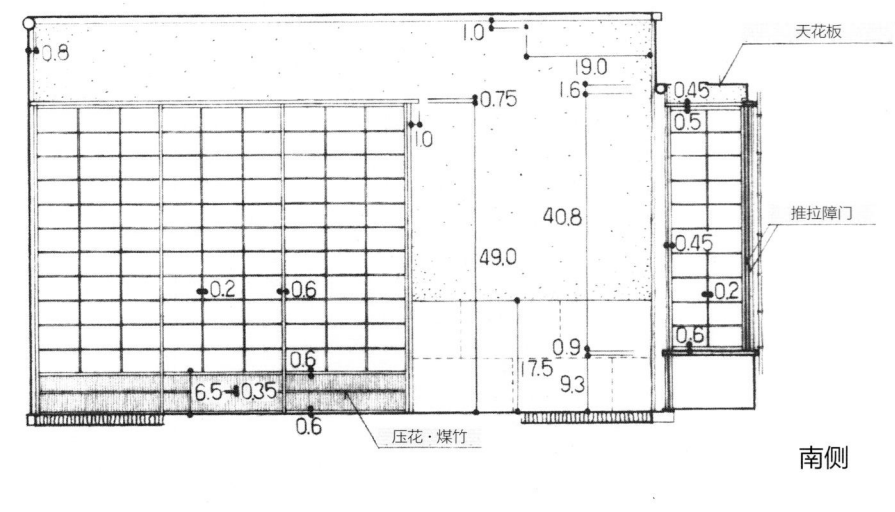

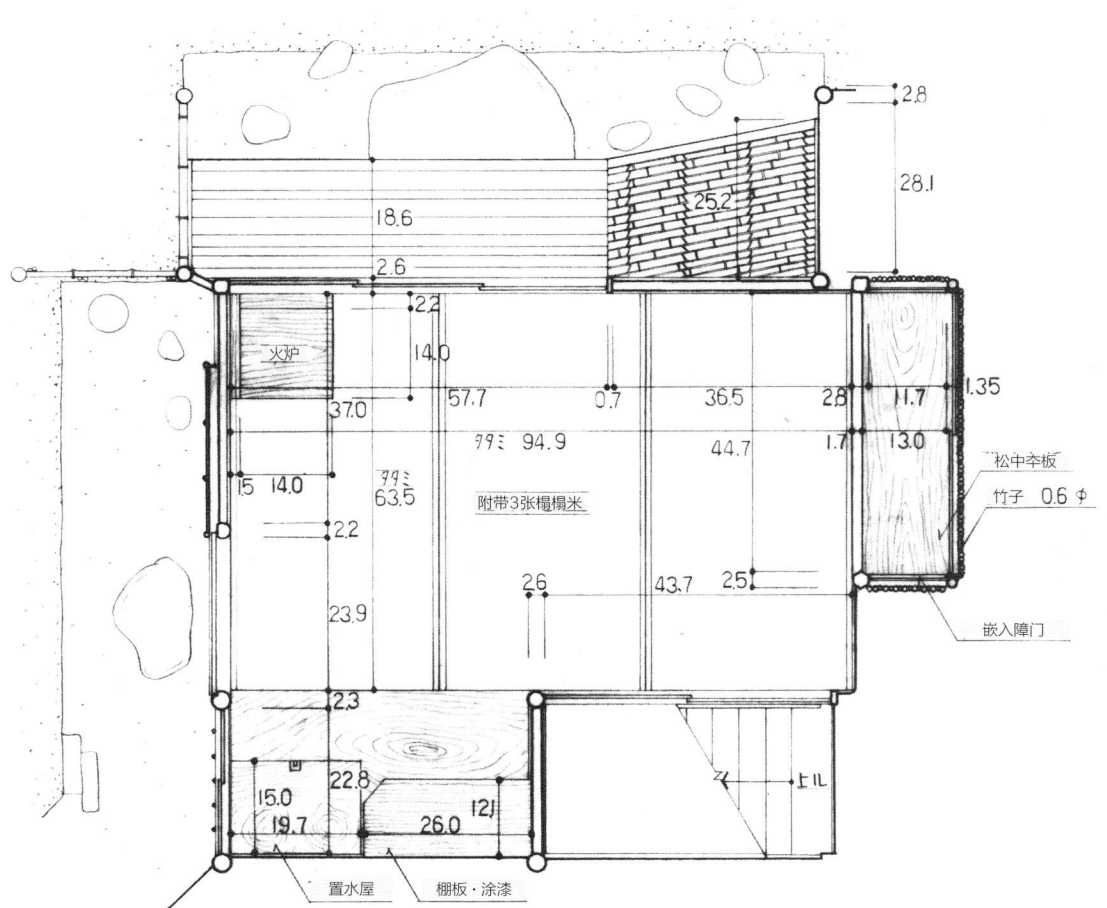

堀内家　等候处平面图、展开图　比例尺1:30

等候处和玄关　实测图

在北村邸（四君子苑），一进入正门就与通往玄关的苑路分开，有一条通往主屋建筑等候处的道路，与玄关相连，并设有专用的等候处。玄关也有小门到等候处的土间。等候处的面积有三铺席那么大，其中一铺席是木板，角落里有一个圆形炉；另外两铺席大的地方是土间，正面是一间半大的三扇拉门的楼梯口。正面土间的南端有等候席。

旭化成芝寮（旧岩原邸）也在玄关的南方有茶室专用的入口。圆弧形的寄栋造的屋顶加上屋檐，进门首先是土间，右边设等候席。楼梯口是两扇拉门，里面是两张台目大的内侧板，内侧板的前面开着风炉先窗，角落里挂着一层架子。从南侧的两扇拉门的出口下到露地，沿着右方檐下的石路走下去就是手洗，顺着飞石往左一转，就到了等候席。等候席是与等候室相邻而建的。

京都中京的山口邸，四张半大的玄关被用作等候处，正面设有地板和小壁橱。善田宅邸也一样，四张半榻榻米大的玄关的右侧立起壁龛的柱子，构成小壁橱，茶事时被用作等候处。小小的黑石铺的土间里，用折凳代替了等候席。

山翠楼旧高松邸的玄关，低矮的地板上面有一块磨面的花岗岩的脱鞋石，地基上有一道横框。迎接客人的地方有六张榻榻米大小，除了正面的长条窗户全是圆木，增添了自然美的风情。京都一力宽敞的玄关正面，脱鞋台和低矮的门前台在同一平面上，不会让人感到严肃。美浓幸的玄关，六张榻榻米大小的船底天花板，正面中央只露出细长的圆木柱子。把两块切石做成筏状，门是用吹寄栈将木板磨出木纹。青青居是热爱伊豆的川端龙子于昭和十七年至昭和十八年（1942—1943年）在修善寺建造的山庄，在简朴的氛围中，山庄的造型感觉也表现得很好。

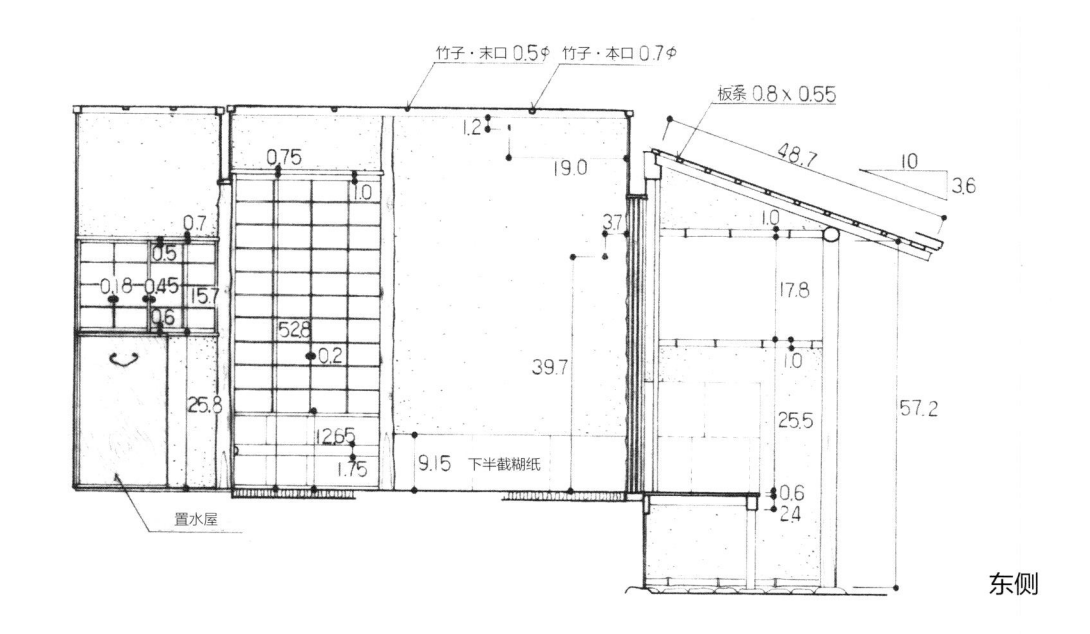

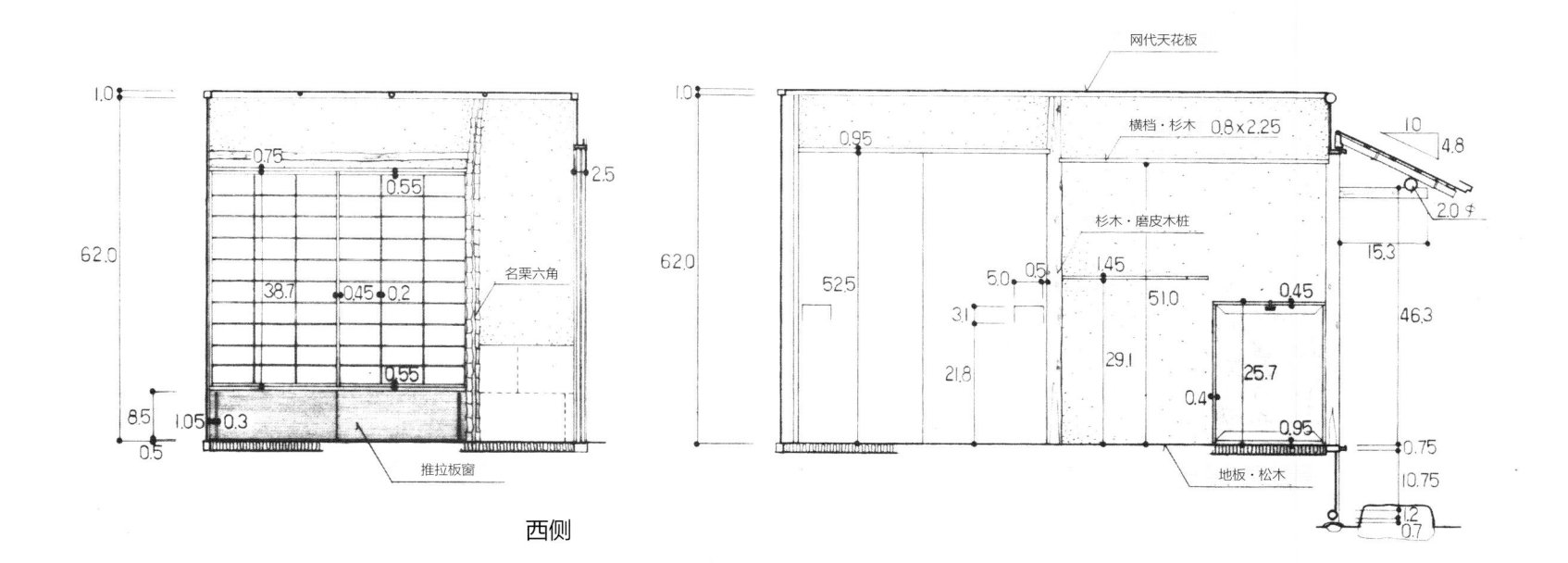

等候处和玄关　实测图

薮内家　等候处（谈古堂）的入口和瞭望窗的外观

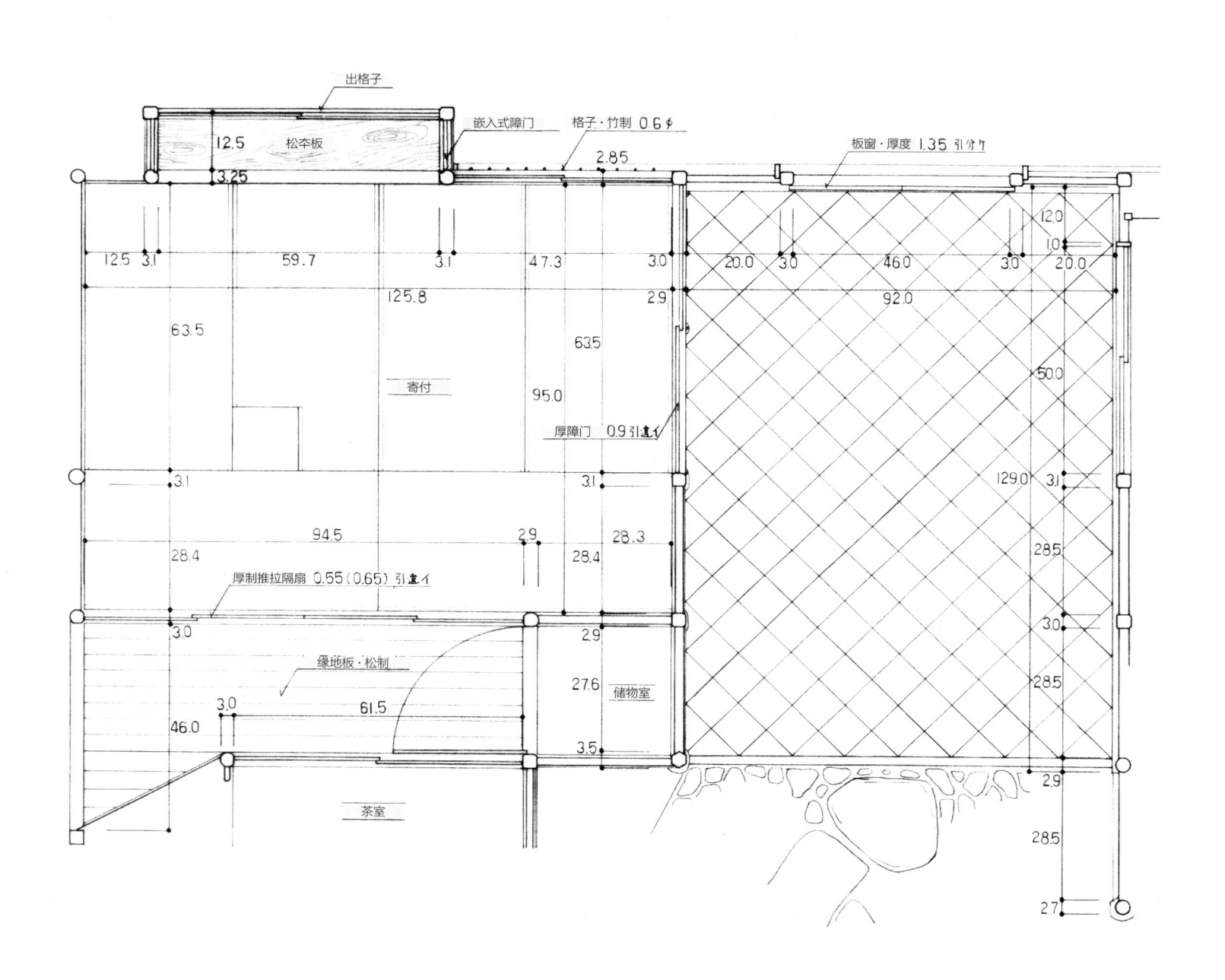

薮内家　等候处（谈古堂）平面图　比例尺1:30

等候处和玄关　实测图

薮内家　等候处（谈古堂）展开图　比例尺1∶30

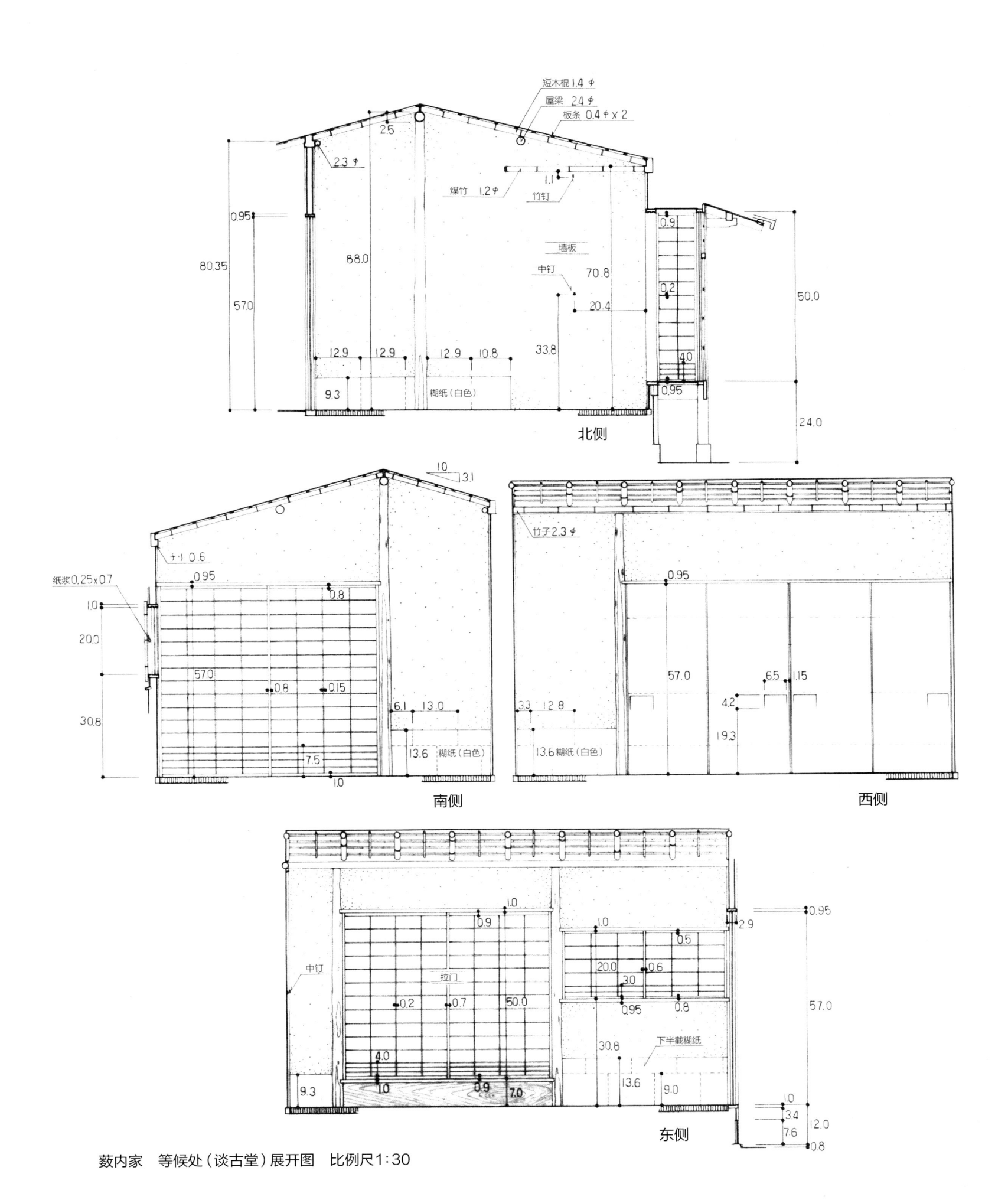

等候处和玄关　实测图

北村邸　等候处

堀内家　等候处西侧

堀内家　等候处外观

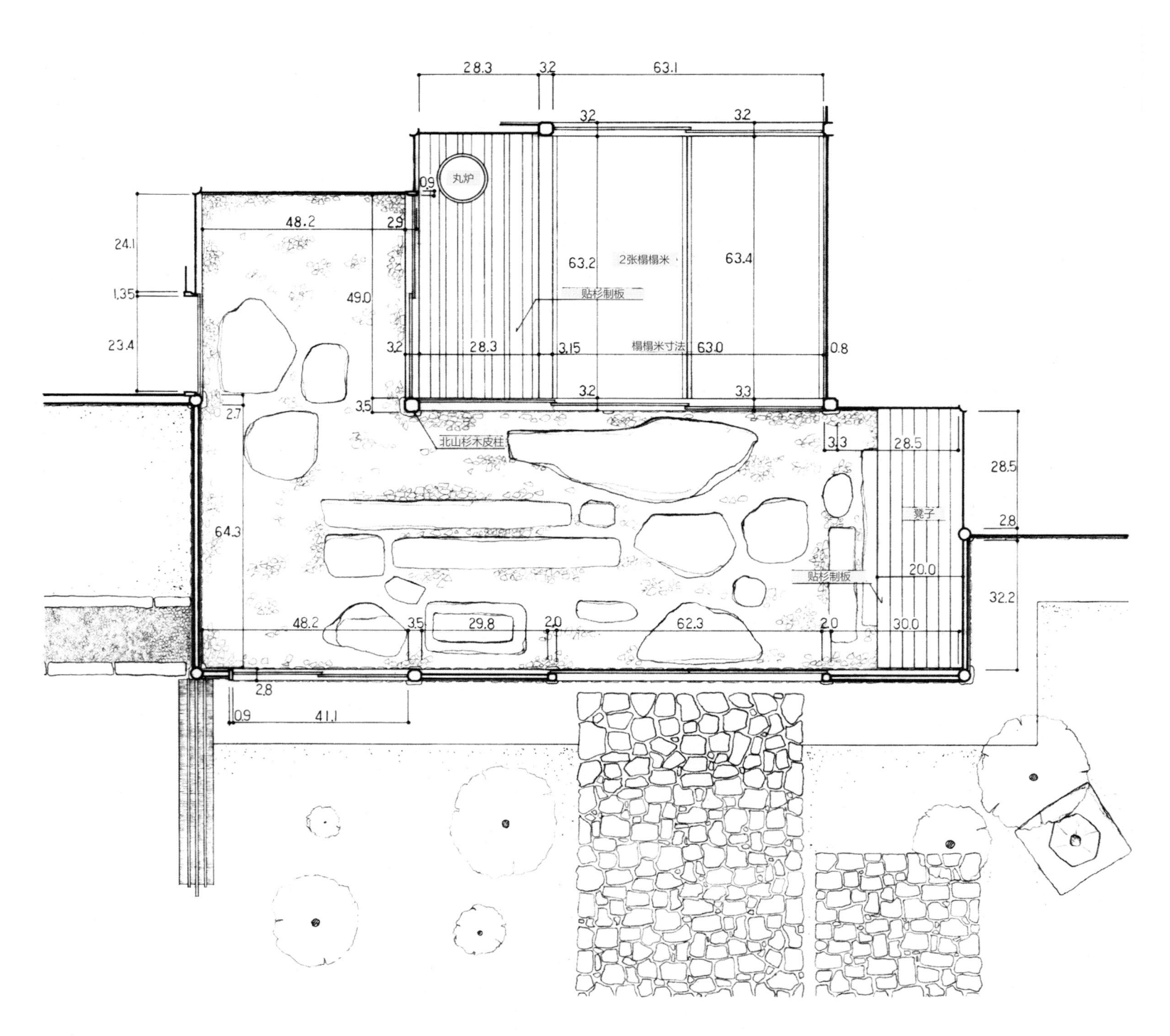

北村邸　等候处平面图　比例尺1:80

等候处和玄关　实测图

北村邸　等候处展开图　比例尺1∶30

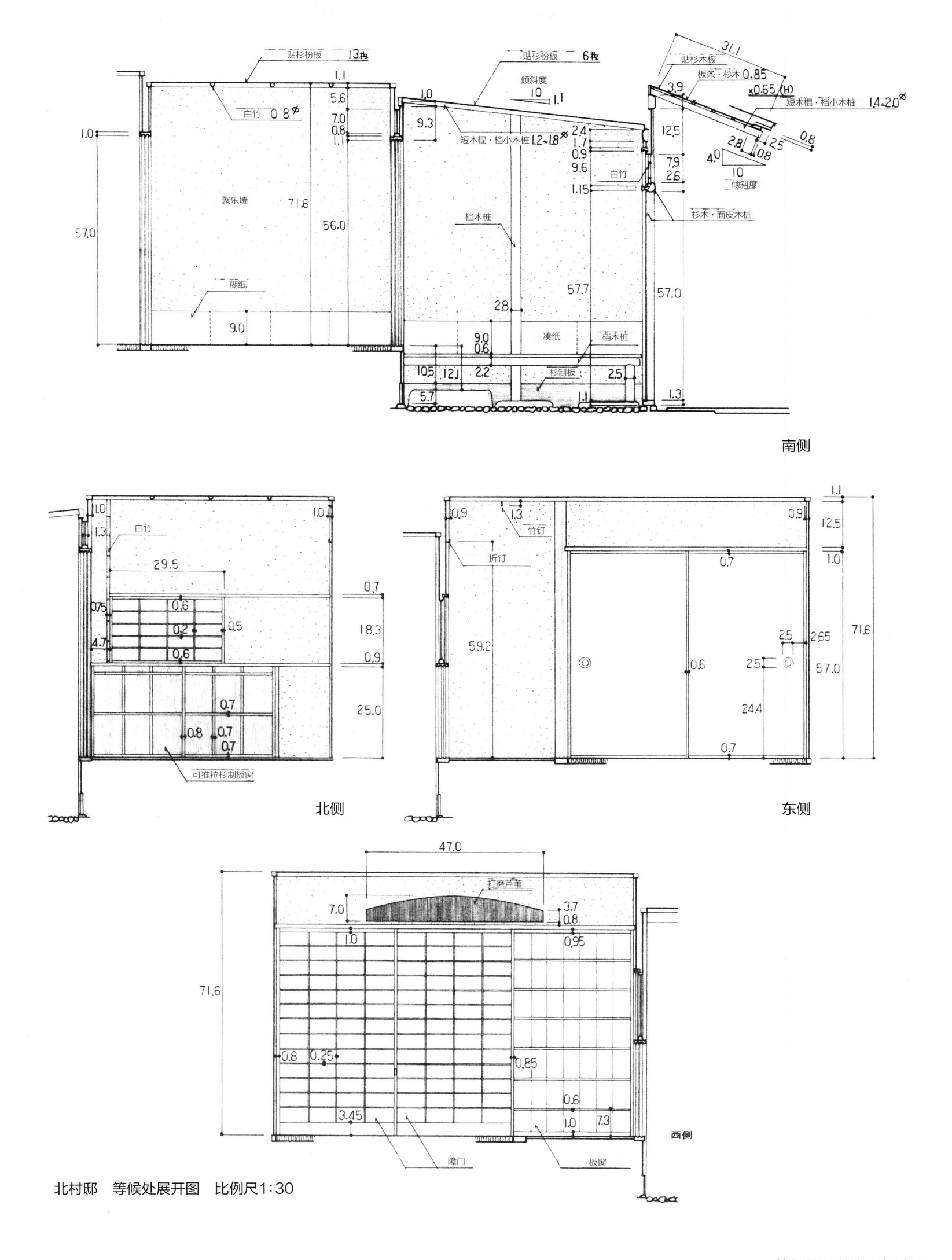

等候处和玄关　实测图

东侧

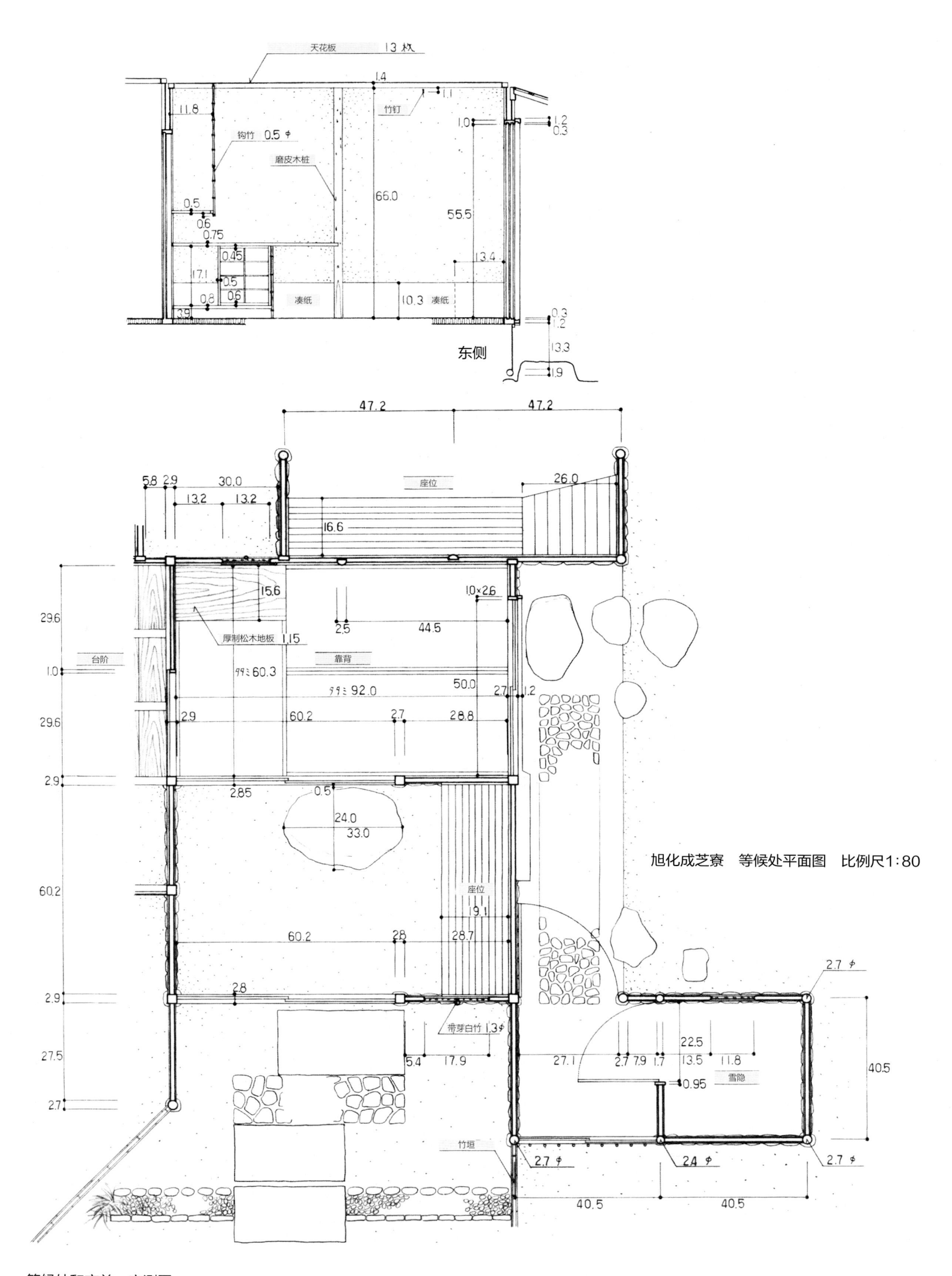

旭化成芝寮　等候处平面图　比例尺1:80

等候处和玄关　实测图

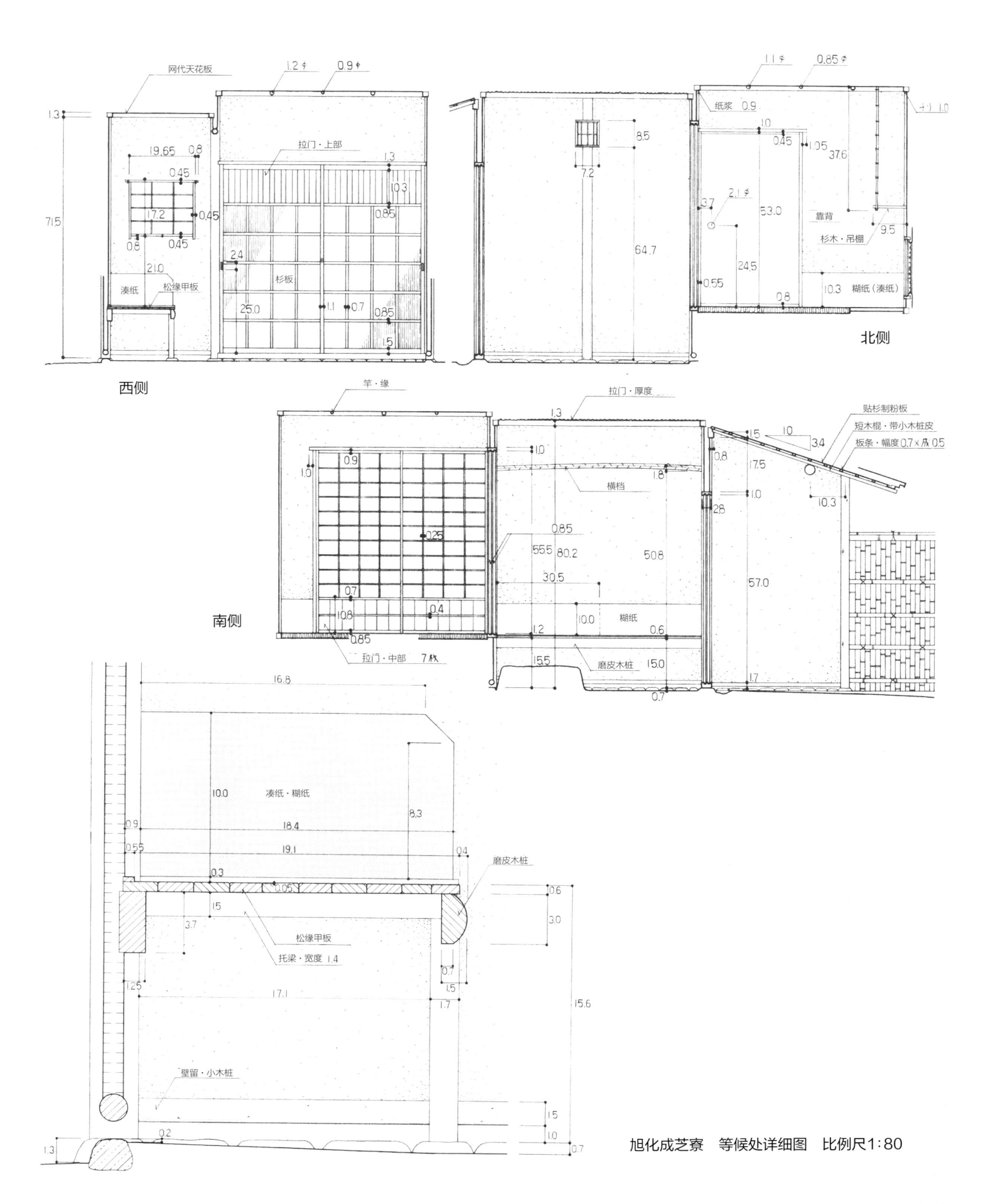

旭化成芝寮　等候处详细图　比例尺 1:80

等候处和玄关　实测图

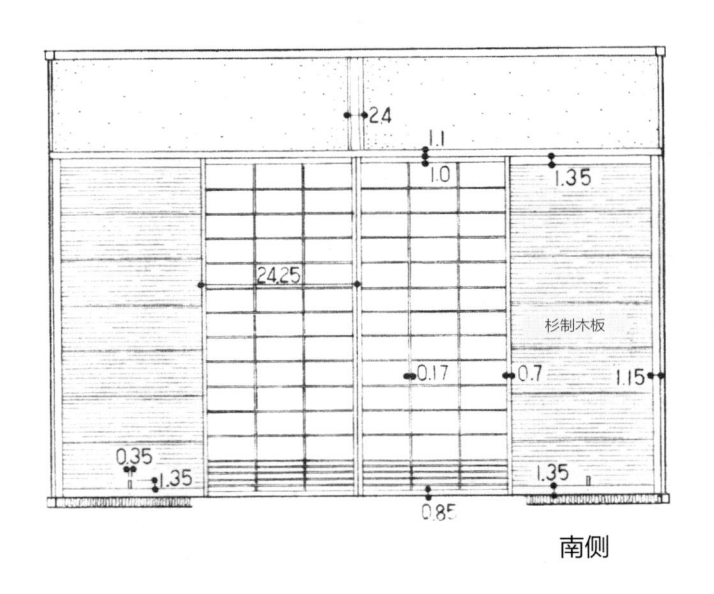

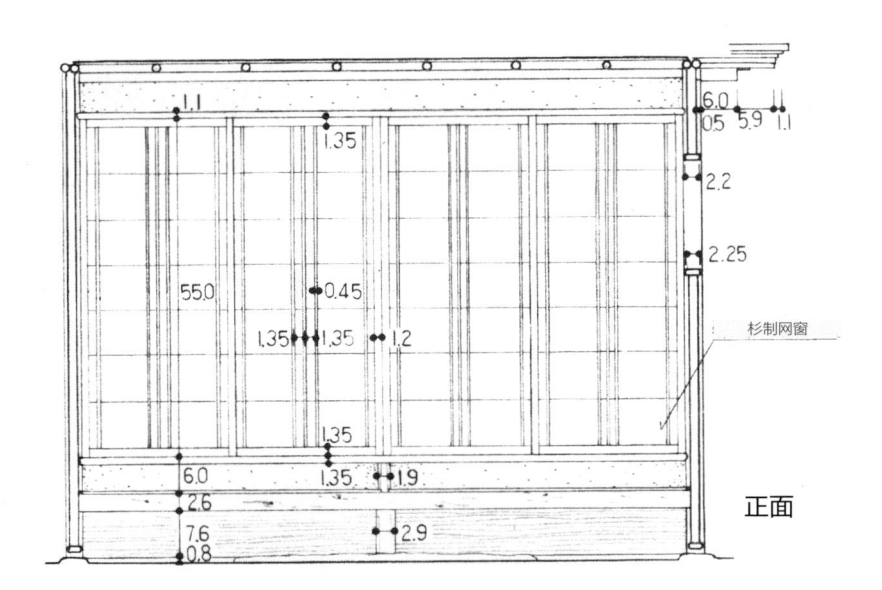

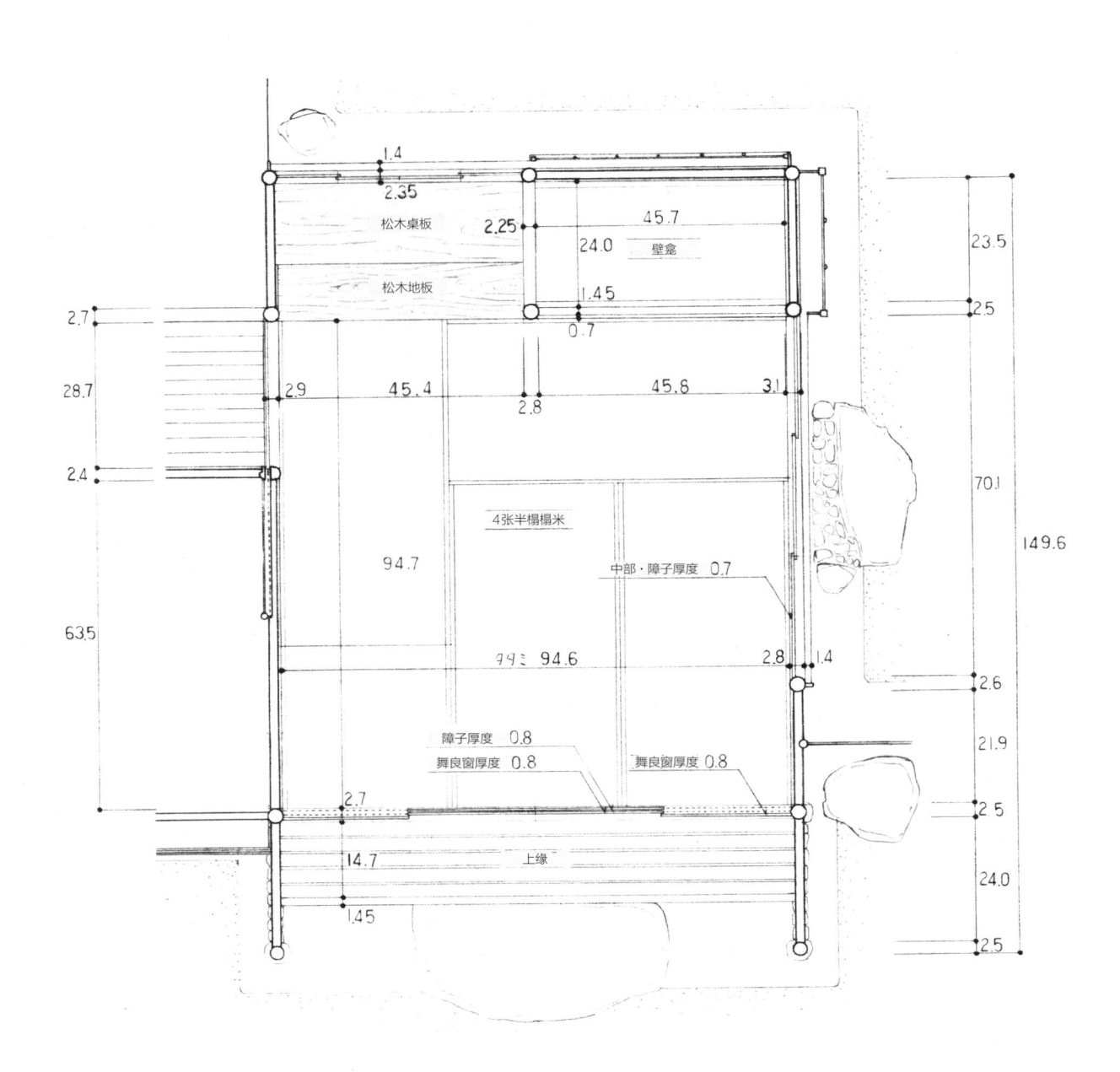

山口邸　玄关平面图、展开图　比例尺1:30

等候处和玄关　实测图

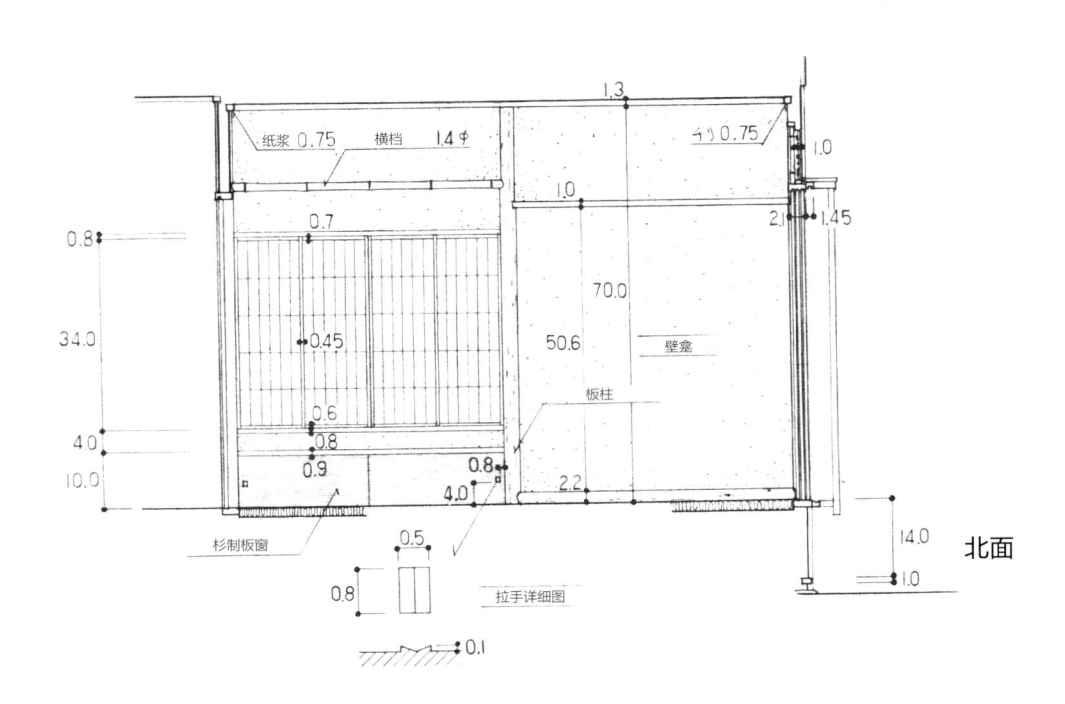

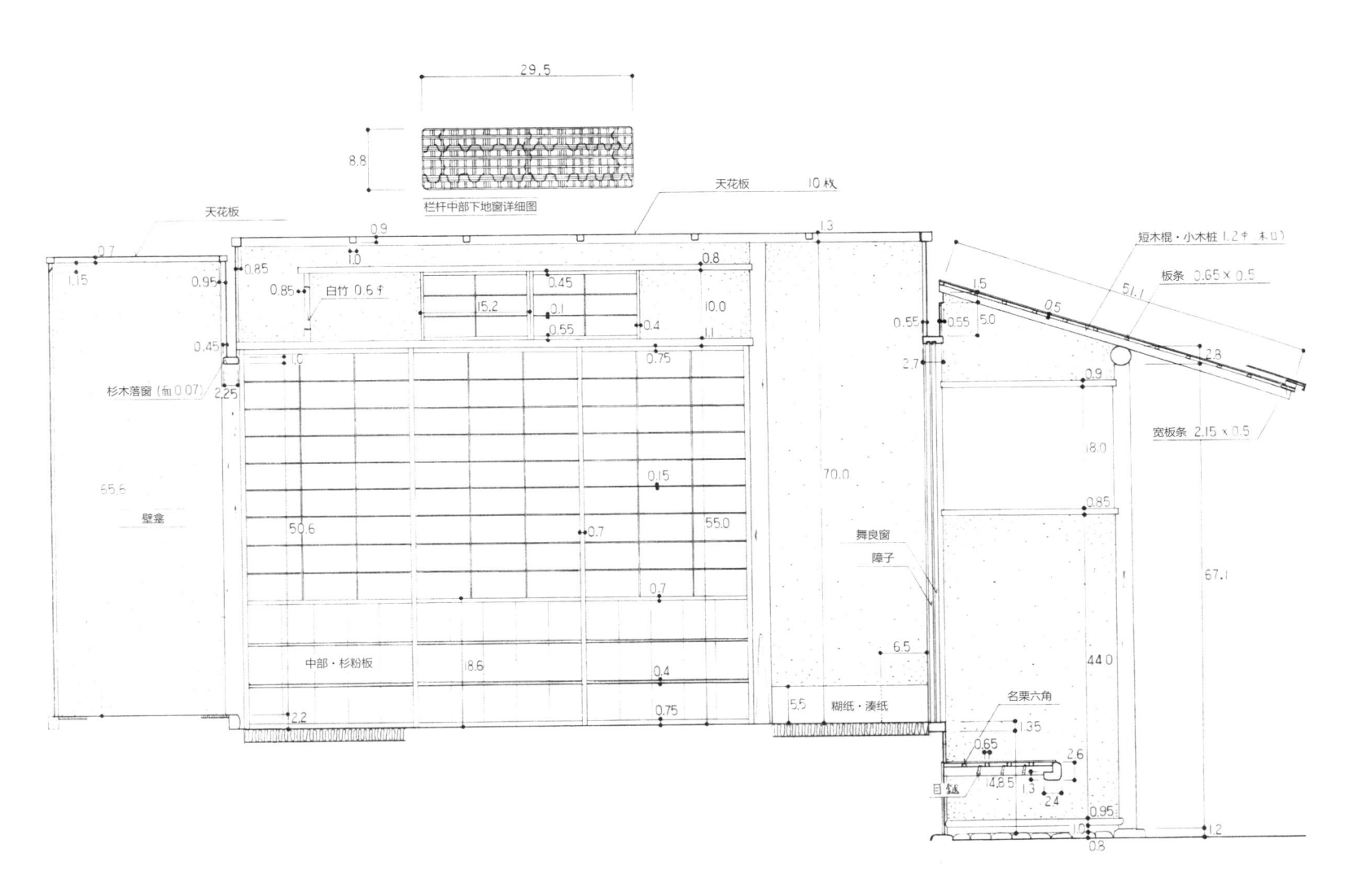

山口邸　玄关断面详细图　比例尺1:20

等候处和玄关　实测图

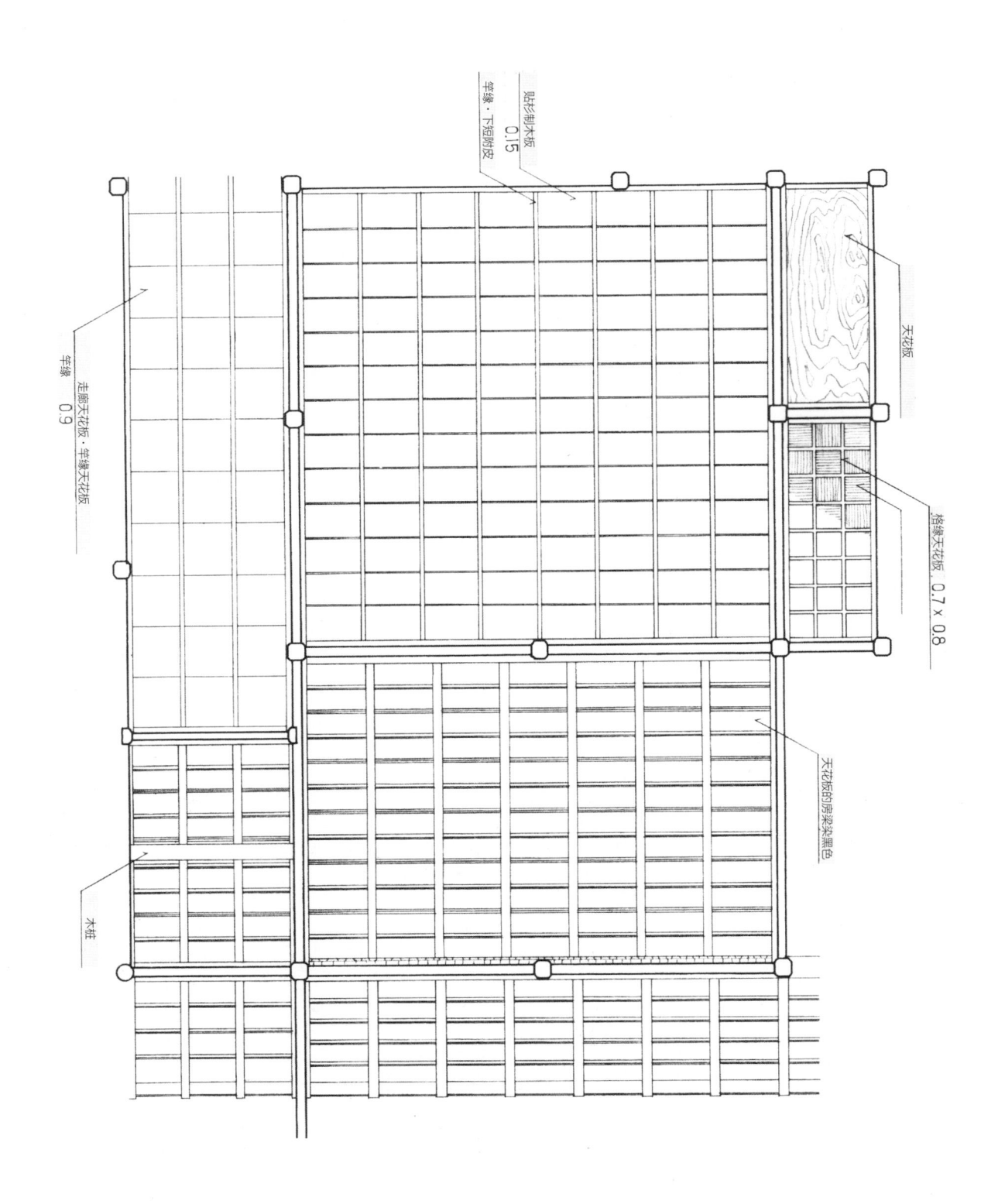

善田邸　玄关天花板平面图　比例尺1:30

等候处和玄关　实测图

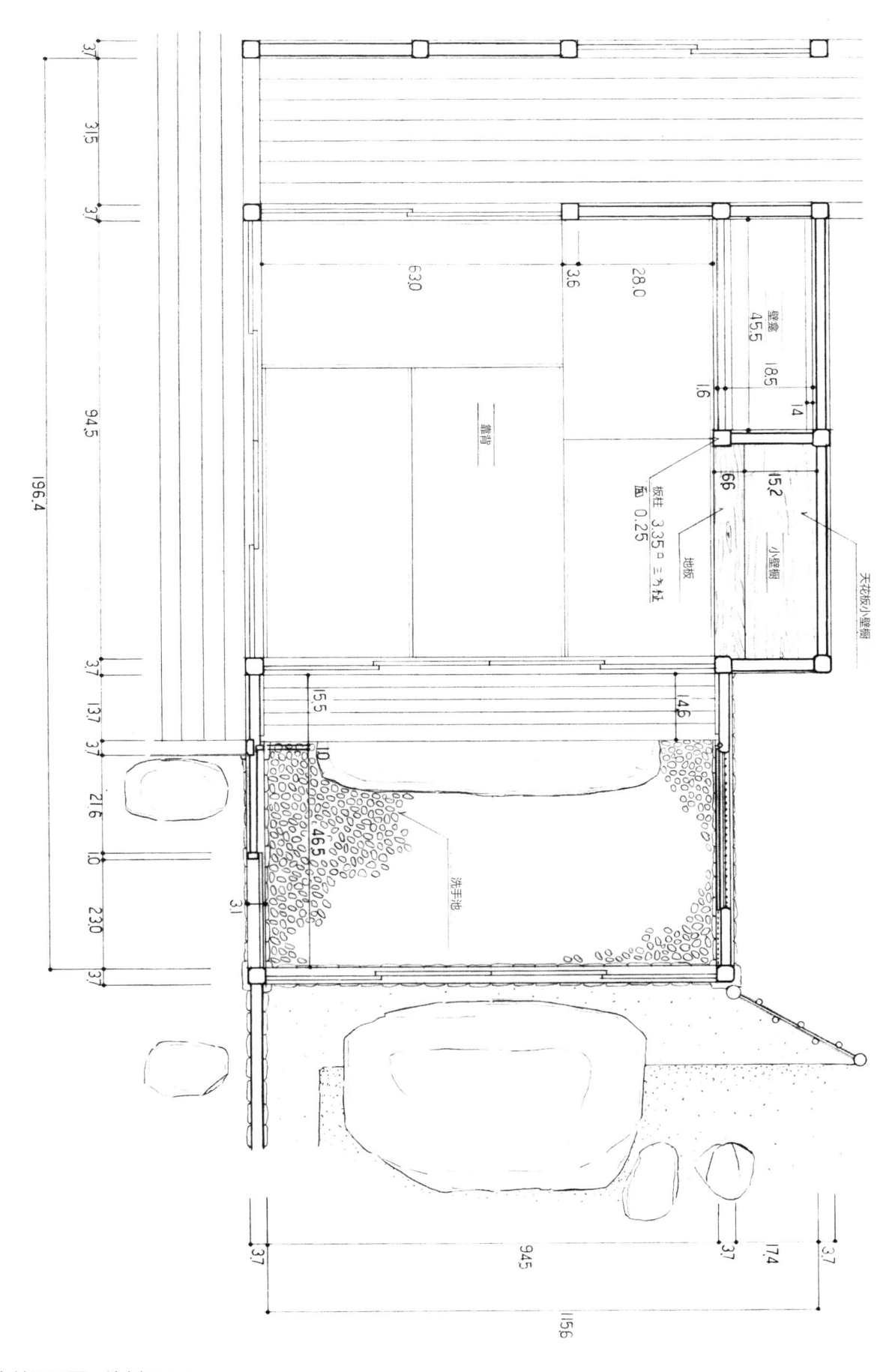

善田邸　玄关平面图　比例尺1:30

等候处和玄关　实测图

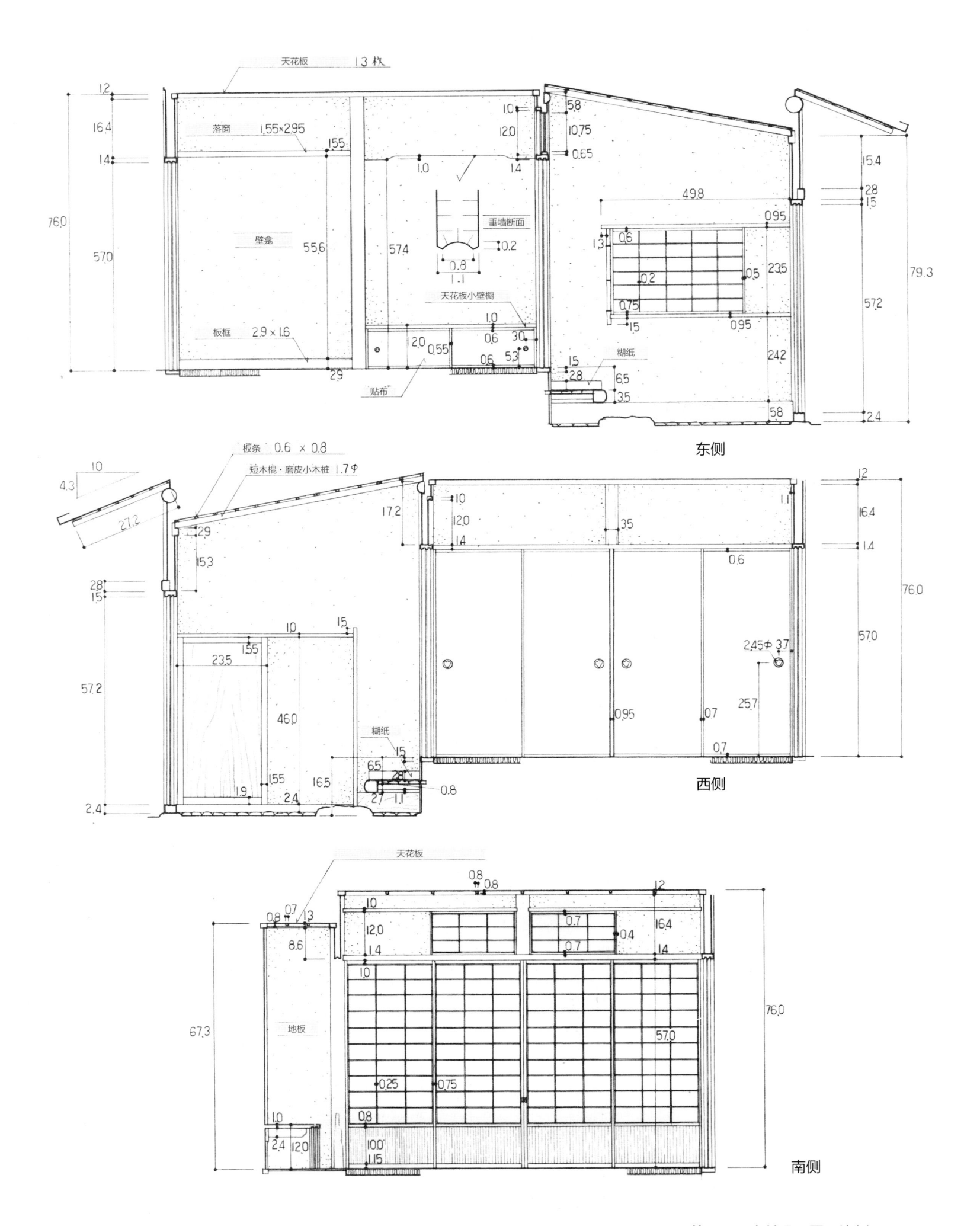

善田邸　玄关展开图　比例尺1:3

等候处和玄关　实测图

北侧

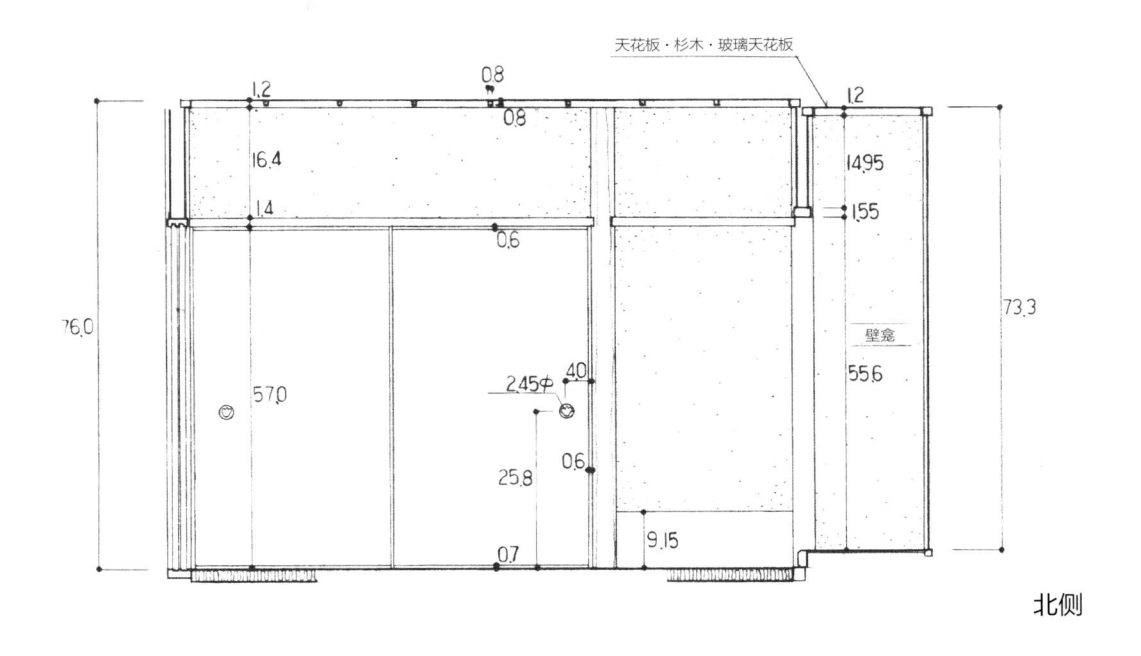

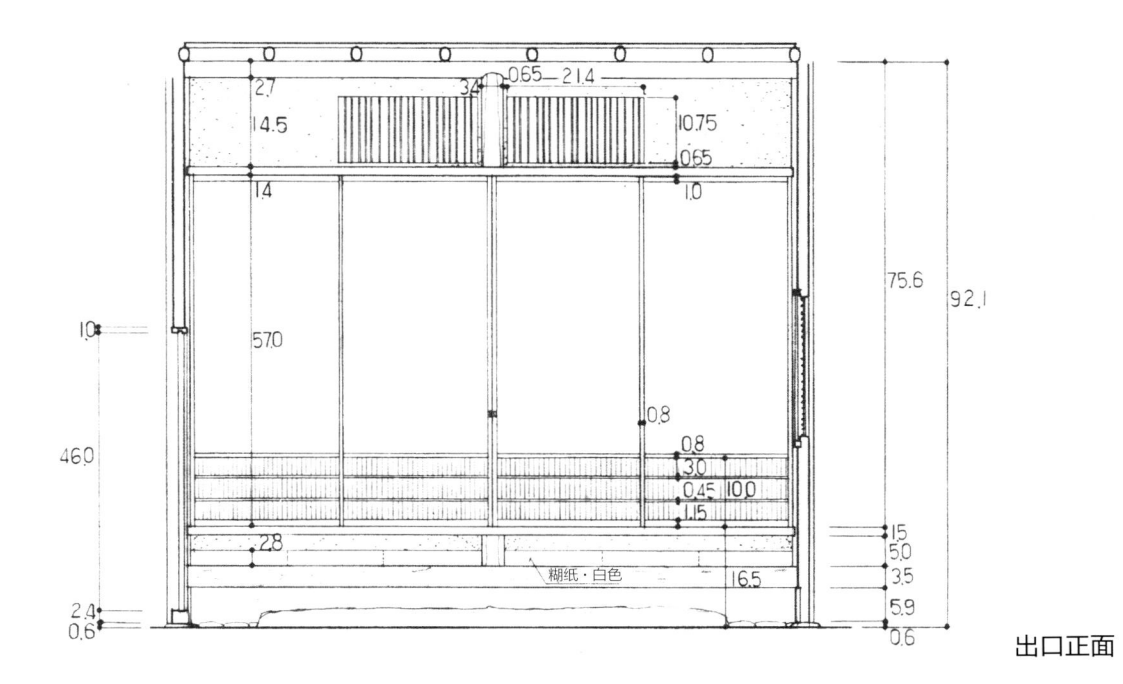

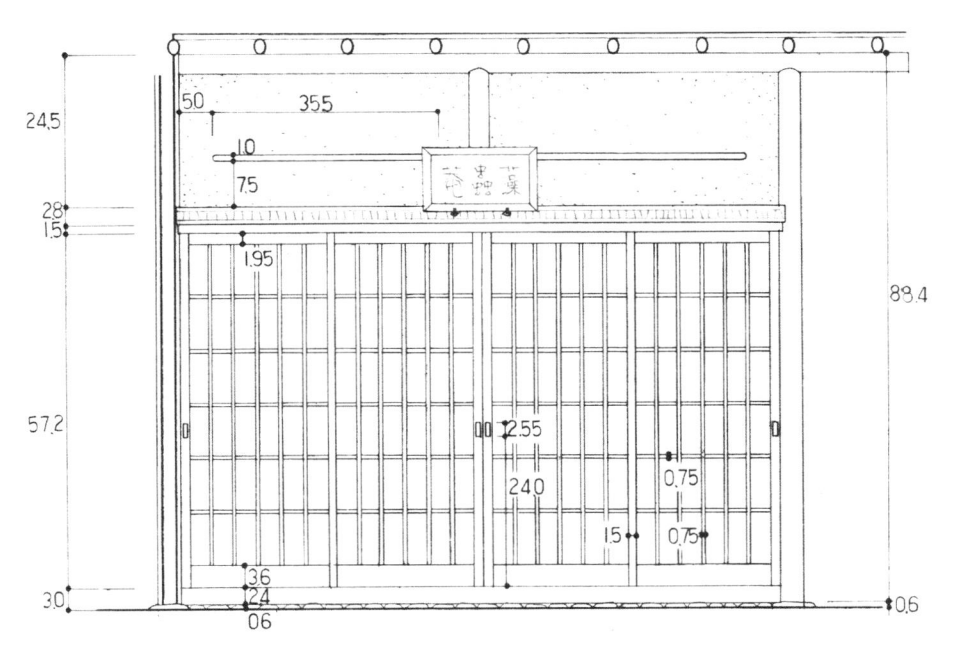

出口正面

入口正面

等候处和玄关　实测图

日本建筑集成　周边的技法　168

听竹居　立伞架　　青青居　玄关天花板　　青青居　玄关内侧　　善田邸　玄关门槛

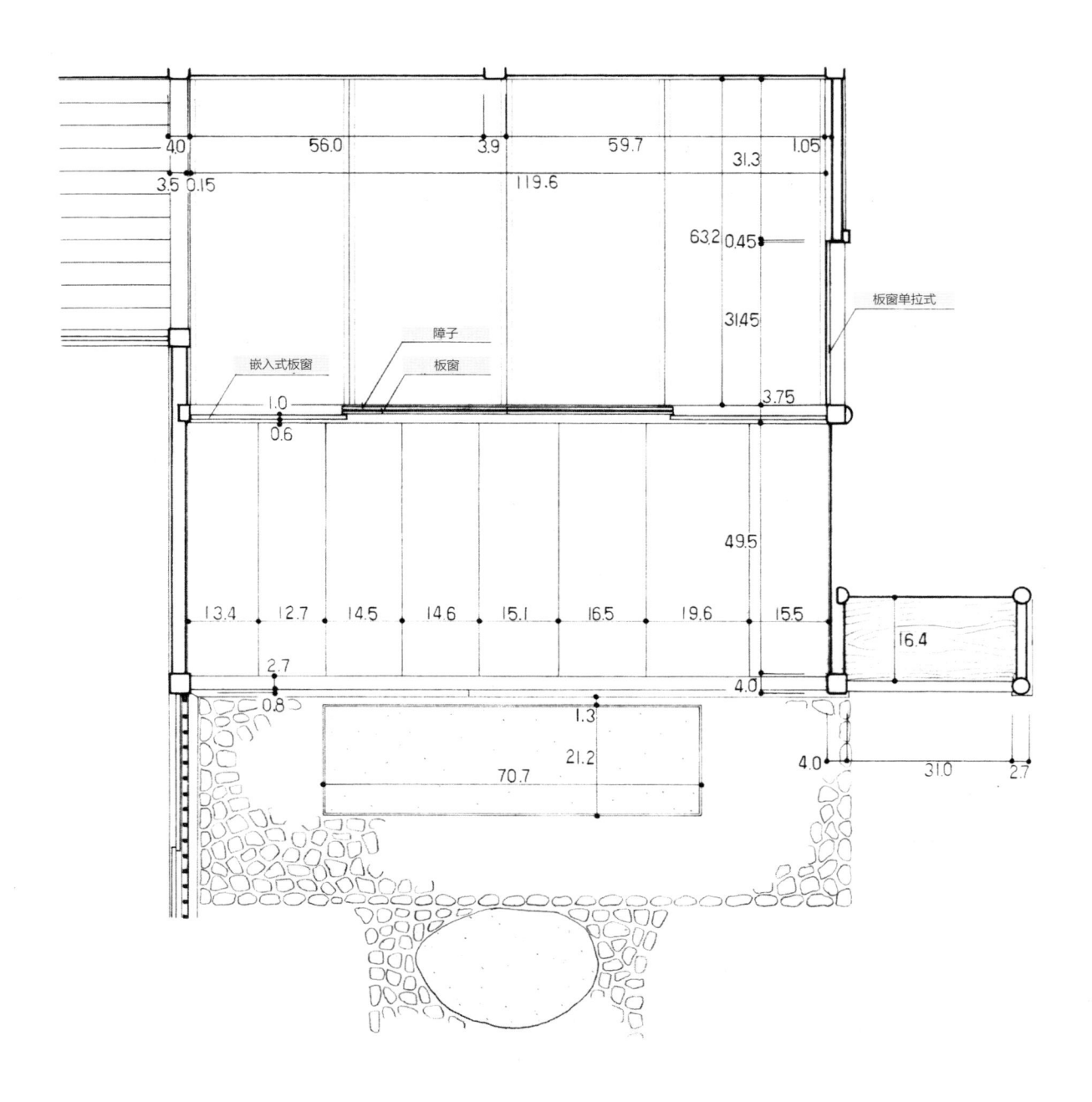

一力　玄关平面图　比例尺1:30

等候处和玄关　实测图

南侧

东侧

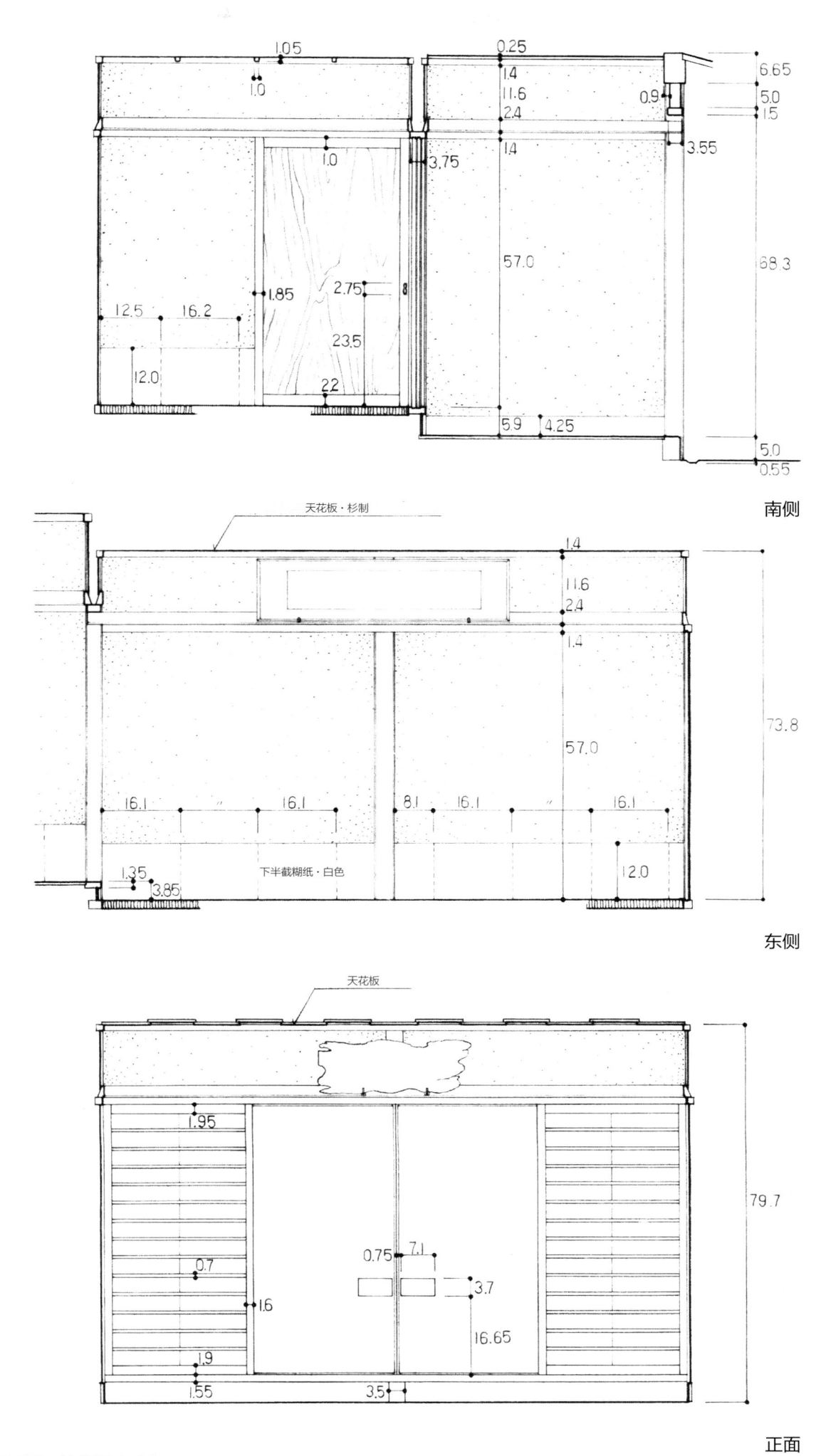

天花板·杉制

下半截糊纸·白色

天花板

正面

一力　玄关展开图　比例尺1:30

等候处和玄关　实测图

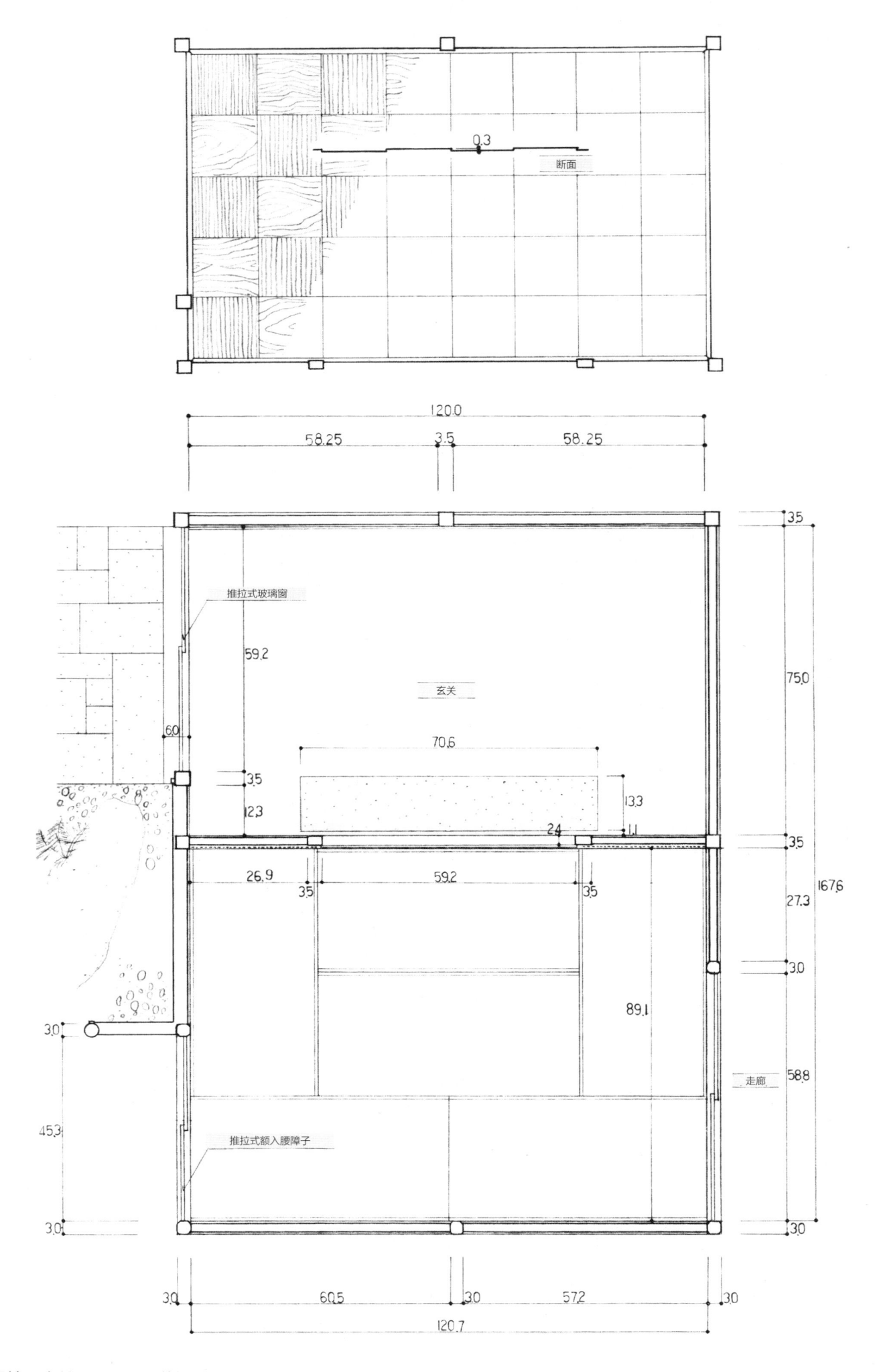

山翠楼　玄关平面图、天花板平面图　比例尺1:30

等候处和玄关　实测图

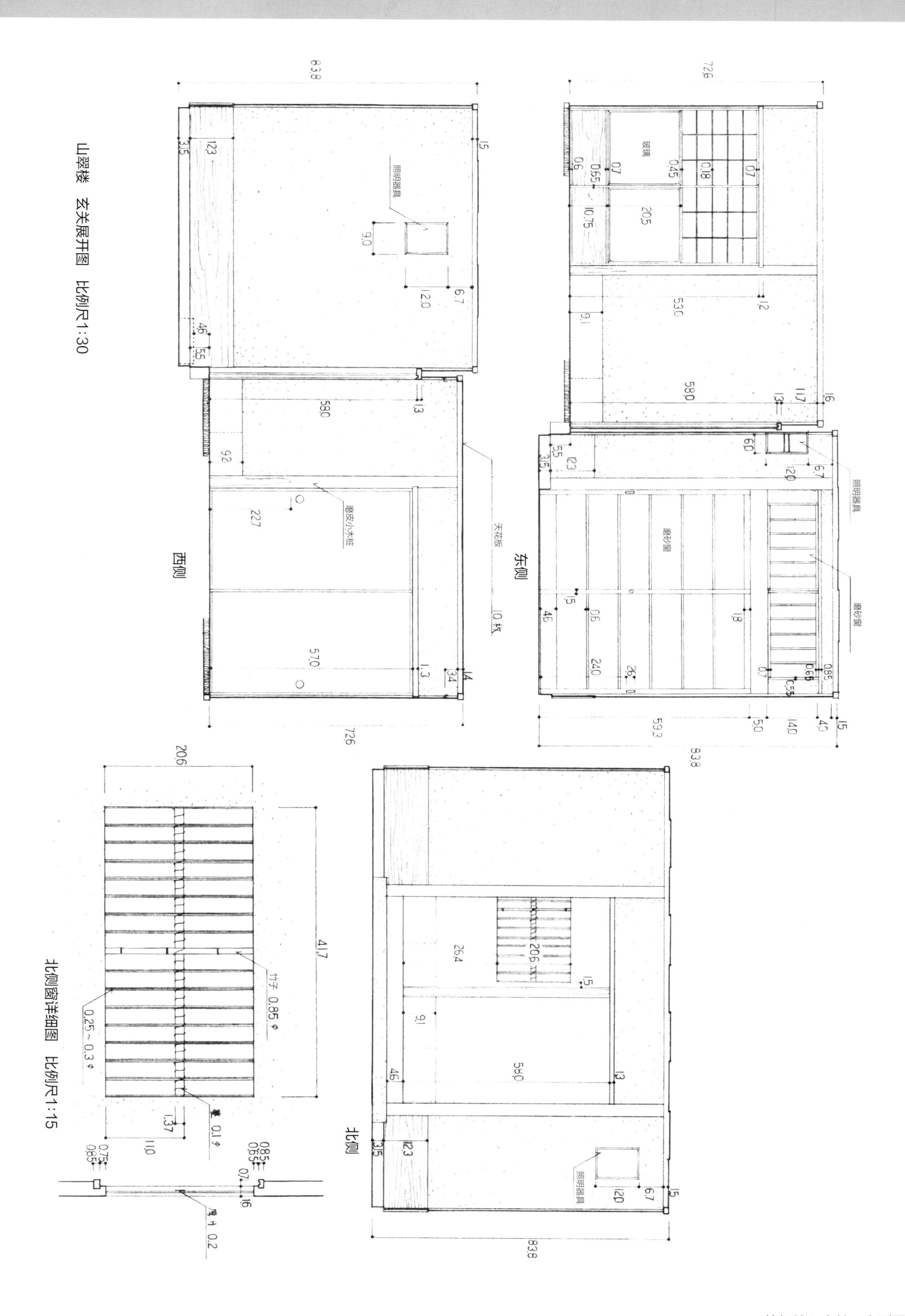

等候处和玄关 实测图

山翠楼　玄关入口断面详细图　比例尺1:15

短木棍　1.5 × 1.4
板条　0.5 × 0.6
名栗　0.75□
屋檐　3.9 φ
推拉式玻璃窗

玻璃障门
压花·竹制 0.5 φ
外壁
内玄关

西侧窗断面详细图　比例尺1:5

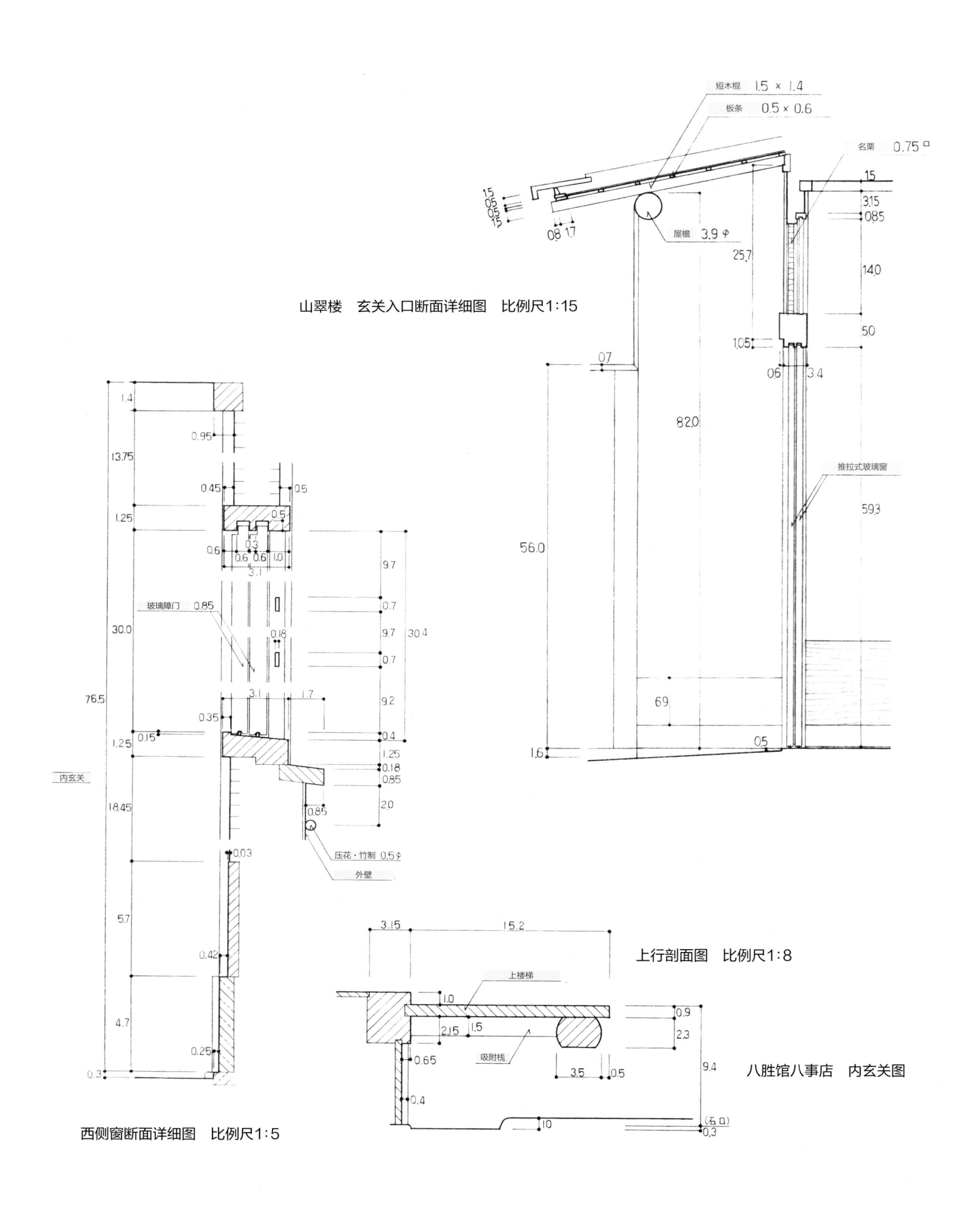

上行剖面图　比例尺1:8
上楼梯
吸附栈
八胜馆八事店　内玄关图
(石口)

等候处和玄关　实测图

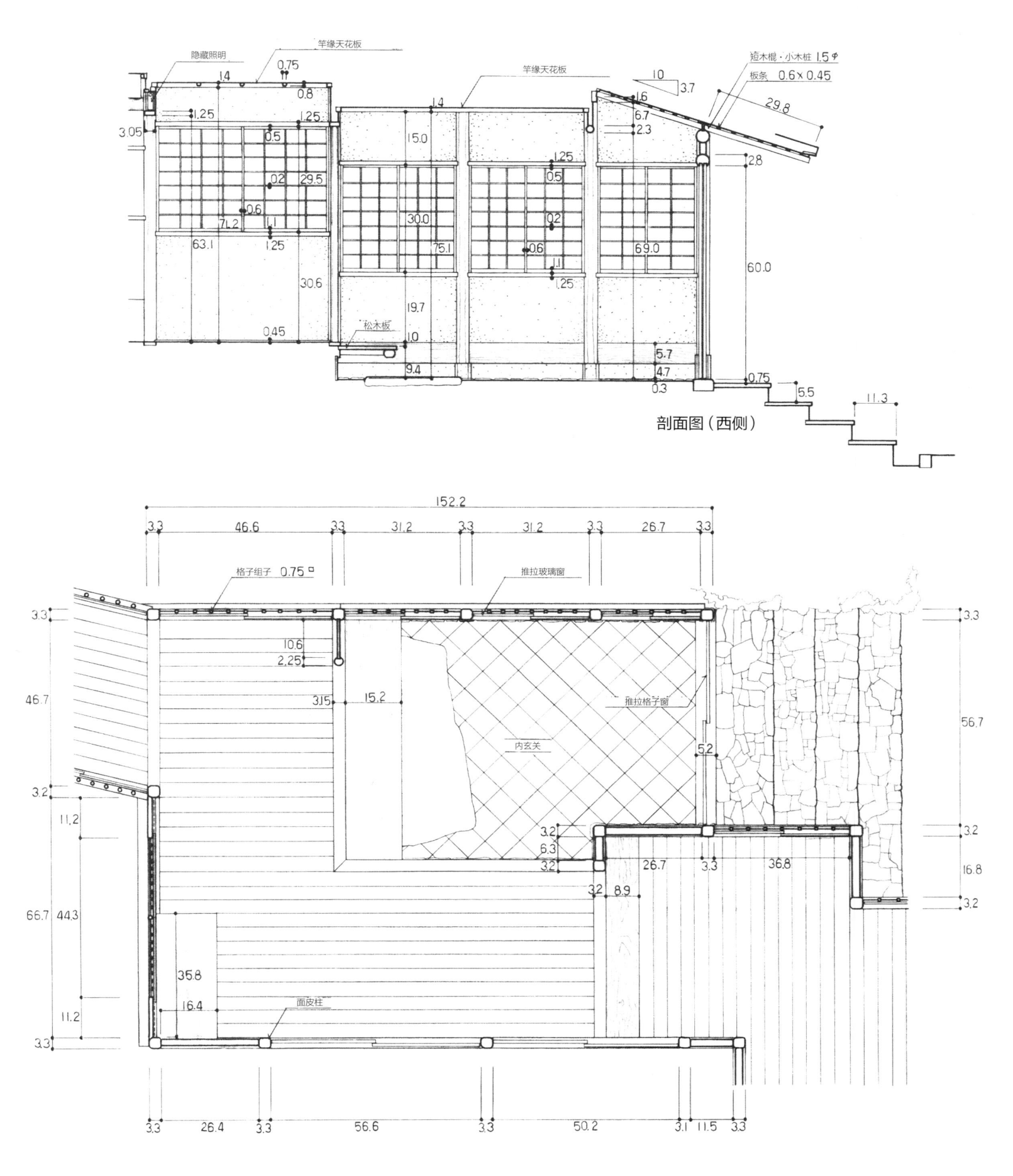

剖面图（西侧）

八胜馆八事店　内玄关平面图、断面图　比例尺1:30

等候处和玄关　实测图

美浓幸　玄关展开图　比例尺1:30

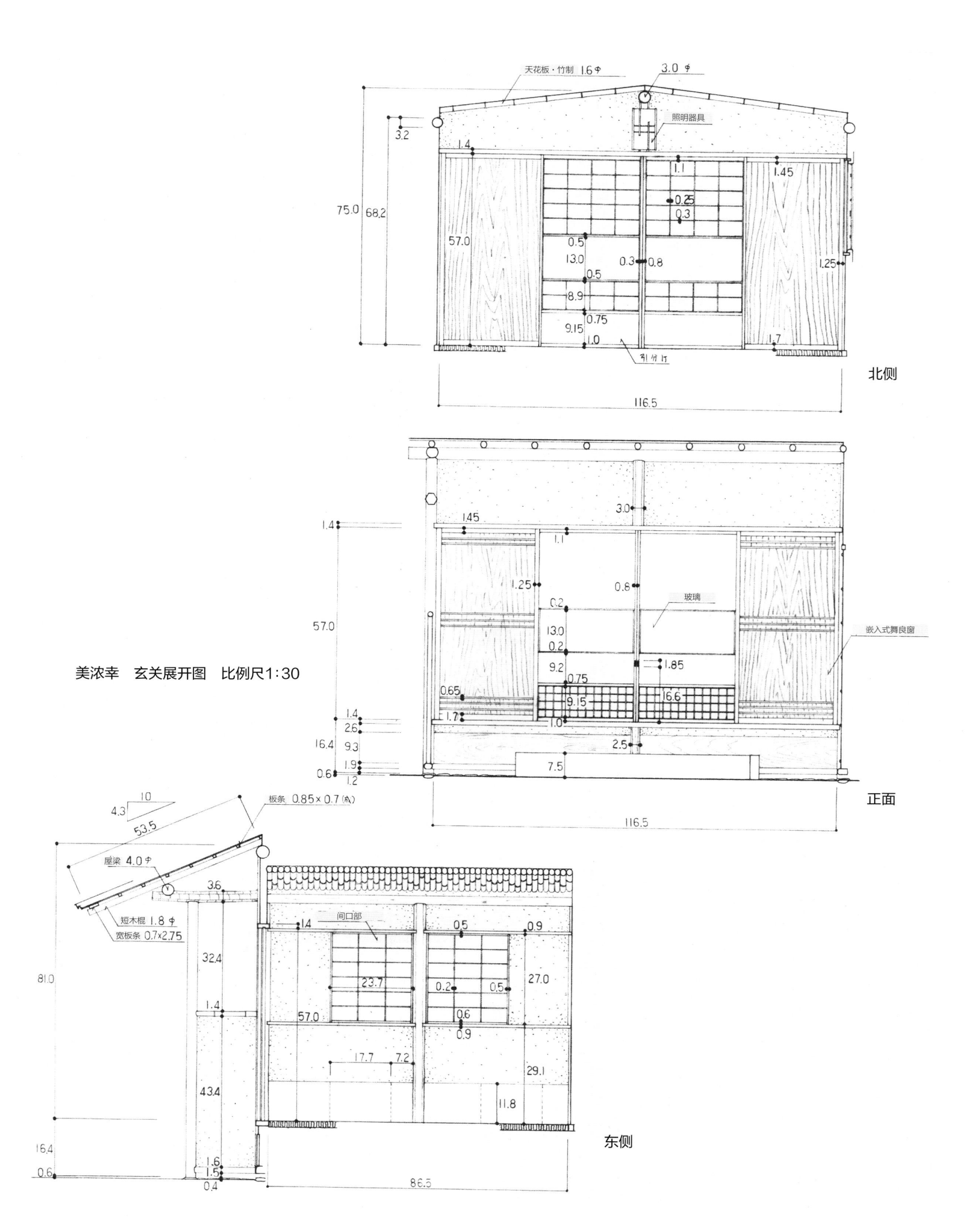

等候处和玄关　实测图

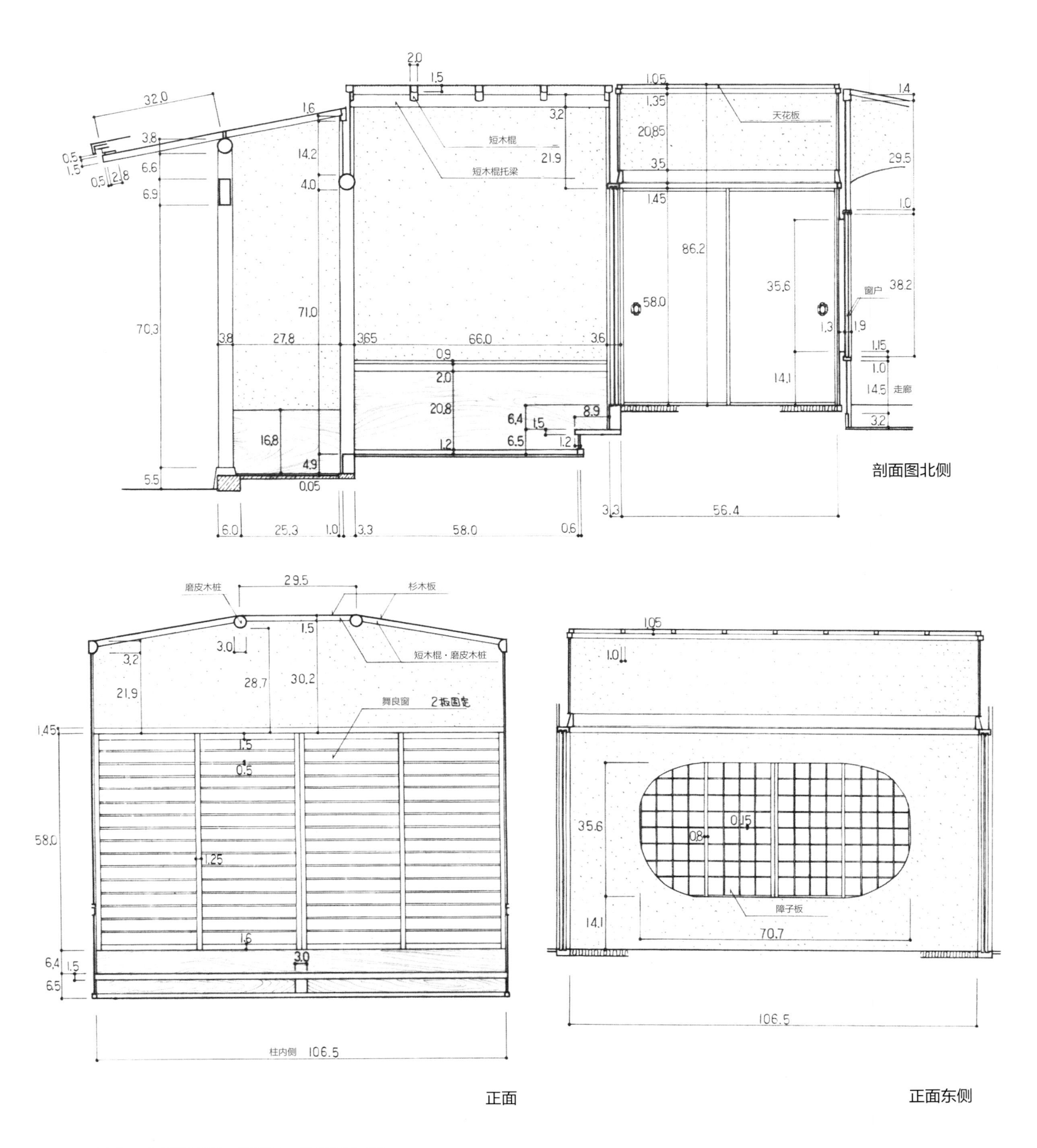

剖面图北侧

正面　　　　　　　　　　　　　　　　正面东侧

桥本　玄关断面图、展开图　比例尺1∶80

等候处和玄关　实测图

青青居　玄关天花板平面图　比例尺1:3

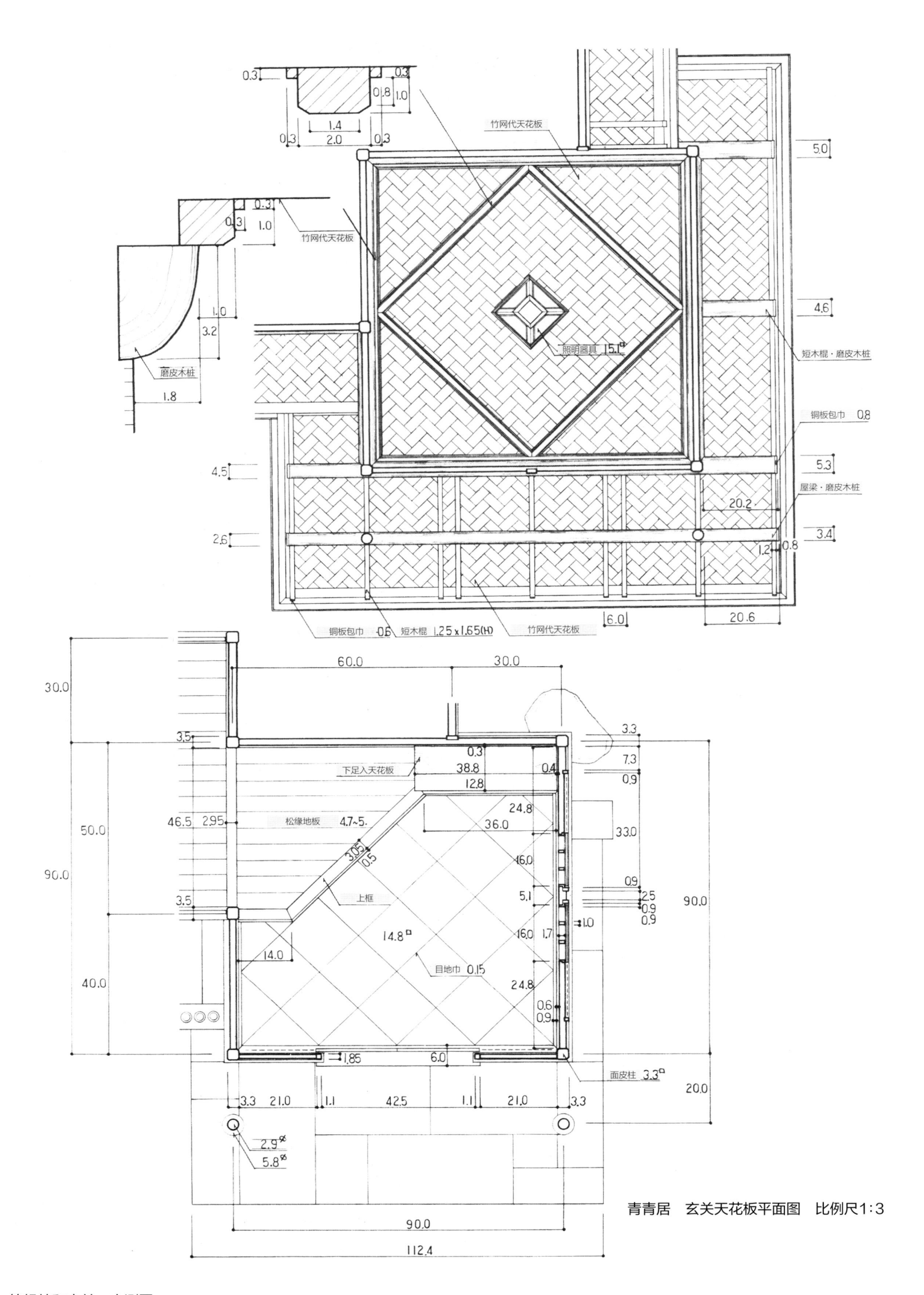

等候处和玄关　实测图

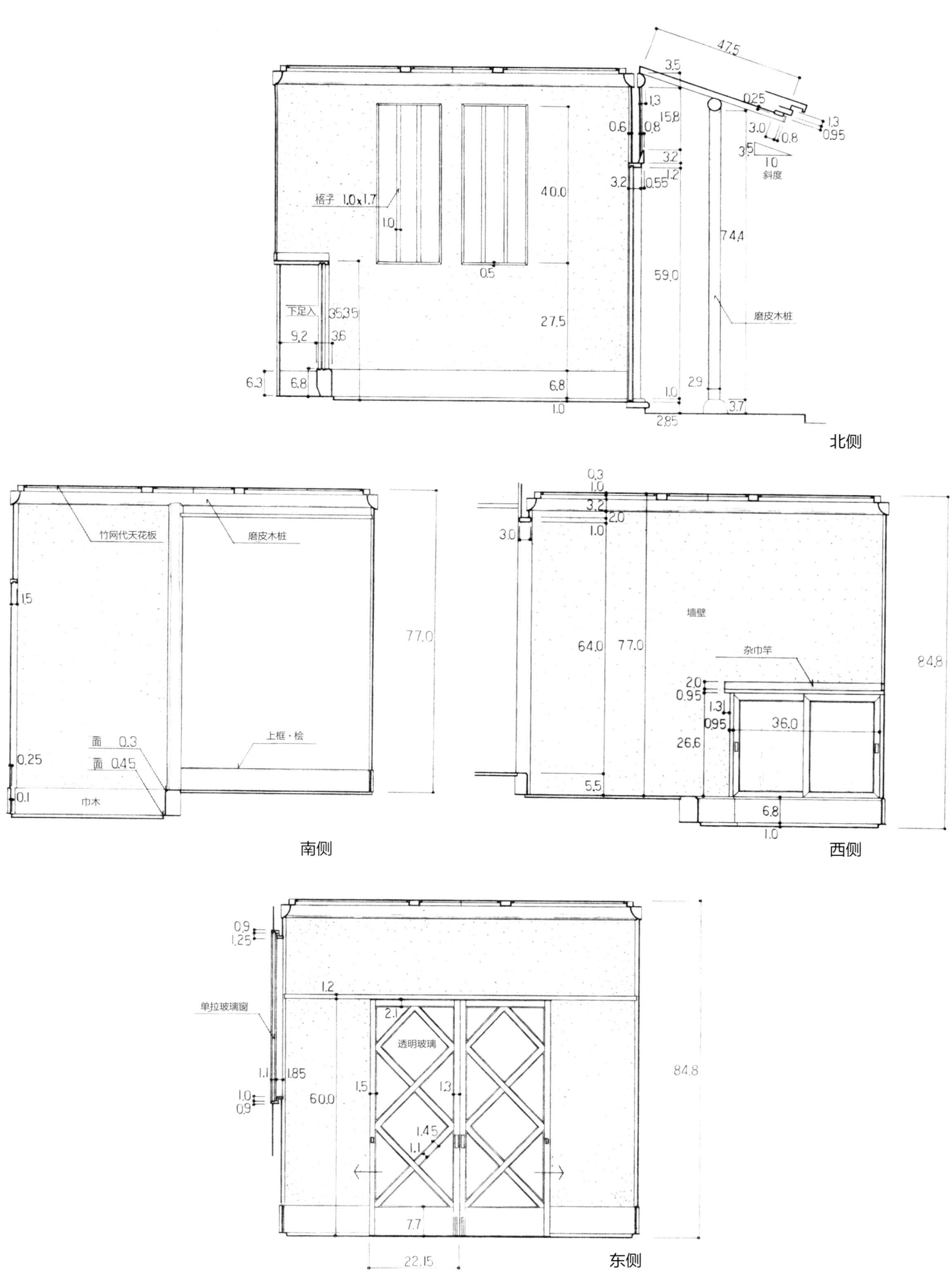

青青居　玄关展开图　比例尺 1:30

等候处和玄关　实测图

建筑底部

为了显露建筑物的威严性，设计者在建筑的底部也下了功夫，使用了几种技法。极尽草体化的草庵风格的茶室，把柱子立在根石上，中间用小圆石子在上面直接筑起土墙，这是最朴素的手法。现在在露地的中门等地也会栽柱子。根石和小圆石子当然都是使用自然石，根据种类和颜色的不同，脚下的景色也会发生变化。说起做柱子石口，按照石头的自然形状在柱底打磨是约定俗成的做法。不依靠把石头削平再把柱子立在上面这种简单的手段，而是充分利用自然条件，这种技法一直持续到现在。

不把土墙直接压到小圆石子上，而是放在墙留上，利用墙壁与小圆石子之间的缝隙设置地板下的通风。壁留用竹子、小圆木、名栗雕等，因为壁留很细，所以需要很好地调整构件的面。墙壁上贴太多的壁留是很不雅观的。在茶室的蹲口下方，构件相互找平尤为复杂。在使用名栗六角雕做壁留的时候，要看着尖头找平面。

另外，在需要地板下通风的时候，也可以在稍微高一些的地方放入壁留，将墙壁与小圆石子之间的缝隙通开，然后在里面放入几根竹子。在一些地方，为了避免雨水的侵袭，土墙不能下到差石，而需要插入腰板。虽然腰板的高度是自由的，但其高低的变化不仅影响建筑物的形态，也影响周围景色的风貌。需要保护相当高的地方的时候，可以用木板或杉树皮等将腰板围起来。

在古老的建筑遗迹中，经常可以看到把根石或小圆石子高高耸立在地面上的例子，这样会略显夸张。根据建筑物的不同，可能需要调整，也可以根据个人喜好而改变。

这种草庵茶室的手法，被广泛应用于和风建筑中。不用说，像旭化成芝寮的例子一样，将根石作为切石，而不是小圆石子，使用延石（长石）也是普遍的手法。石头的种类、尺寸、加工、表面的取法和柱石的形状等不同，都会使建筑的底部姿态变得多样。在青青居看到了切石做基石这种很少见的手法，所以特地做了补充。

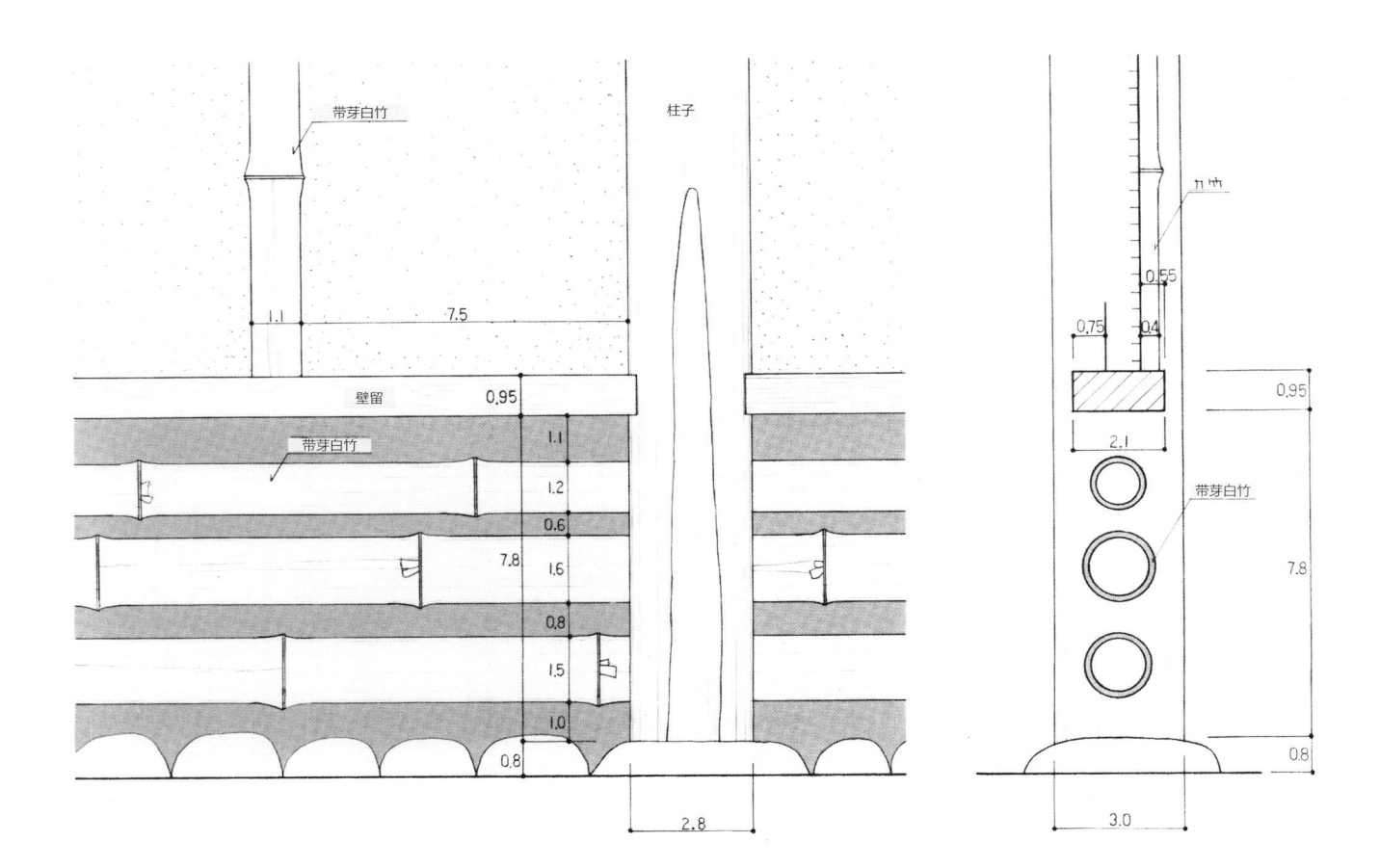

清流亭　茶室（白鹭）的建筑底部正面图、断面图　比例尺1:4

建筑底部　实测图

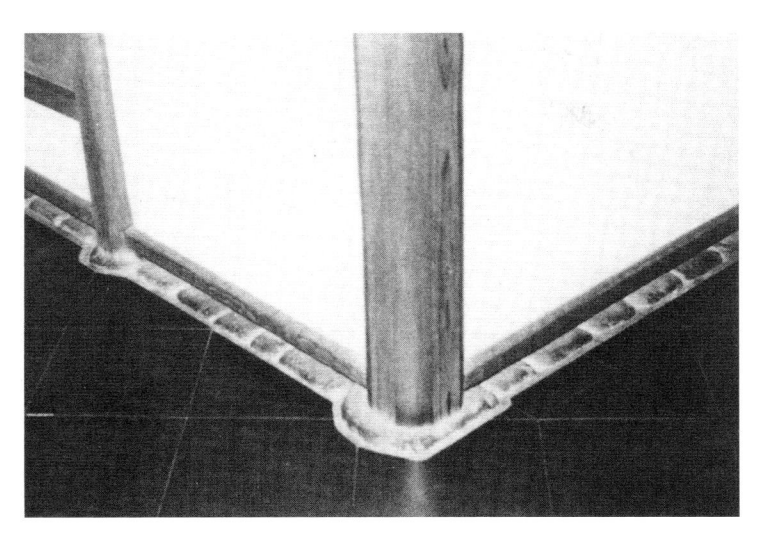

北村邸　立礼席土间走廊的建筑底部

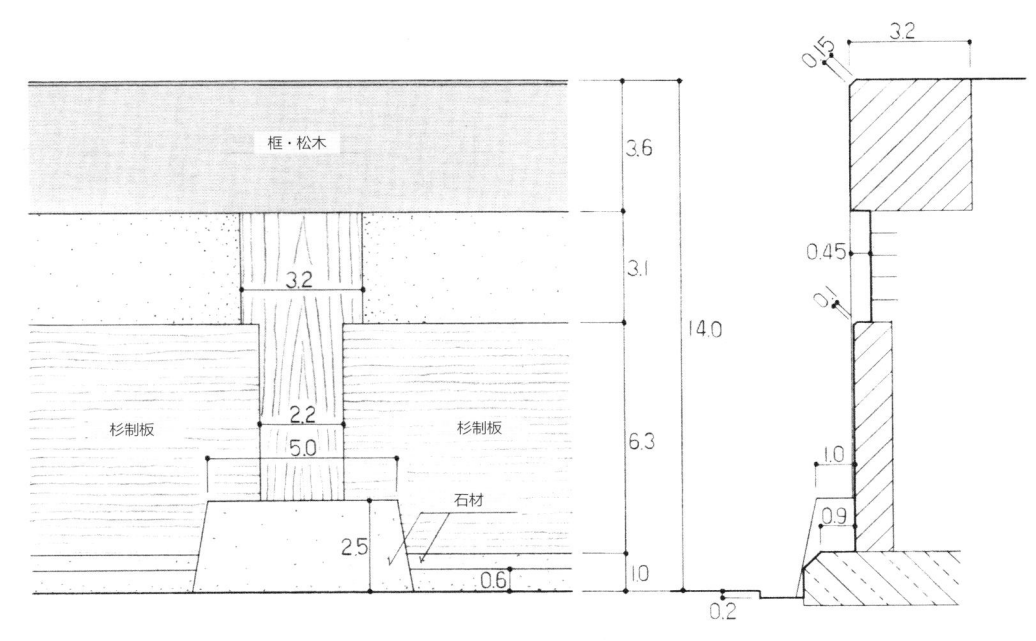

旭化成芝寮　玄关的建筑底部正面图、断面图　比例尺1:5

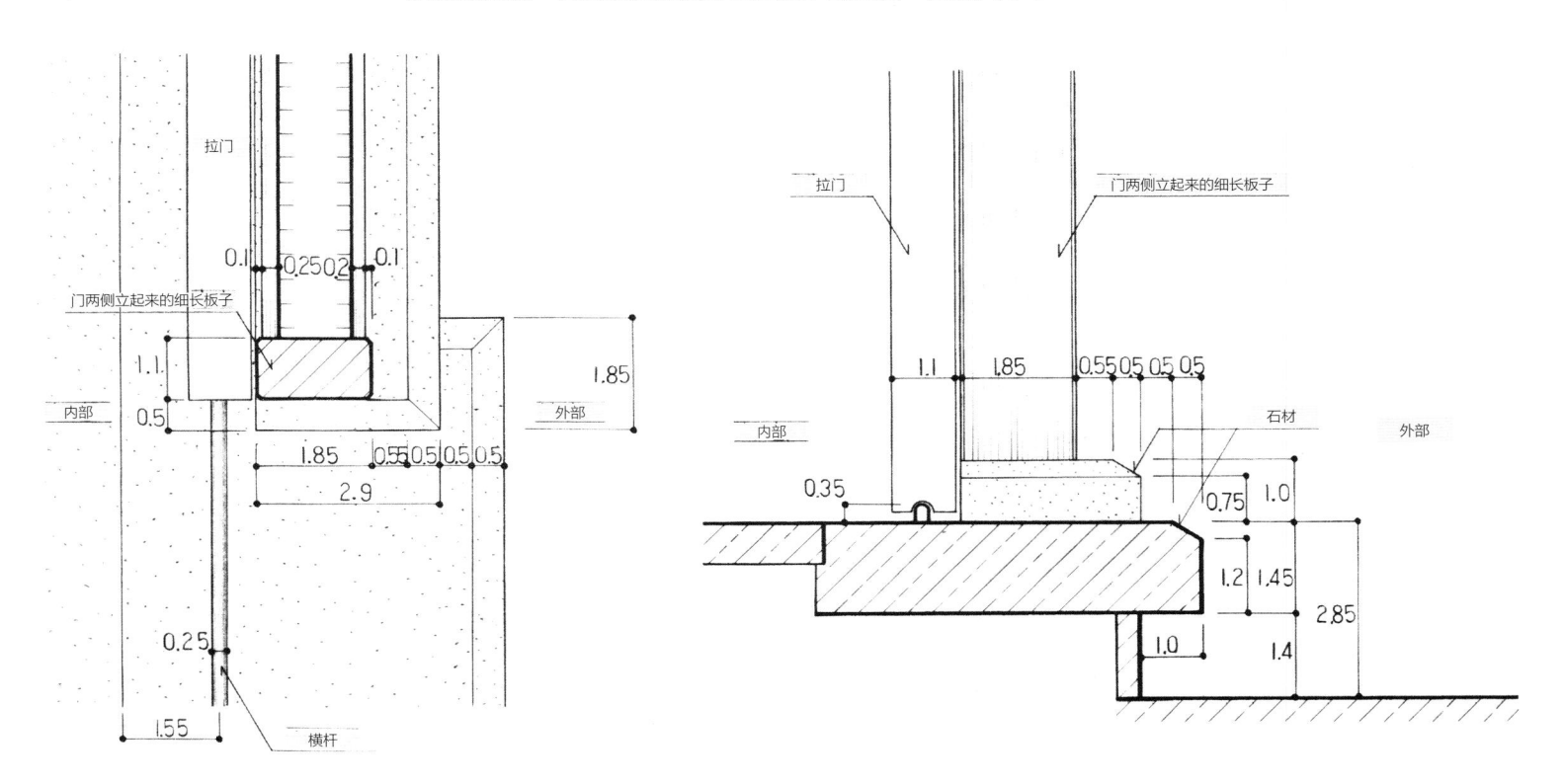

青青居　玄关入口的建筑底部平面图、断面图　比例尺1:3

建筑底部　实测图

中门

在邸内的重要地方建造的门就是中门。另外，在茶道的露地的中途设置的也是中门。也就是说，如果露地很大，被分隔成两重、三重的时候，在那里建造的门就是中门。露地的中门除了梅见门、萱门，还包括小门、吊门、柴门等，其中梅见门是最普遍的形式。梅见门和萱门的门楣高度都很低，作为露地的中门，必须保持"潜"的尺寸，这是中门具备的特色。这里列举的例子，低的是四尺七寸二分，高的也只有五尺五寸五分。野村碧云庄的中门（去来门）略高，是六尺一寸五分。露地的中门是用两根主柱支撑屋梁，放入桁架，用主控柱支撑横梁，是很轻巧的结构。

北村邸的珍散莲的中门，虽然是基于梅见门，但柱子间较宽，取而代之的是一边立着细长板子的袖墙，使门口变窄。也许是因为想把大石头做成户下石，所以才在这样的结构上下了功夫。门宽约二尺五寸，单开着一扇吊拉门。北村邸的广阔庭院中的露地的中门，柱子用的是名栗六角雕，栋梁木用磨圆木，橼子也用

的是名栗六角雕，门正面用白竹砌成。薮内家的露地，有朝向茶室须弥藏的苑路的中门。屋顶是栈瓦葺的，门楣的上面留有空隙，但在那里装上墙壁，挂着匾额。而且门上也嵌着狐格子栈唐式板门，避开了梅见门的轻巧感，两侧是竹子扎成捆排成的篱笆。

进入野村碧云庄的西正门，经过玄关前庭通往庭园的是中门。歇山顶建筑是用丝柏木皮葺的，主柱从屋脊的位置移开，采用乐医门形式，四个角由磨圆的梁和梁架组成，水平撑起天花板。楣和冠木之间的栏间是没上漆的木框，正面竖着杉木杢板，庭院一侧竖着磨圆木。另外，进入野村碧云庄的东正门，玄关的左边有中门。屋顶是丝柏皮葺的悬山式屋顶，也是把主柱从檩木上移开的形式。柱子、横梁、大梁都是方木，很有格调，屋顶的山墙上装饰用的板子也很高级，门上下的木墙板贴的是杉木杢板，中间留出空隙装入竹制格子，整体散发着潇洒的气息。

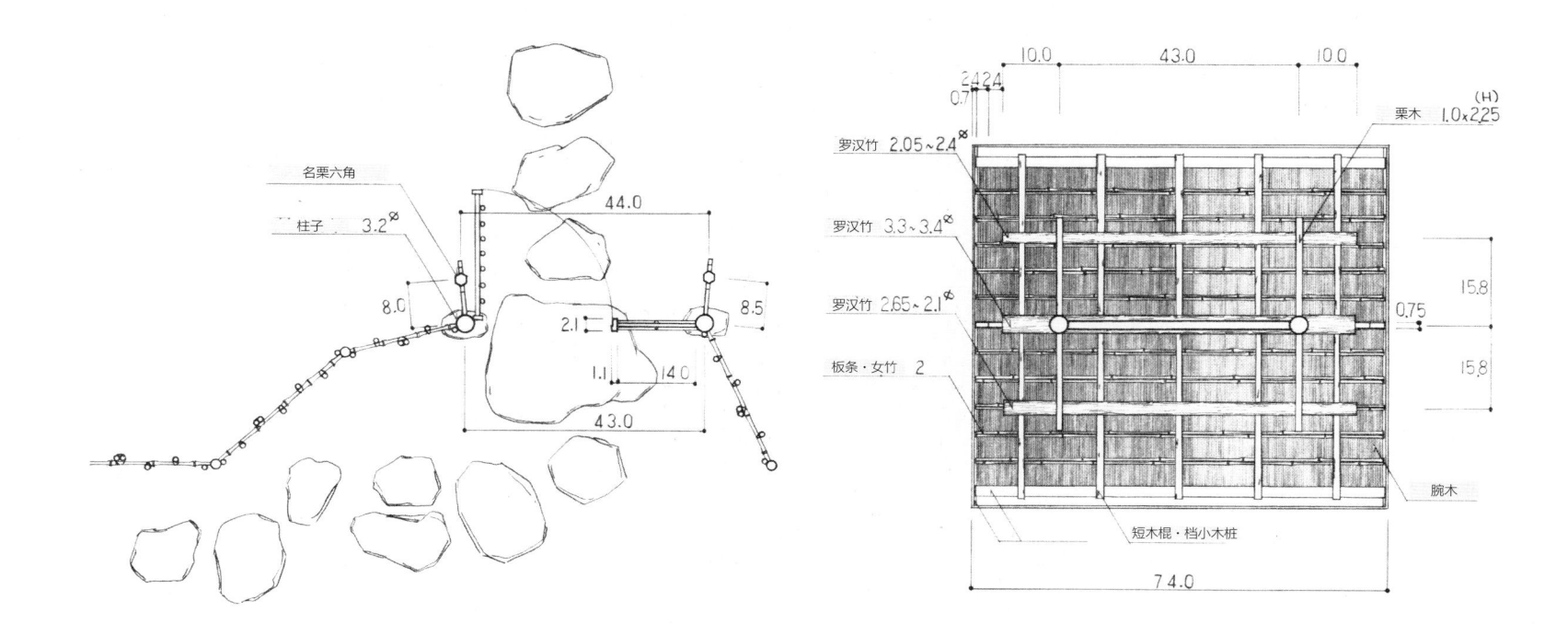

北村邸　中门平面图、天花板平面图　比例尺1:30

中门　实测图

正面图 比例尺1:20

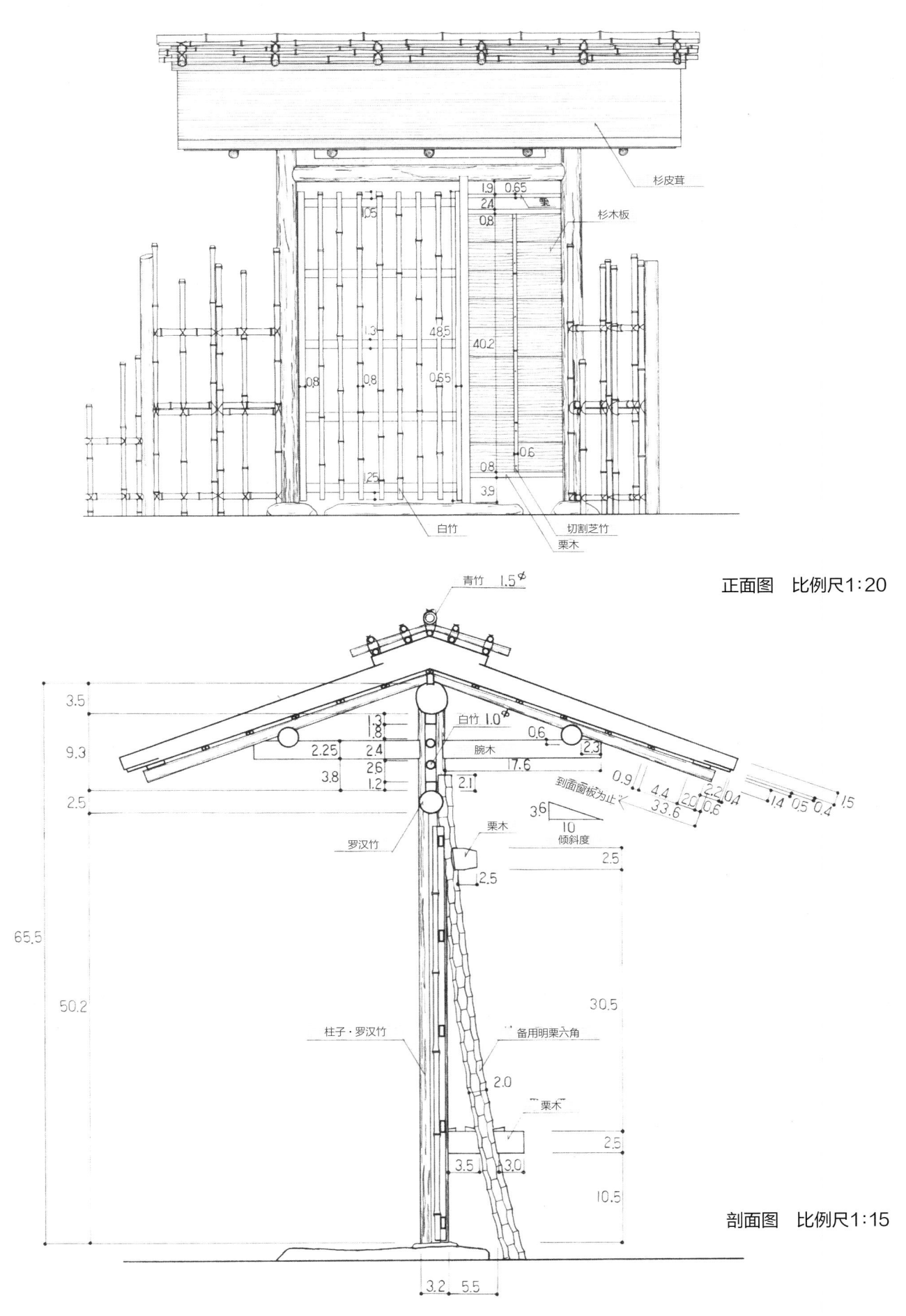

剖面图 比例尺1:15

北村邸　中门

中门　实测图

正面图 比例尺1:20

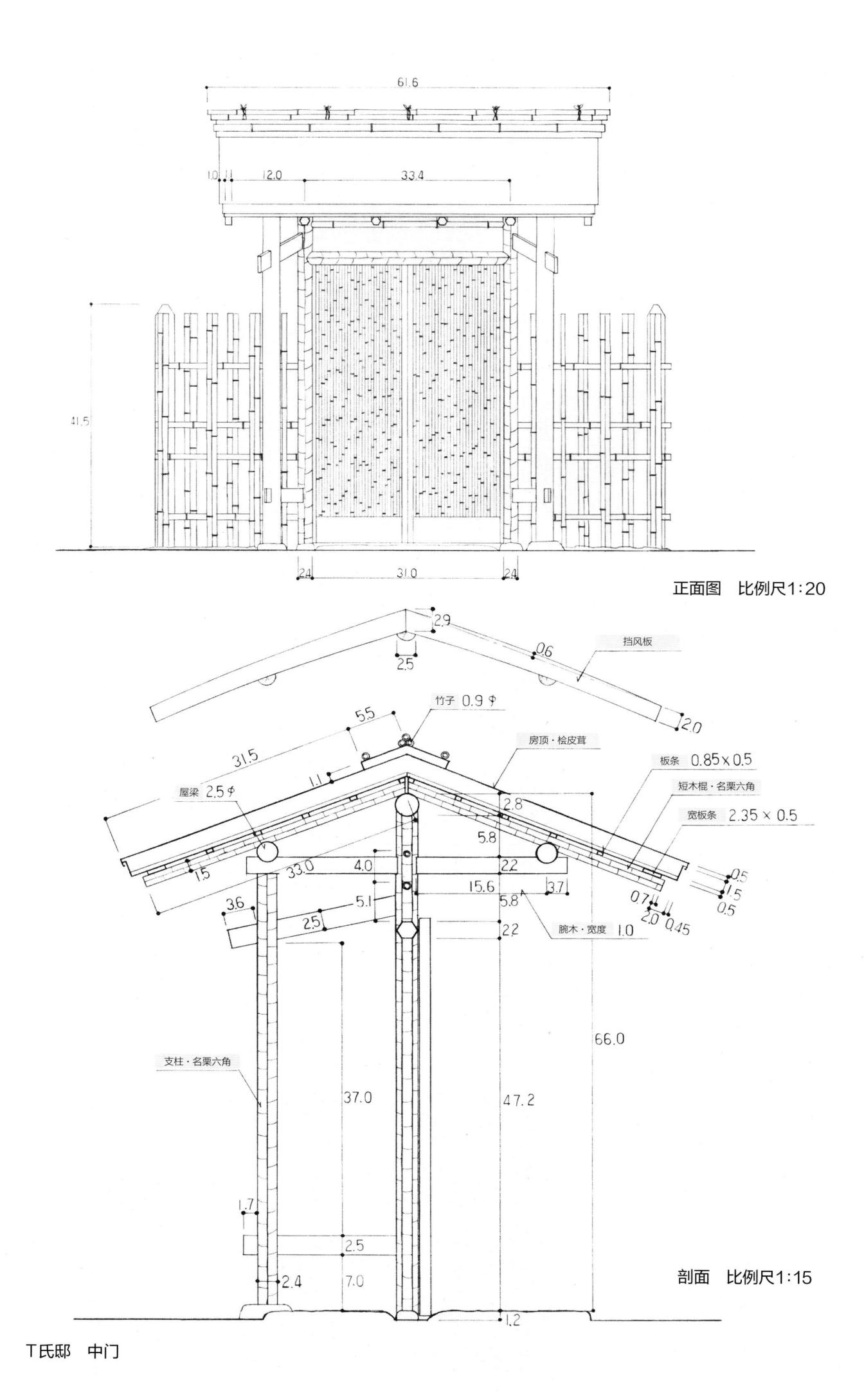

剖面 比例尺1:15

T氏邸 中门

中门 实测图

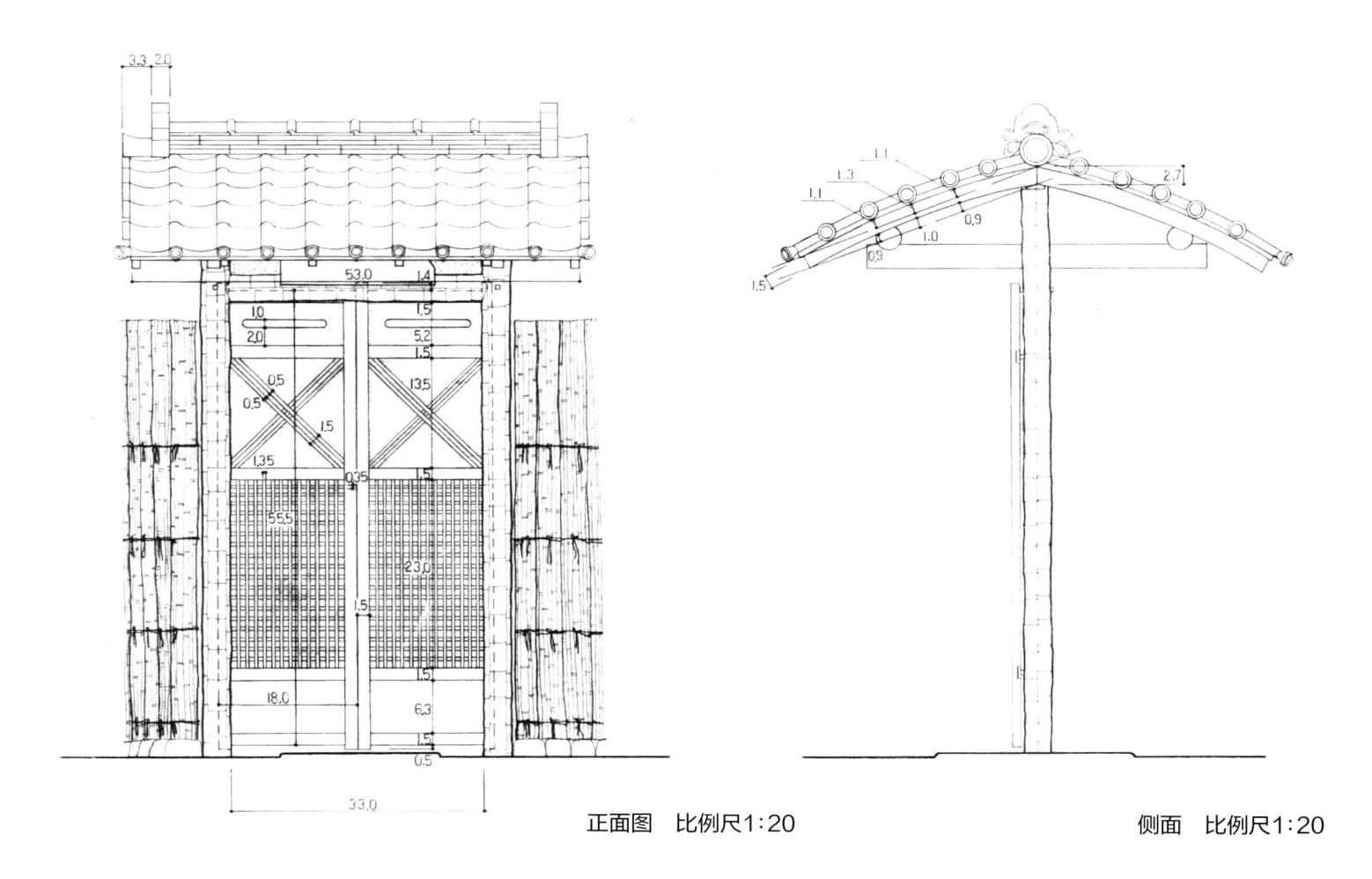

正面图　比例尺1:20

侧面　比例尺1:20

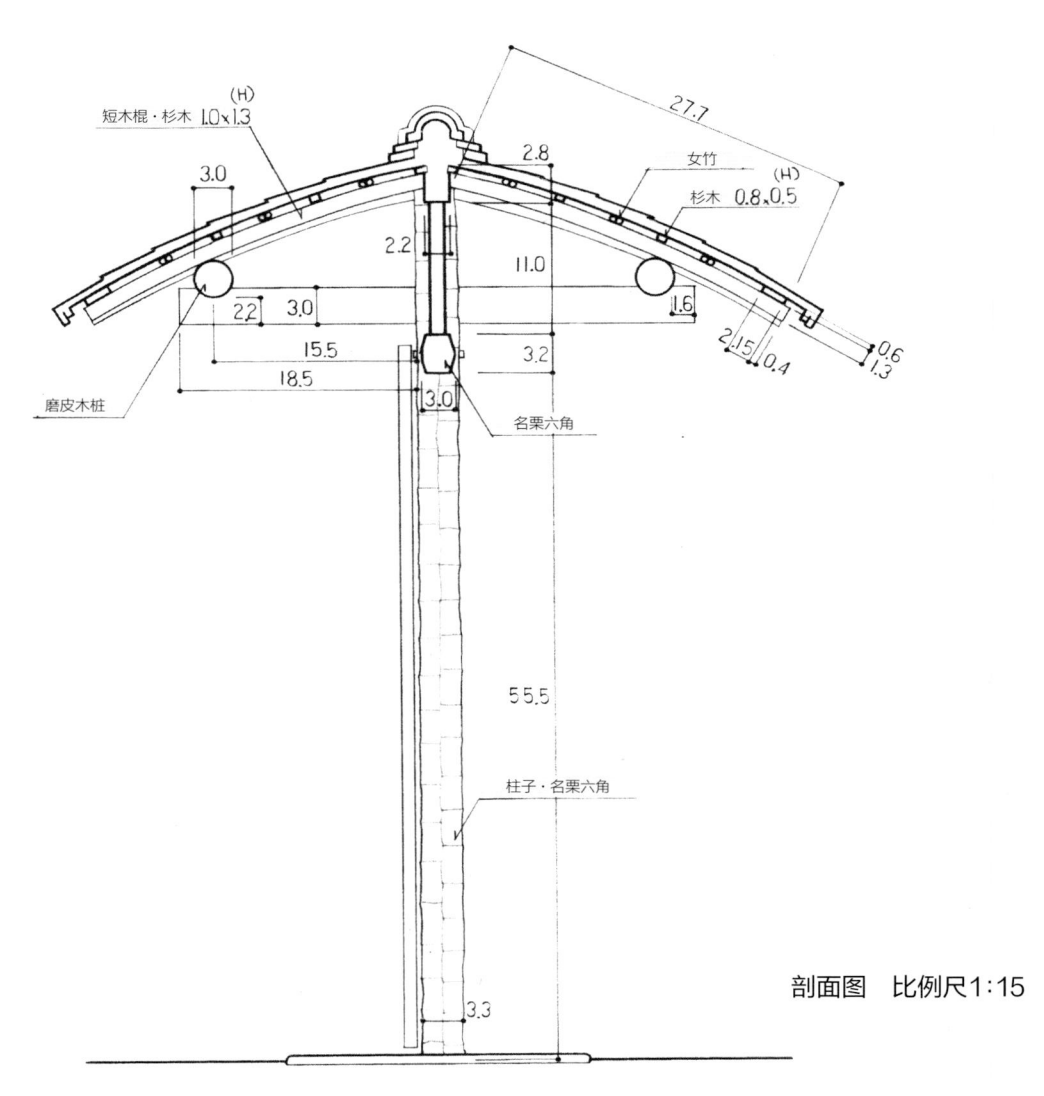

短木棍·杉木 1.0×1.3
女竹
杉木 0.8、0.5
磨皮木桩
名栗六角
柱子·名栗六角

剖面图　比例尺1:15

薮内家　中门

中门　实测图

山墙侧屋檐的檐头剖面图　比例尺1:8

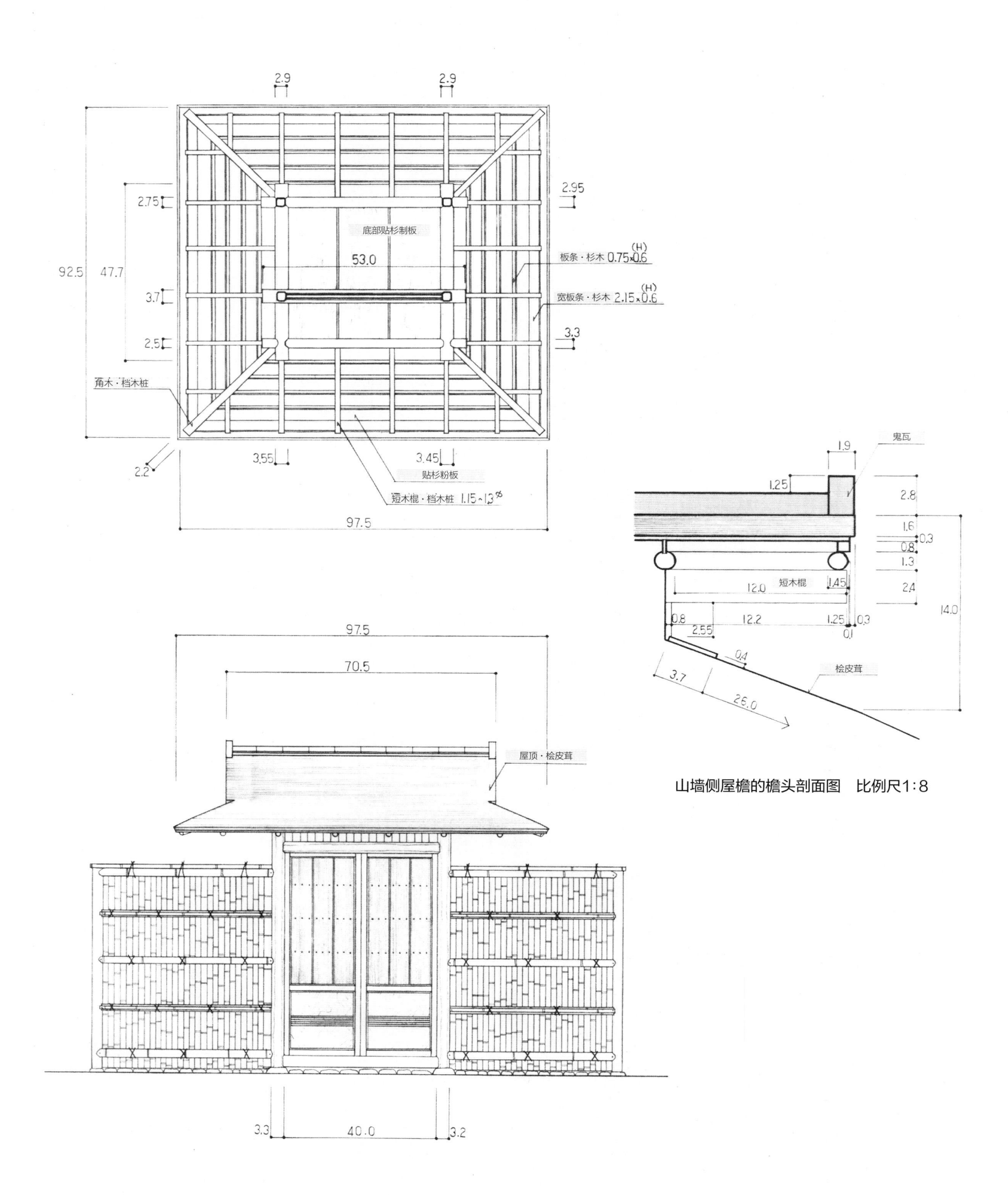

野村碧云庄　中门正面图、天花板平面图　比例尺1:30

中门　实测图

野村碧云庄　中门

侧面图　比例尺1:30

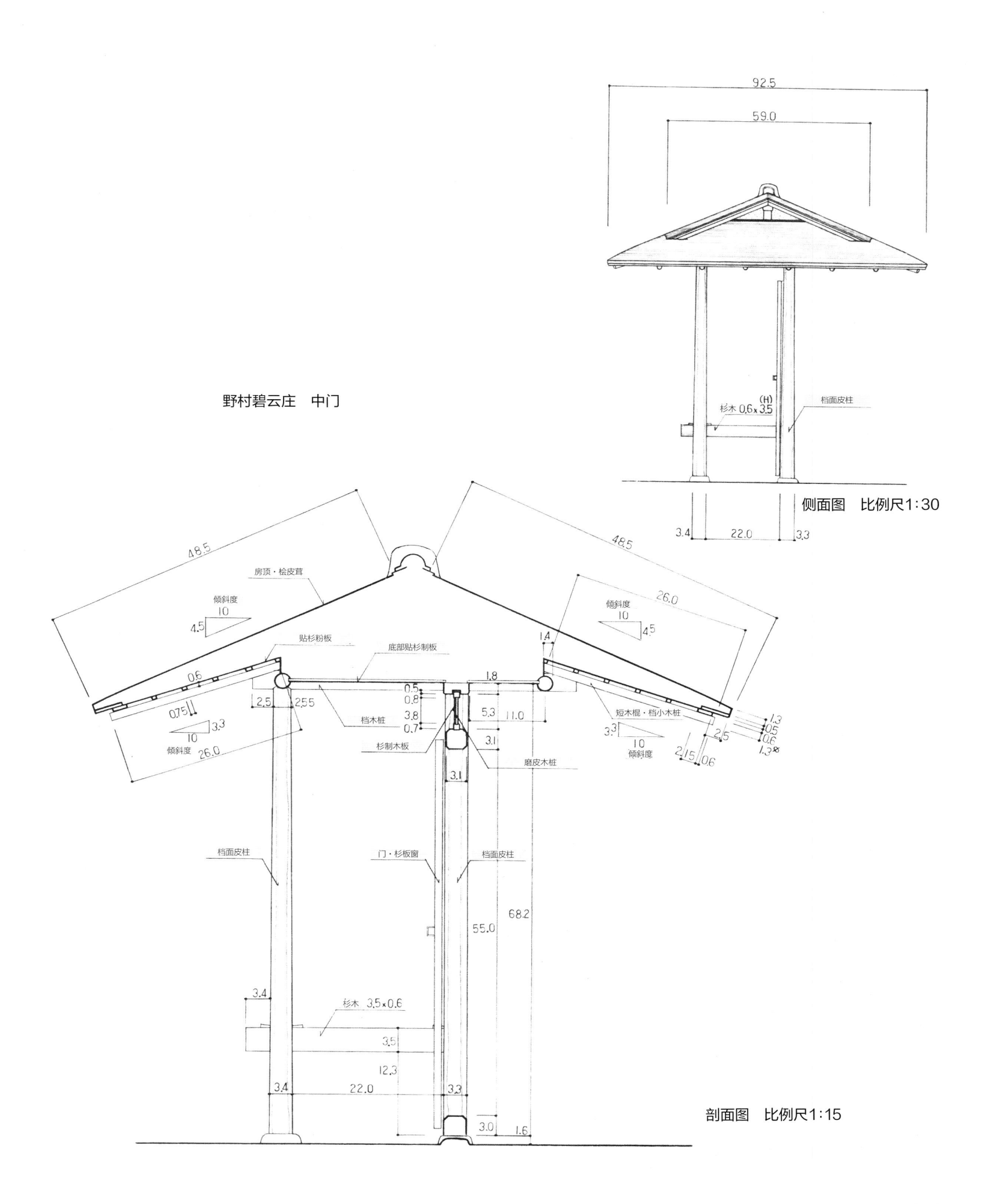

剖面图　比例尺1:15

中门　实测图

野村碧云庄　中门（去来门）导雨水管　　野村碧云庄　中门屋檐　　野村碧云庄　中门天花板

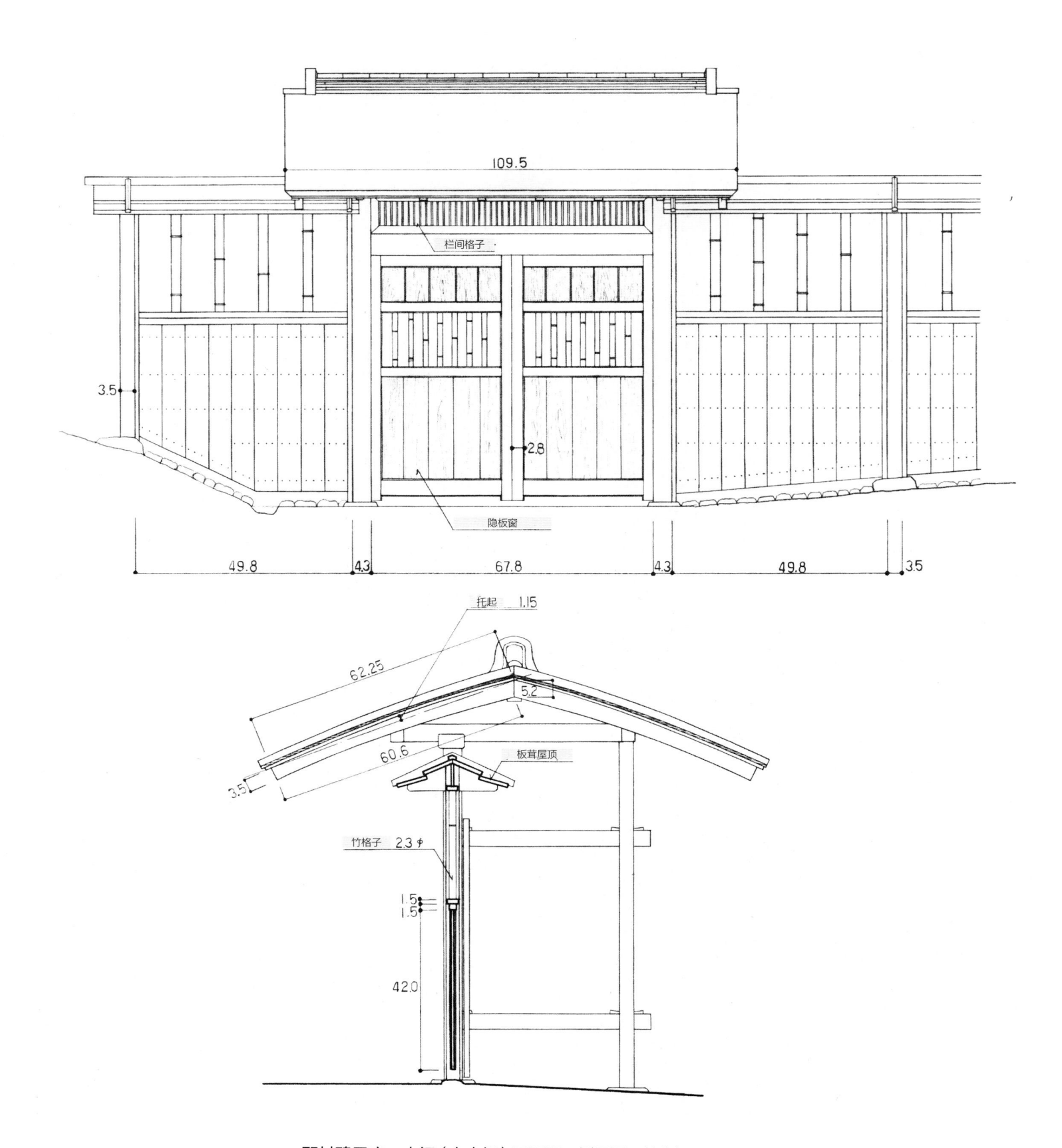

野村碧云庄　中门（去来门）正面图、侧面图　比例尺1:30

中门　实测图

野村碧云庄　中门（去来门）

山墙侧屋檐的檐头剖面图　比例尺1:4

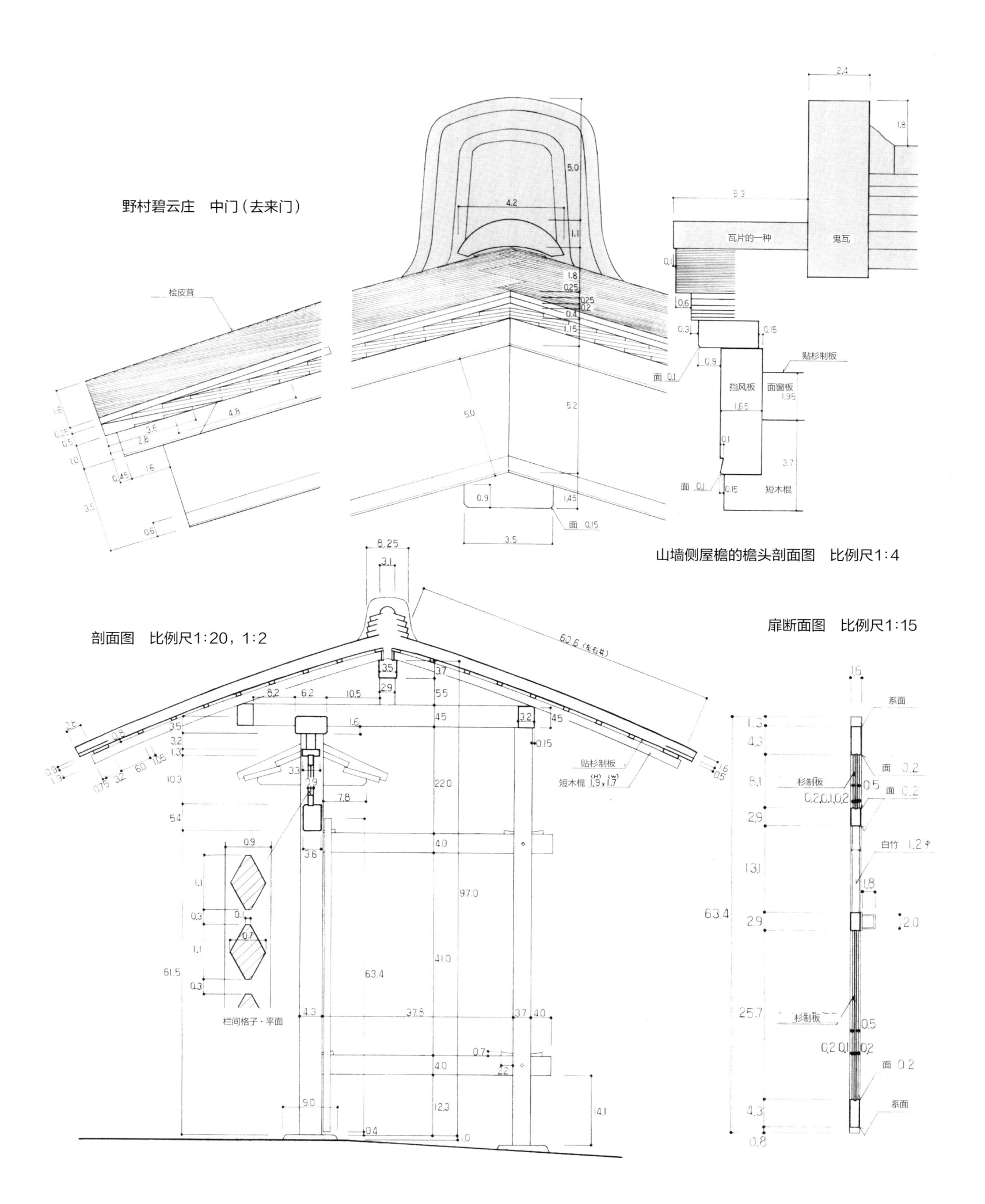

剖面图　比例尺1:20，1:2

扉断面图　比例尺1:15

中门　实测图

等候处

被邀请参加饮茶的客人，从等候处进入露地口，坐在椅子上，等待亭主的迎接。位于外露地的称为外等候处，设在内露地的称为内等候处。在狭窄的露地，所谓的"等候席"，就是有单坡屋顶的单纯的等候席，顶多是附带手洗的小规模设施；但在宽敞的庭院里，也建造了规模较大的等候处。在宽敞的庭院中，这样的等候室作为庭院建筑也起着很大的作用，在造型上也下了很大的功夫。

T氏邸的等候处是将两个等候席南北背靠背地组合而成的，搭配上平缓的丝柏皮葺的歇山顶，构成了潇洒的外观。一般都是把两个等候席做成直角。南部的土间四半瓦斜铺形式，等候席的后壁的腰上挂着胡枝子，三面用墙壁围起来，与之相对的北部的土间是三合土的，等候处的后壁是竹箔，三面是通风的。在两者相接的墙面上，也就是等候处的后壁上，两面都设有用竹子做成的窗户。

在暮雨巷的等候处，沿着墙壁做了两个等候席，后面附设一大一小两个手洗。引人注目的是，在等候处角落的上方还设置了一层架子。

何有庄苑内的等候处是一个很大规模的实例，尺寸是桁宽十二尺、梁宽九尺。外观是茅草歇山顶结构的乡村风格，在东边右侧的墙面上配置了一个大大的圆窗，非常有情趣。四面都有出入口，等候席只有两面，但土间非常宽敞，在东南角安了吃饭用的小桌子，做了一个顶柜，前面有一个三角的坐椅。这可能就是作为贵人席使用的。对龙山庄内道安围茶室北侧附设的等候处，仿佛撑开了一把伞一样，被装饰屋顶深深遮蔽。将贵人席设在高一段的衽形上，连椅是用细木条板做的，板与板之间有一厘米的空隙。用竹子捆成的竹束也很吸引人。从贵人席的袖壁的壁留往上全部通风，在那里使用带皮曲木的设计也是非常大胆的。

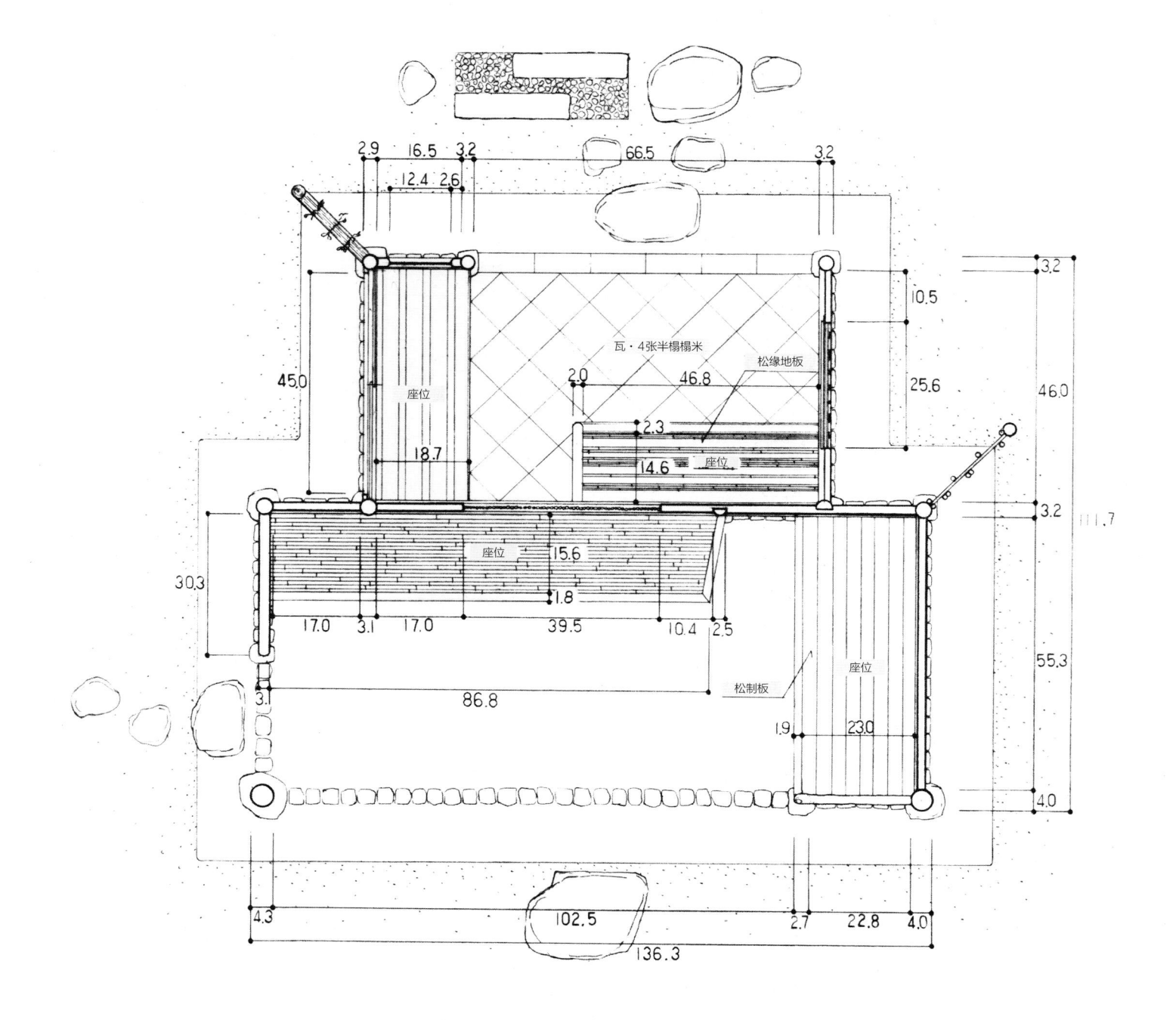

T氏邸　等候处平面图　比例尺1:30

等候处　实测图

T氏邸　等候处南侧的天花板

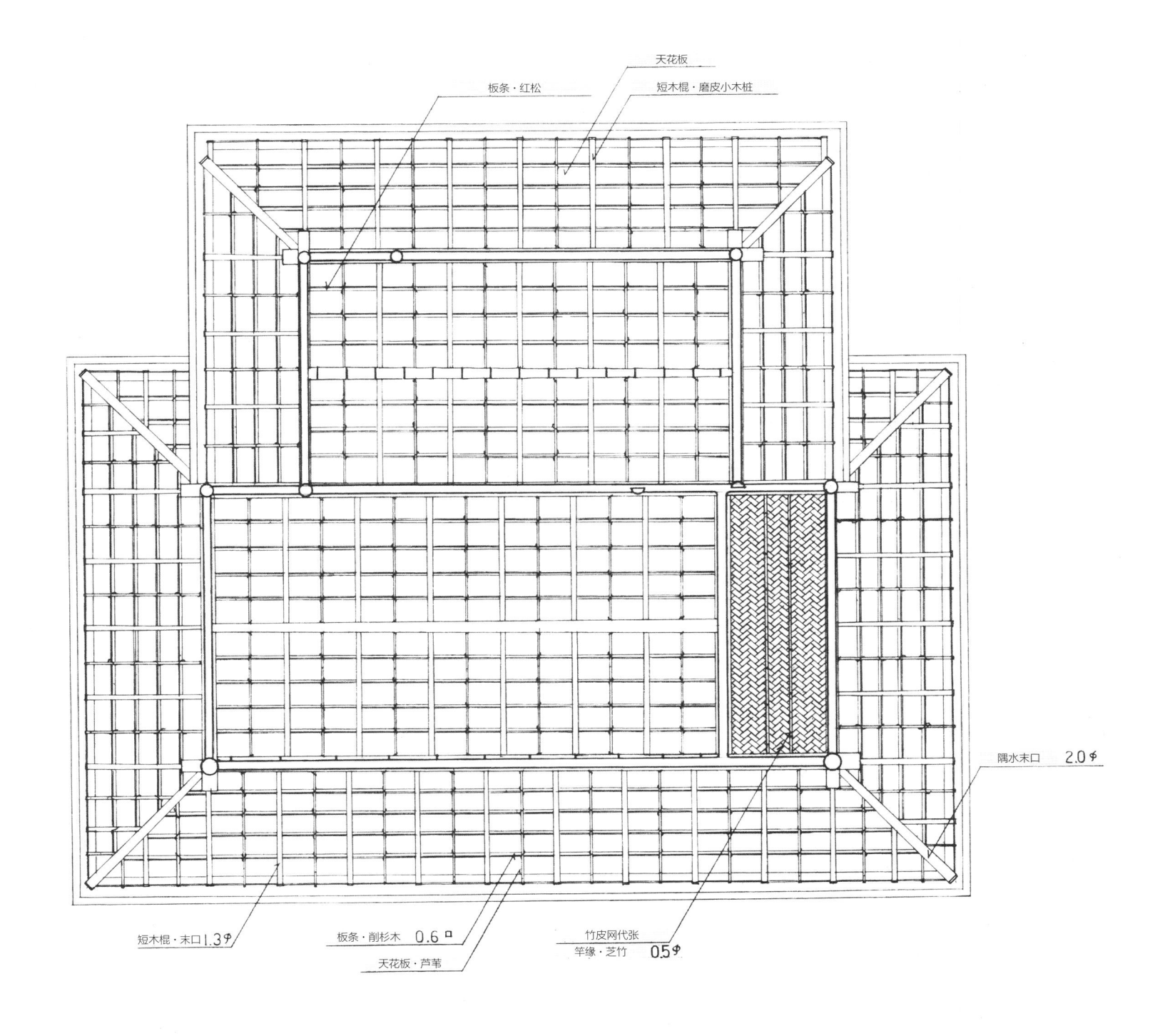

等候处　实测图

T氏邸　等候处天花板平面图　比例尺1:30

板条·红松
天花板
短木棍·磨皮小木桩
短木棍·末口1.3φ
板条·削杉木 0.6□
天花板·芦苇
竹皮网代张
竿缘·芝竹 0.5φ
隅水末口 2.0φ

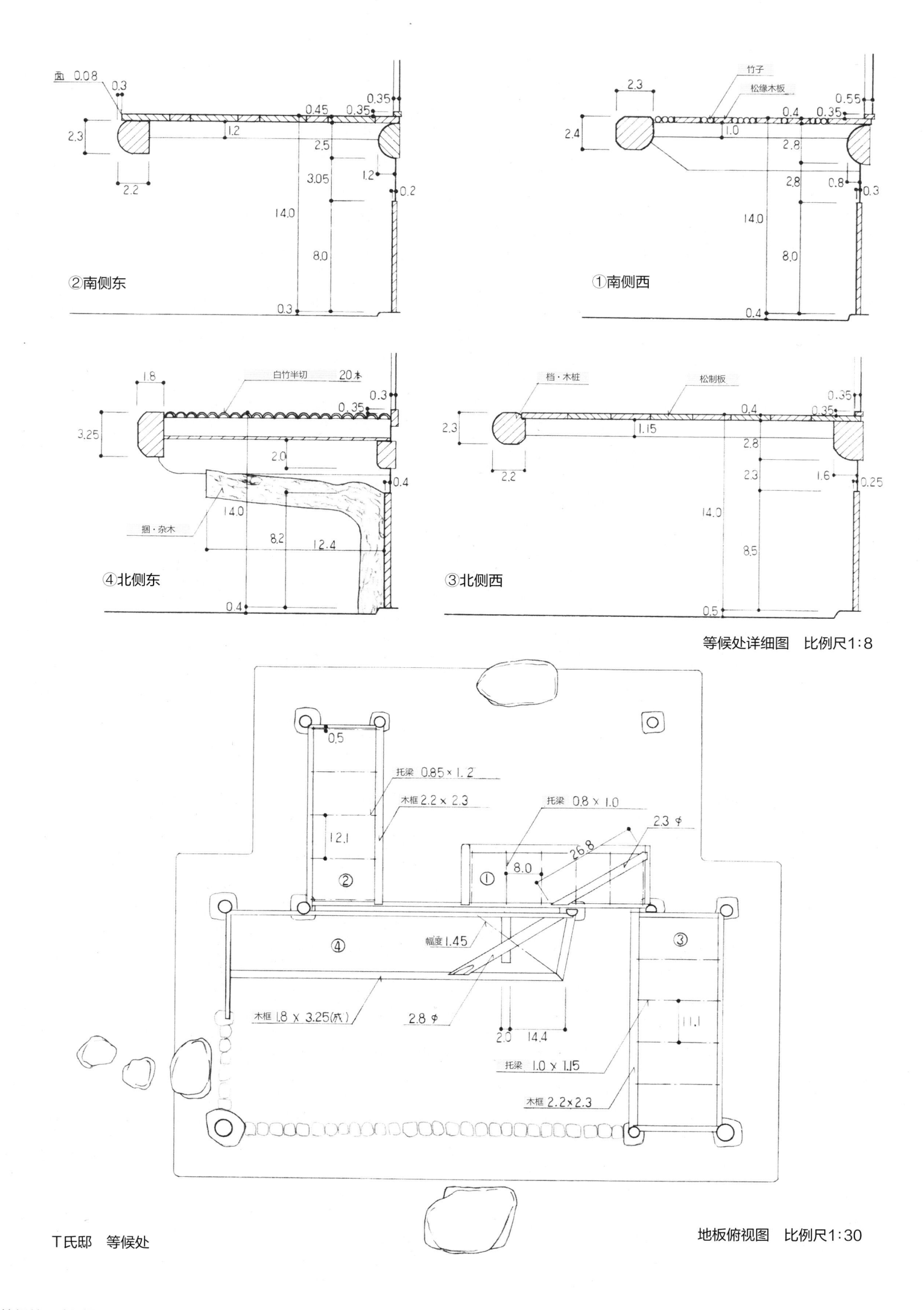

②南侧东　①南侧西

④北侧东　③北侧西

等候处详细图　比例尺1:8

T氏邸　等候处

地板俯视图　比例尺1:30

等候处　实测图

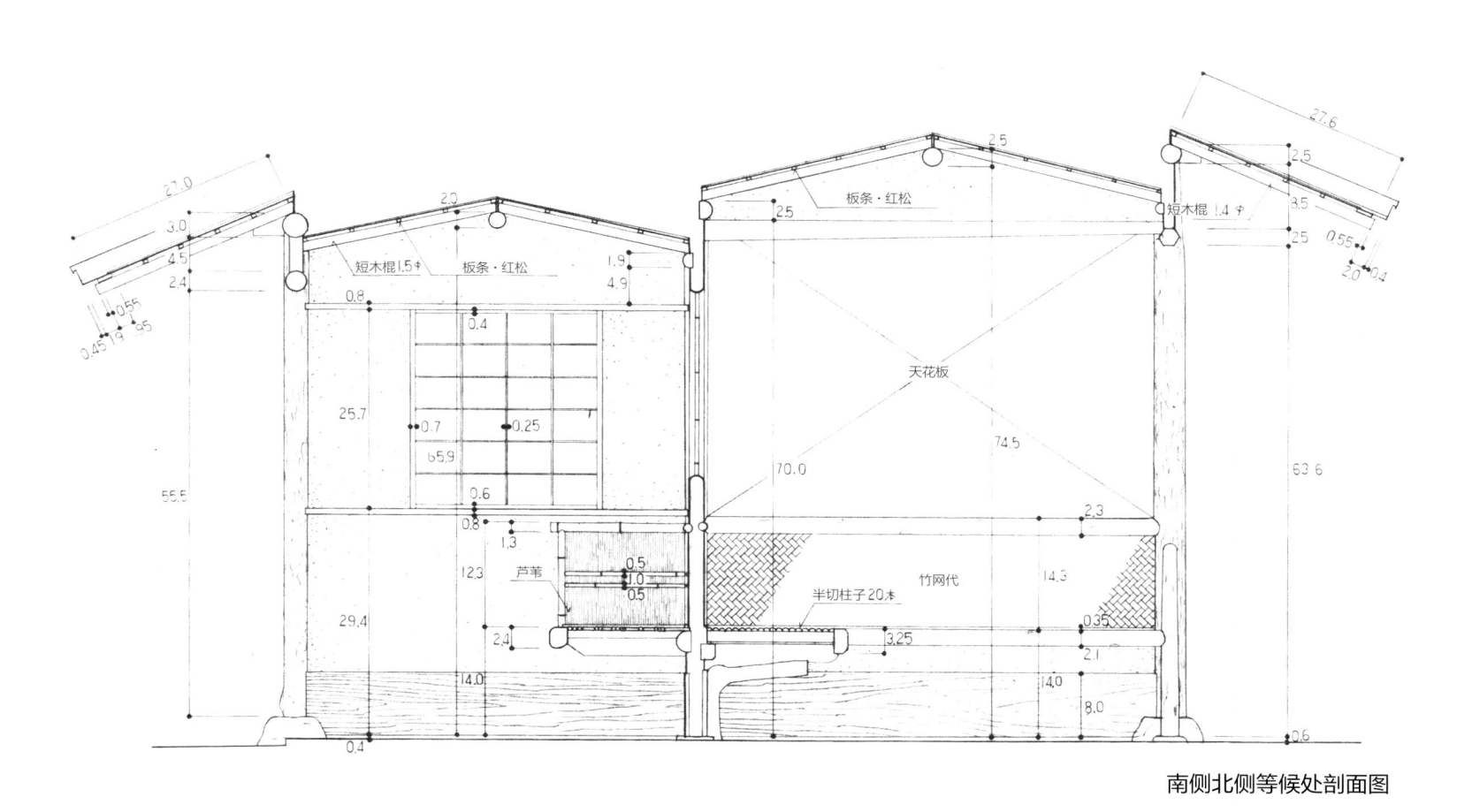

南侧北侧等候处剖面图

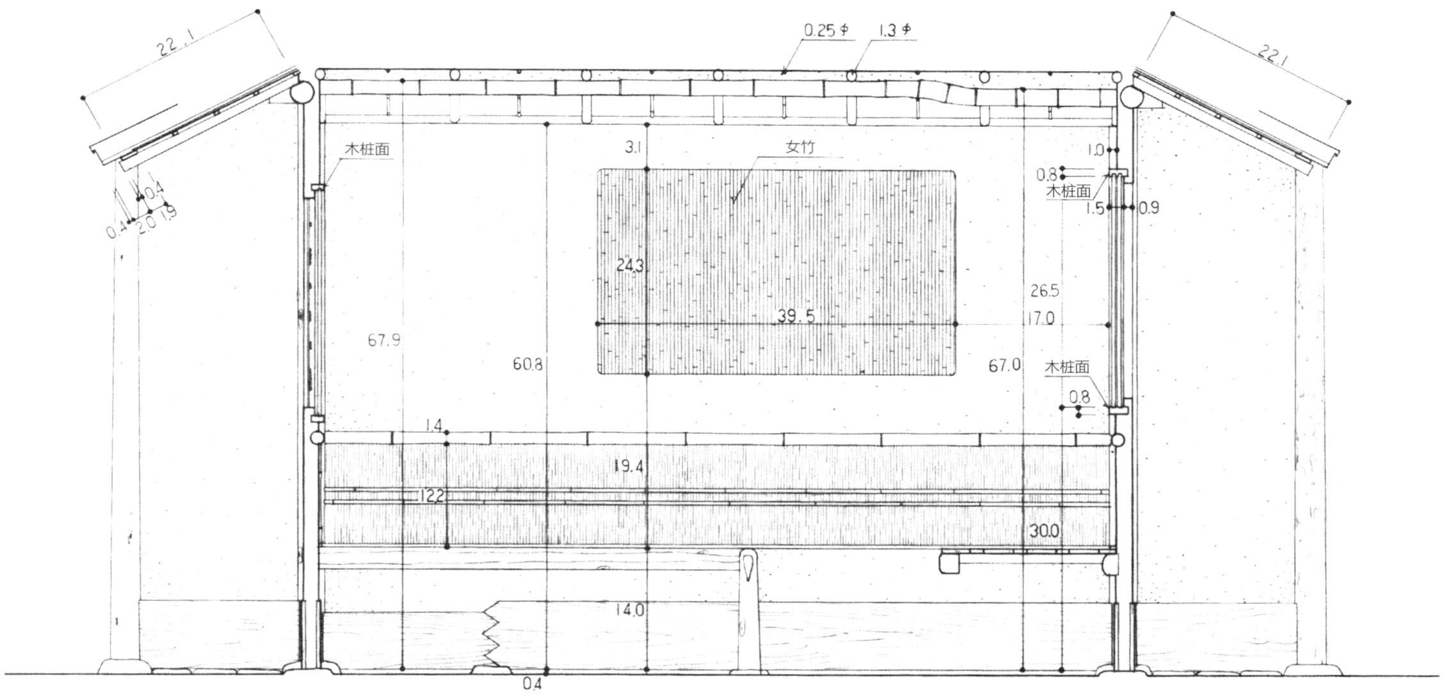

南侧等候处剖面图

T氏邸 等候处剖面图 比例尺1:20

等候处 实测图

西側

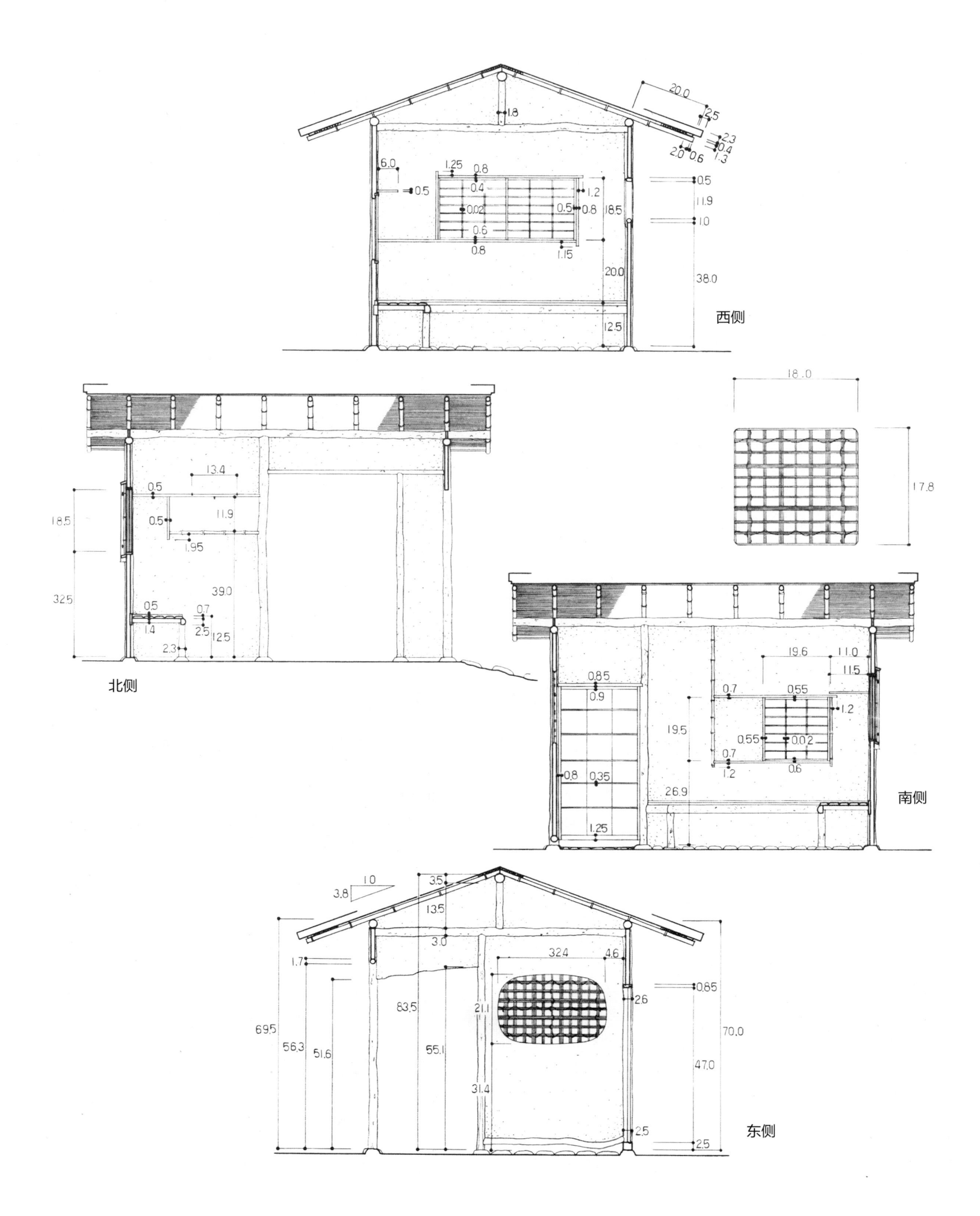

北側

南側

東側

暮雨巷　等候处的展开图　比例尺1:30

等候处　实测图

暮雨巷　等候处平面图
　　比例尺1:30

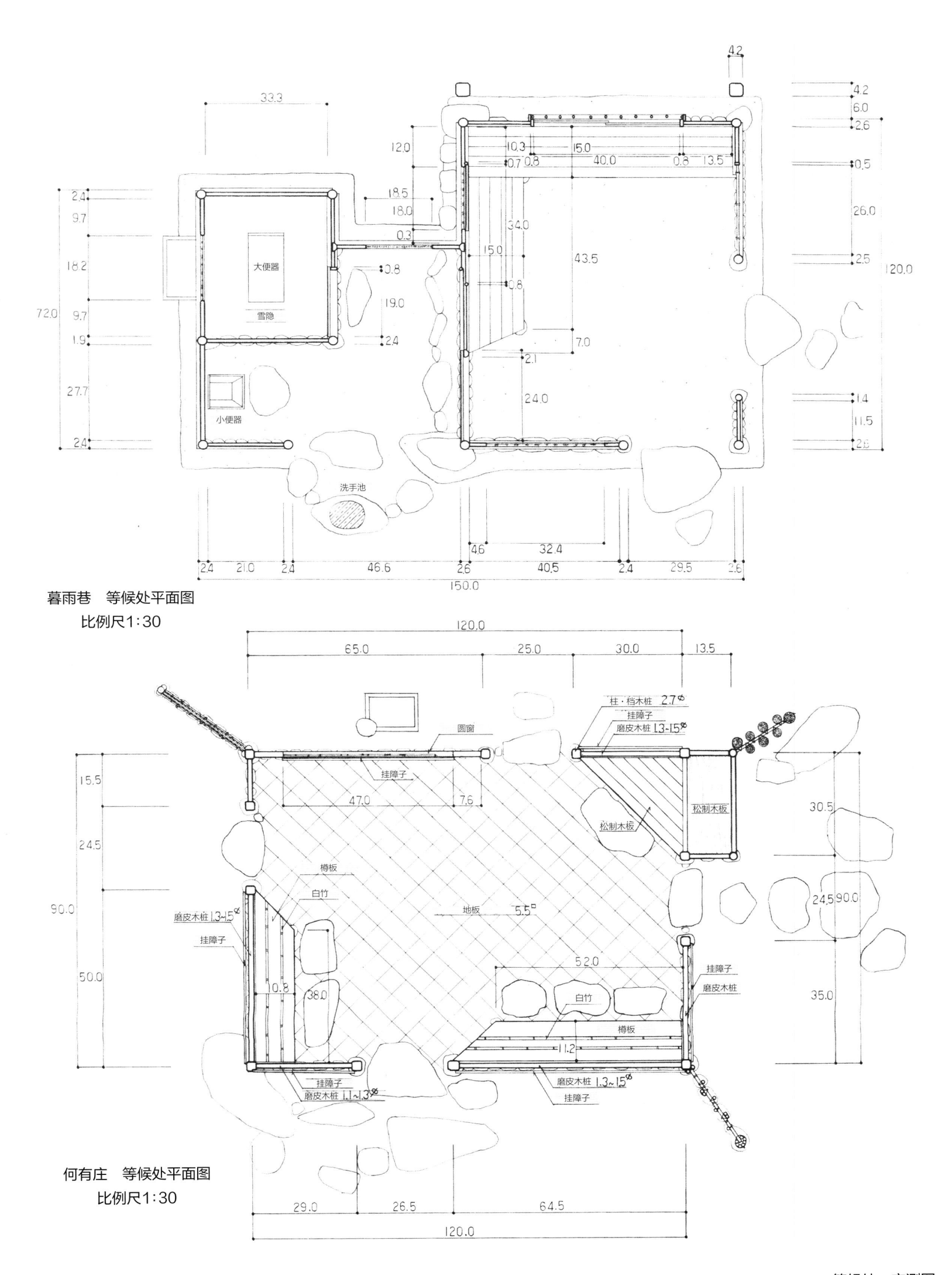

何有庄　等候处平面图
　　比例尺1:30

等候处　实测图

天花板图 比例尺1:40

东侧圆窗　　　柱子终点

何有庄　等候处展开图　比例尺　1:30

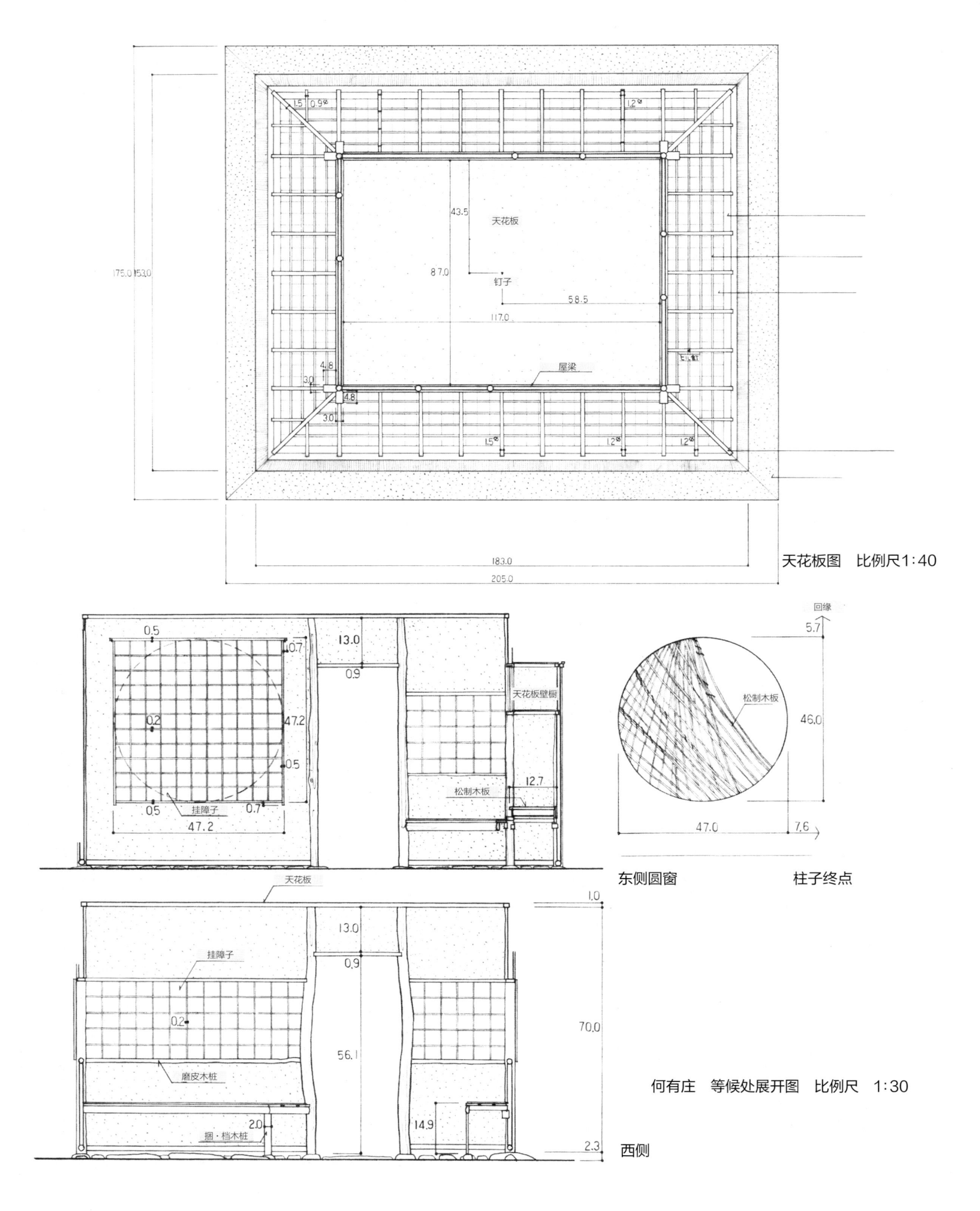

西侧

等候处　实测图

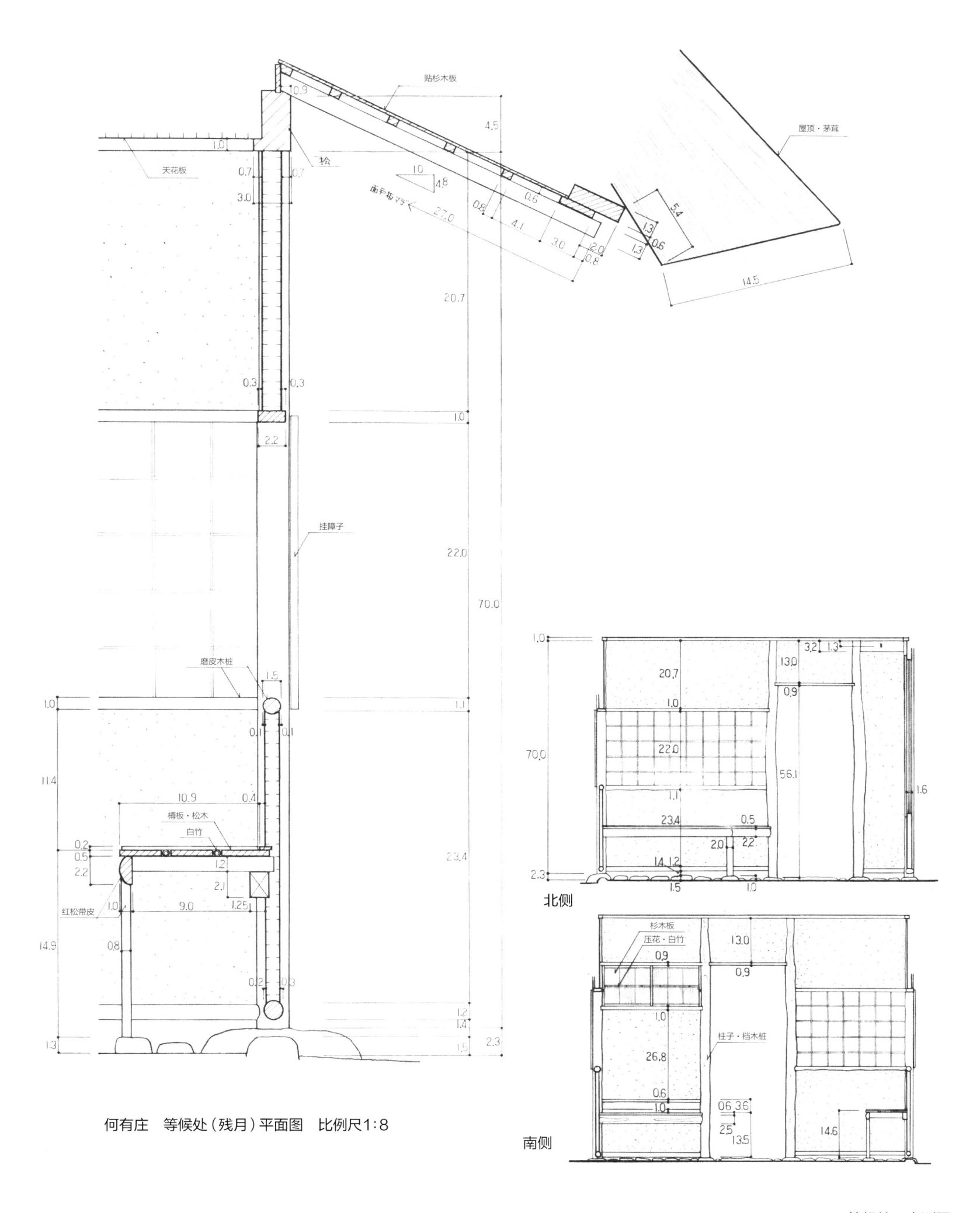

何有庄　等候处（残月）平面图　比例尺 1:8

北侧

南侧

等候处　实测图

对龙山庄　聚远亭北侧的等候处平面图　比例尺1:30

等候处　实测图

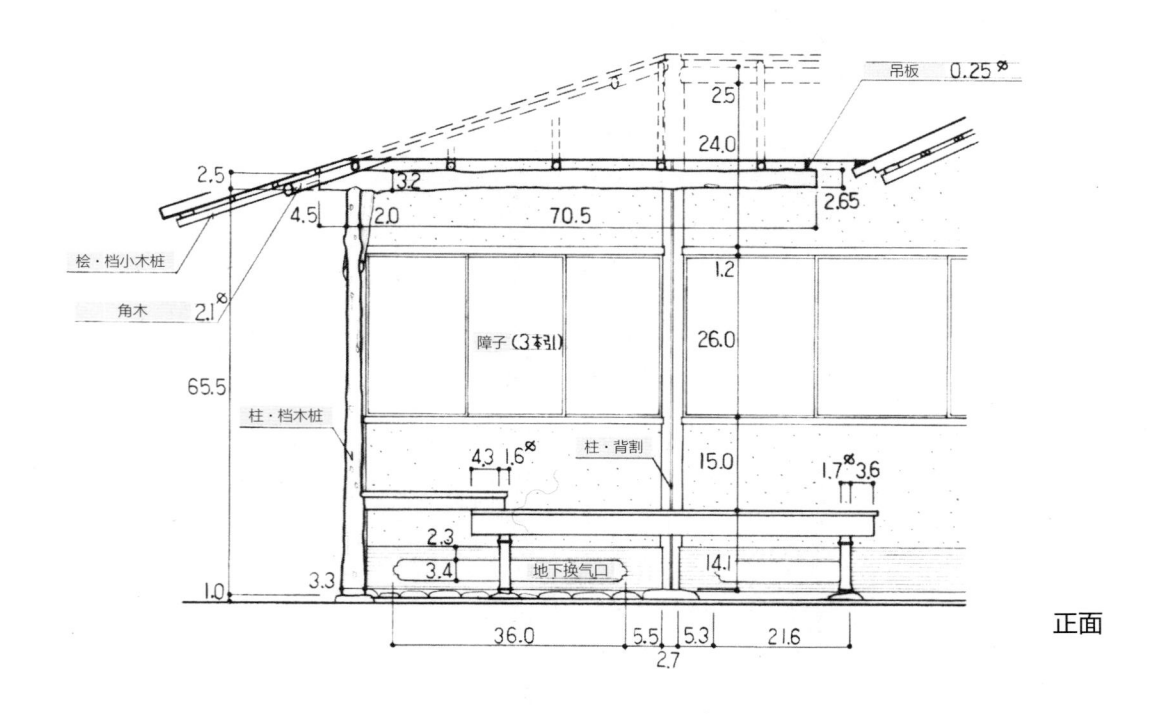

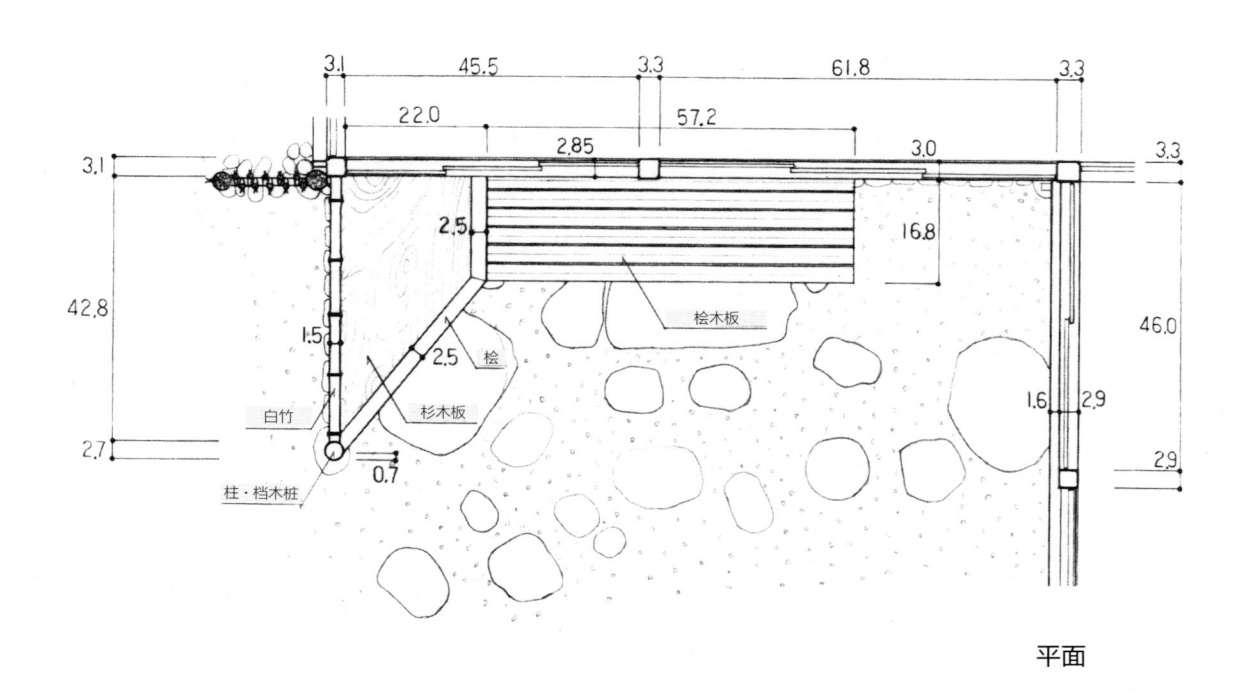

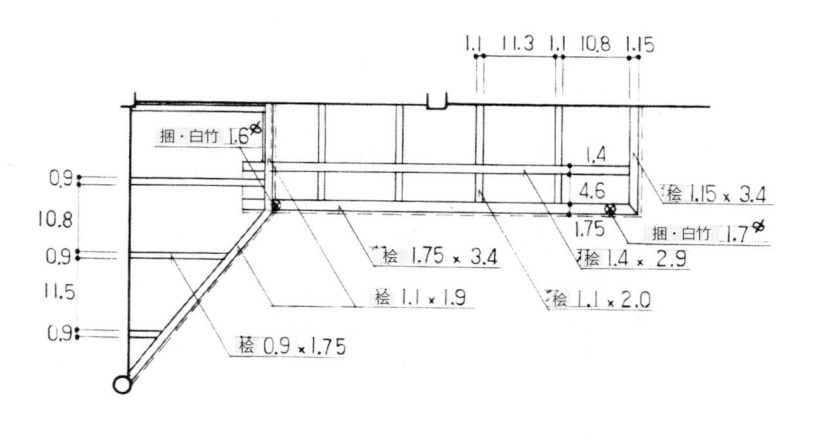

剖面详细图　比例尺1:15

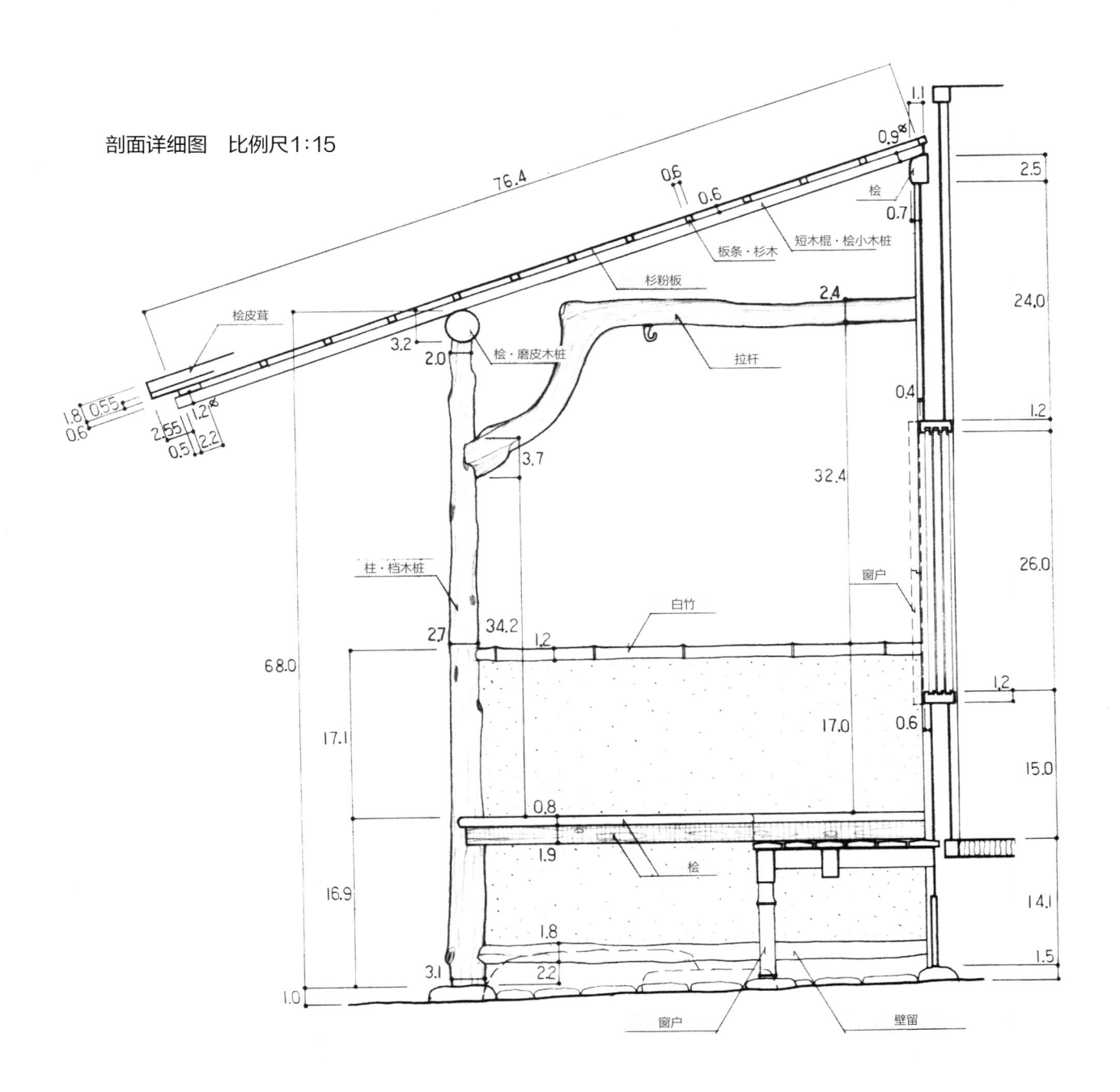

桧皮苫／桧·磨皮木桩／板条·杉木／短木棍·桧小木桩／桧／杉粉板／拉杆／柱·档木桩／白竹／窗户／桧／窗户／壁留

等候处详细图　比例尺1:8

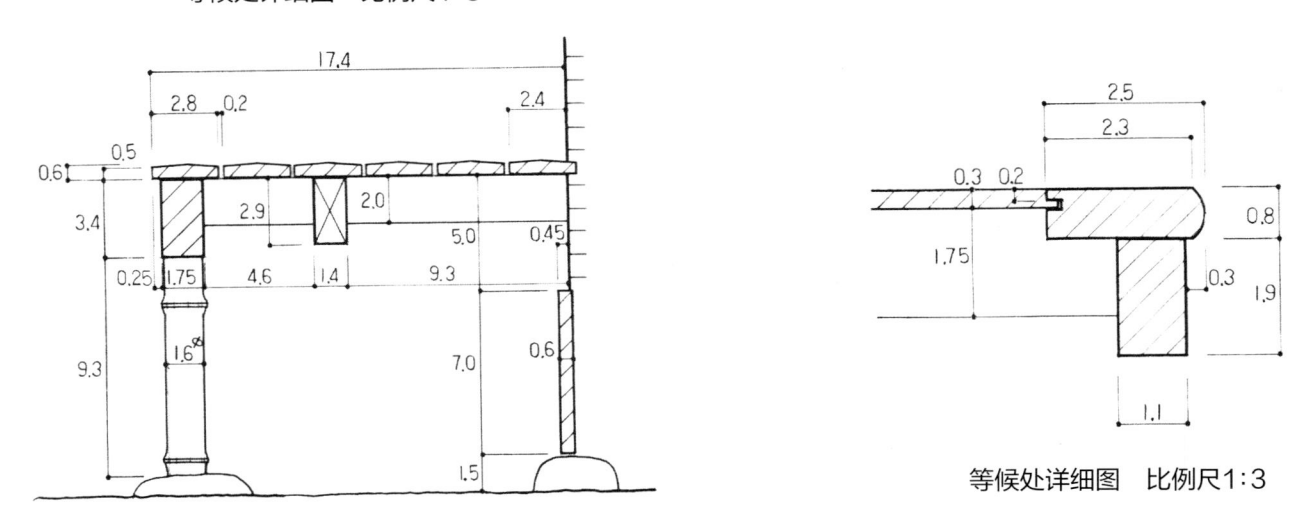

等候处详细图　比例尺1:3

对龙山庄　聚远亭北侧的等候处

等候处　实测图

屋檐

屋顶和屋檐支配着日本建筑的外部空间造型。无视建筑物的地面，越过其外周的屋檐，是日本建筑造型的最大特色。

屋檐越深越好。但是，根据功能和建筑物整体的造型、构造等各种条件，屋檐的檐也受到制约。因此，有必要增加挑檐，使屋檐外延。

在佛寺建筑中，斗拱用于支撑屋檐。渔家和北方地区的民宅等，也有使用船枻构造做桁架的。但是在追求平稳轻快的数寄屋建筑中，特别要求屋檐要轻巧。为此，要用细构件把装饰屋顶做得更深，横梁也尽量细，支撑它的柱子也尽量少。在屋顶坡度相当大的书院建筑中，很容易放入坚固的枯木，在屋顶内侧支撑屋檐。但在屋顶舒缓的数寄屋建筑屋顶，装饰屋顶之间的空间很小，圆木很难进去。因此，像清流亭和北村邸那样，用圆木横梁将几间屋的长度支撑起来，给人以轻快的感觉，技术上需要下相当大的功夫才能完成。椽子多使用圆木，圆木看似细，实则坚韧。

以上这些，是看起来很奢华的屋檐却意外地具有耐用性的理由吧。

抬头看屋檐，可以看到内部由椽子、木舞、前端的宽木舞装饰内板构成。根据这些材料可以表现出各种各样的姿态。在茶室里内板几乎用的都是野根板。除复贴板之外，打乱的碎屑板、像凹槽一样的高低板等都是表现闲寂之趣的手法。在茶室以外的建筑物中，内板的材料和贴法也显示出各种各样的特色，也有省略木舞的情况。如果不稳定的话，总觉得要塌掉，所以各部件组合

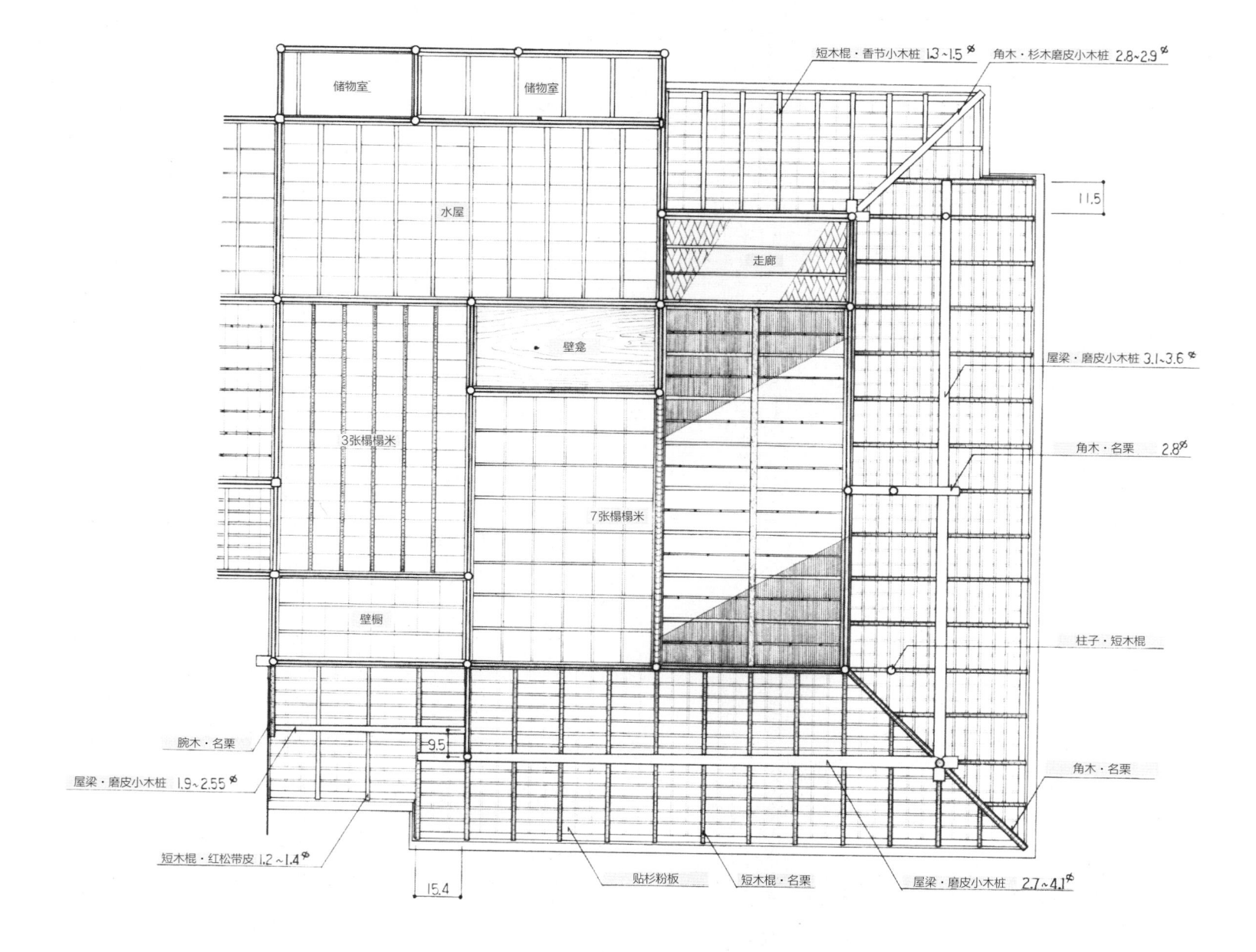

清流亭　土间屋檐天花板平面图　比例尺1:50

屋檐　实测图

起来需要有一种平衡感。在滩万山茶花庄和佳水园等地看到的屋檐的设计，展示了设计者的新手法。比如在佳水园正面入口展开的装饰屋顶的内侧，虽然是传统的结构，但是尺寸的平衡感却非常好，完全是独创的，那个地方让人感受到新鲜的魅力是非常不可思议的，村野艺术的秘密也潜藏在这里。

对于屋檐的设计，最重要的是屋檐前端。建筑物轻快、潇洒、温雅的外观，被美丽的屋檐造型所衬托。数寄屋的檐头手法是像寺院建筑和书院建筑一样，用椽子、椽子上的横木、椽子上的横木装饰板，露出短的断截面的木材等重叠的檐头构造，使其看起来简单而轻巧，这就是数寄屋檐头的设计手法。草庵的设计手法是将椽子上的横木和椽子上的横木装饰板省略掉，只见宽的木舞板。根据建筑物的不同，有时需要在宽木舞上重叠上面的横木来维持厚度，但一般是用宽木舞和屋顶草的尺寸来调整屋檐的造型。从椽子的前端拉进多少宽木舞，从那里铺多少草顶，都是设计者精心设计的重要细节。

在山墙上打上装饰用的板子或是椽子形木板是一般做法，但在草庵的茶室里，那样太过沉重，所以使用了木舞蟋羽的手法。那是在椽子与椽子的中间砍下屋檐的形状，可以直接看到木舞的切口，这也被称为"玫瑰屋檐"。这是一种看起来非常轻巧的屋檐。茶室以外也有使用这种手法的。

如此煞费苦心设计的屋檐的美丽线条，被导雨水管遮住或打乱，是非常可惜的。在需要导雨水管的时候，必须考虑到导雨水管也要符合檐头的造型，导雨水管的设计也要与屋檐的设计协调。

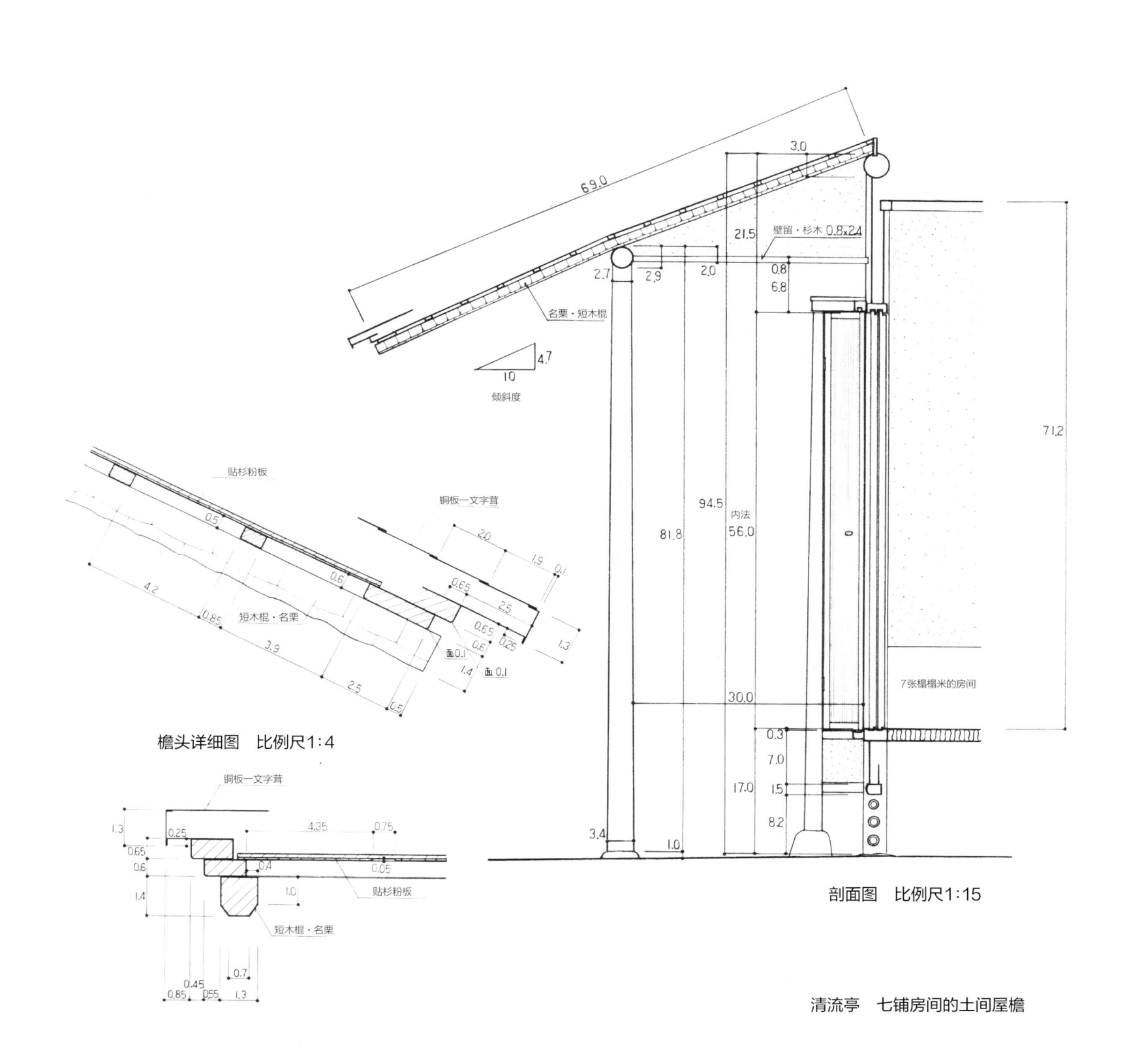

檐头详细图　比例尺1:4

剖面图　比例尺1:15

清流亭　七铺房间的土间屋檐

屋檐　实测图

日本建筑集成　周边的技法　200

T氏邸　屋檐的木制结构

T氏邸　屋檐固定格子门的部分

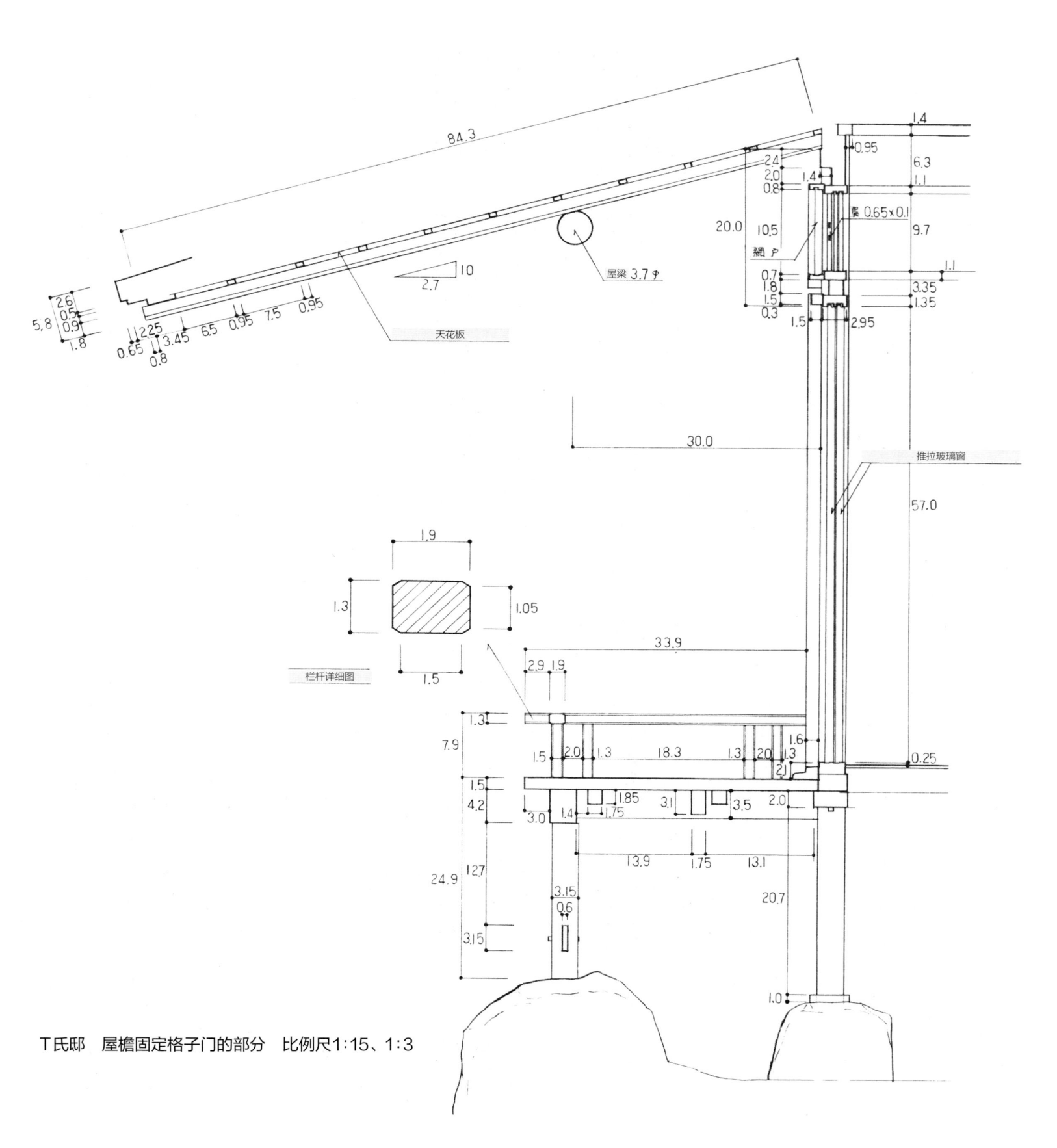

T氏邸　屋檐固定格子门的部分　比例尺1:15、1:3

屋檐　实测图

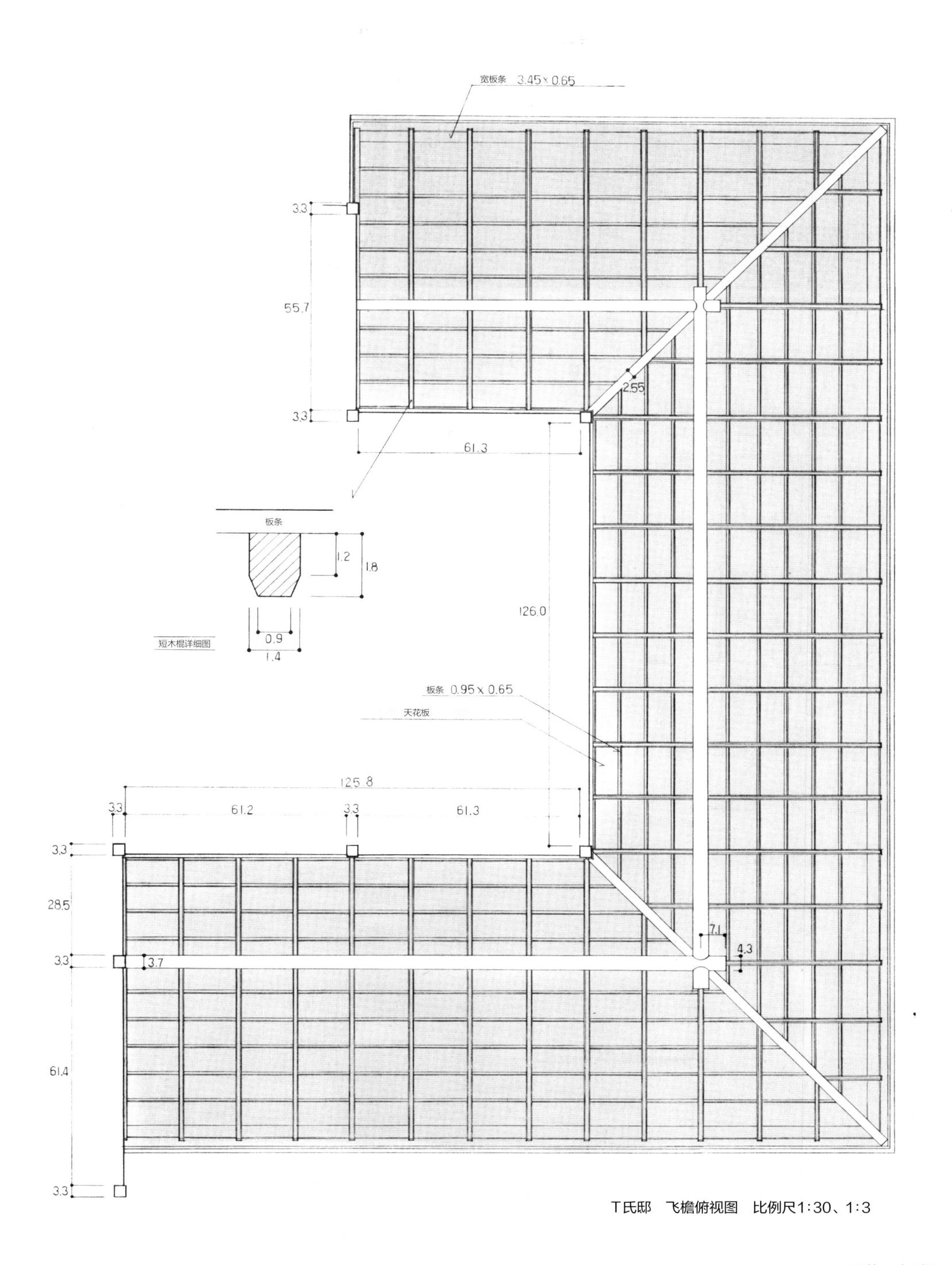

T氏邸 飞檐俯视图 比例尺1:30、1:3

屋檐 实测图

清流亭　等候处六铺房间的屋檐仰视图 　　清流亭　玄关屋檐仰视图 　　清流亭　七铺房间的屋檐仰视图

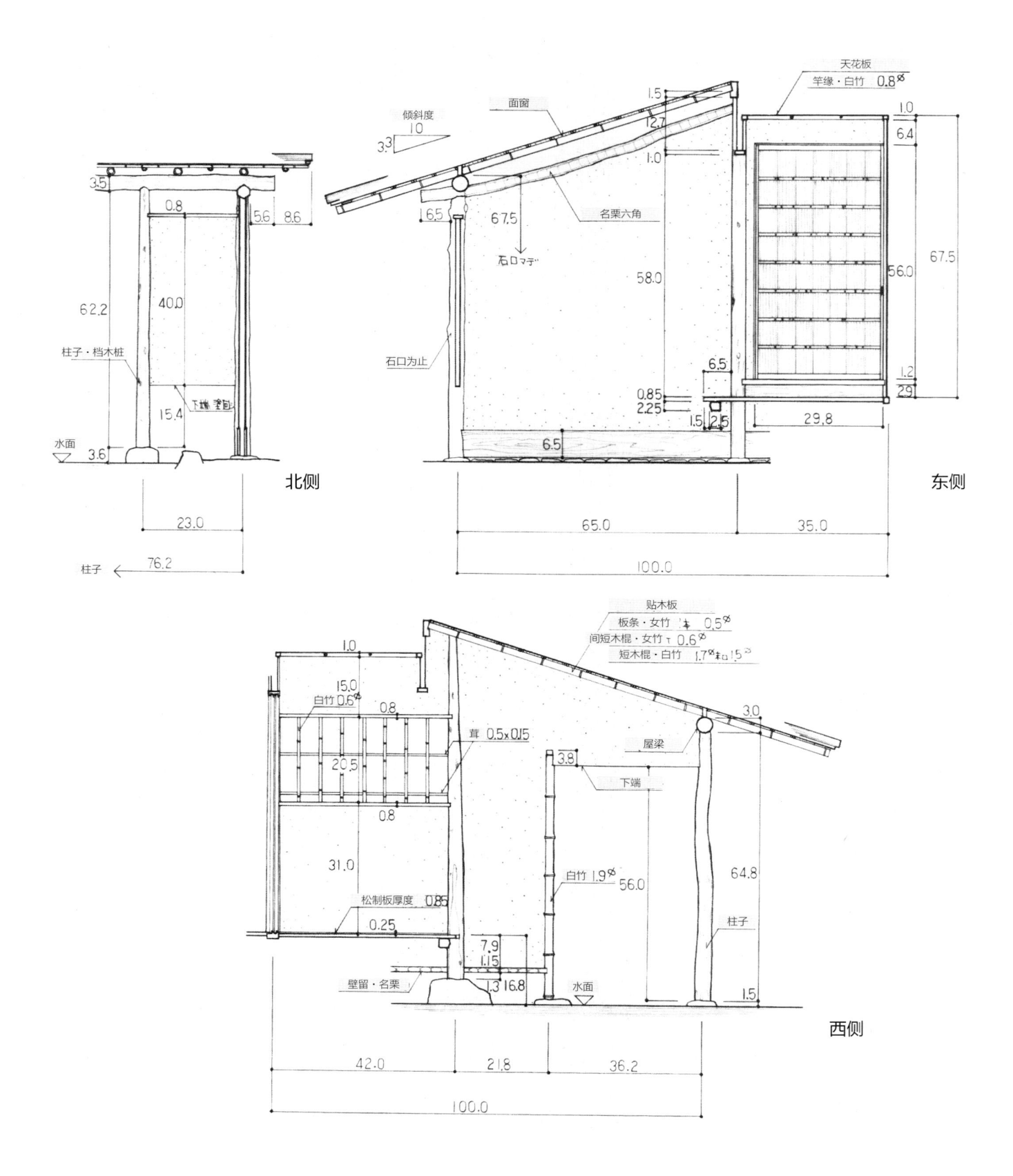

北侧　　东侧

西侧

北村邸　珍散莲北侧的土间屋檐展开图　比例尺1:30

屋檐　实测图

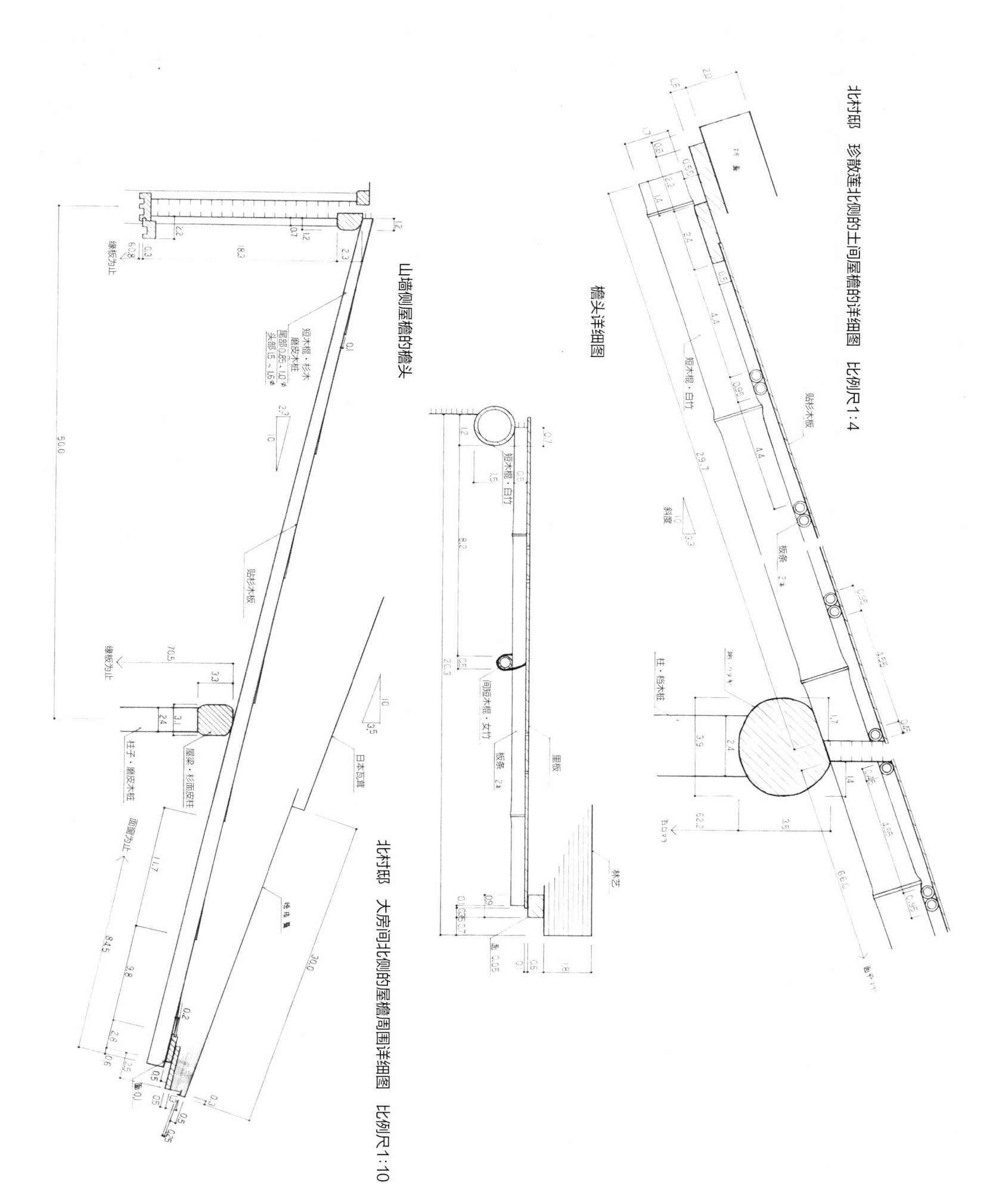

屋檐 实测图

北村邸　等候处的导雨水管

北村邸　等候处屋檐仰视图

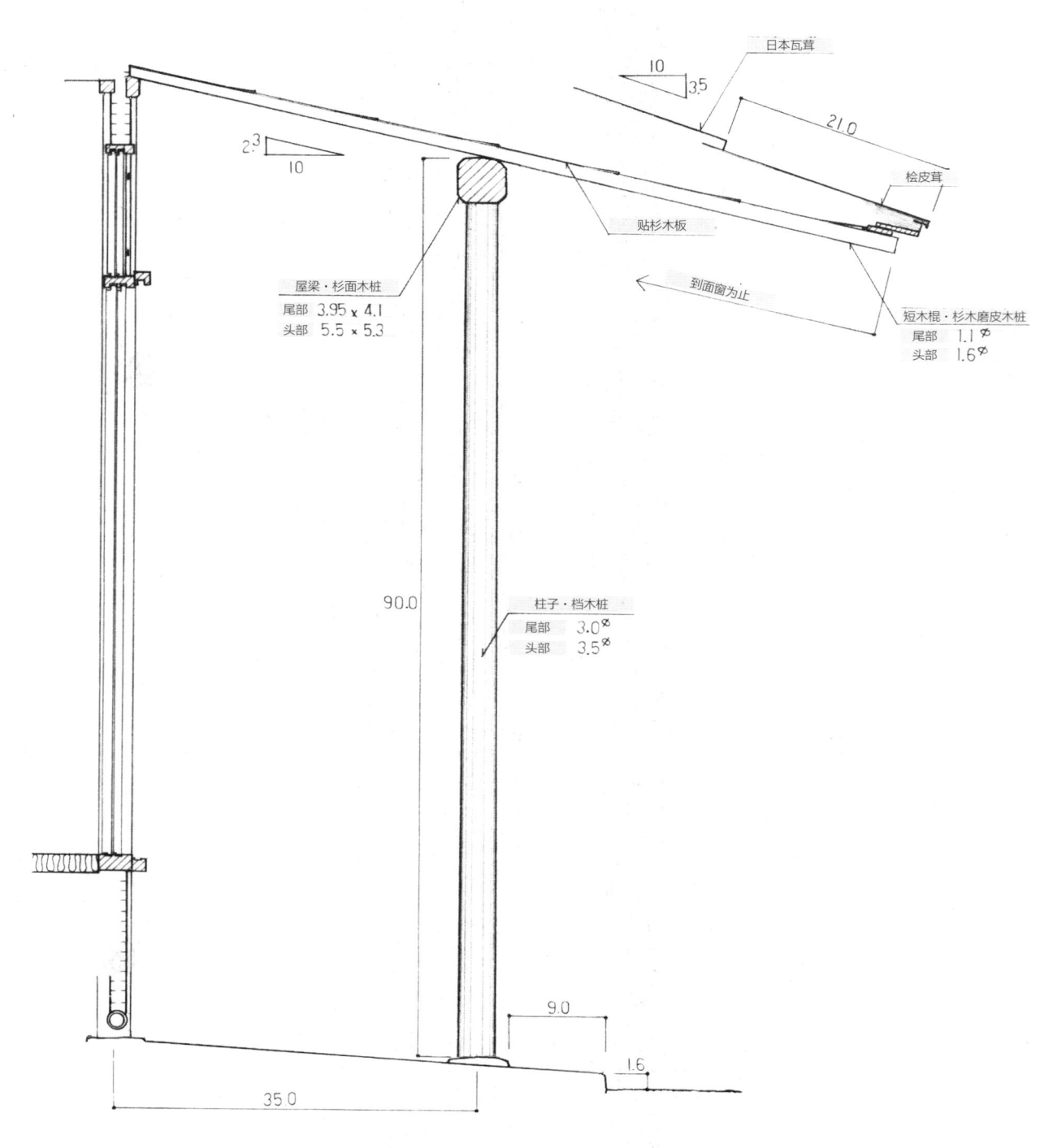

北村邸　大房间的东侧的土间屋檐剖面图　比例尺1:15

屋檐　实测图

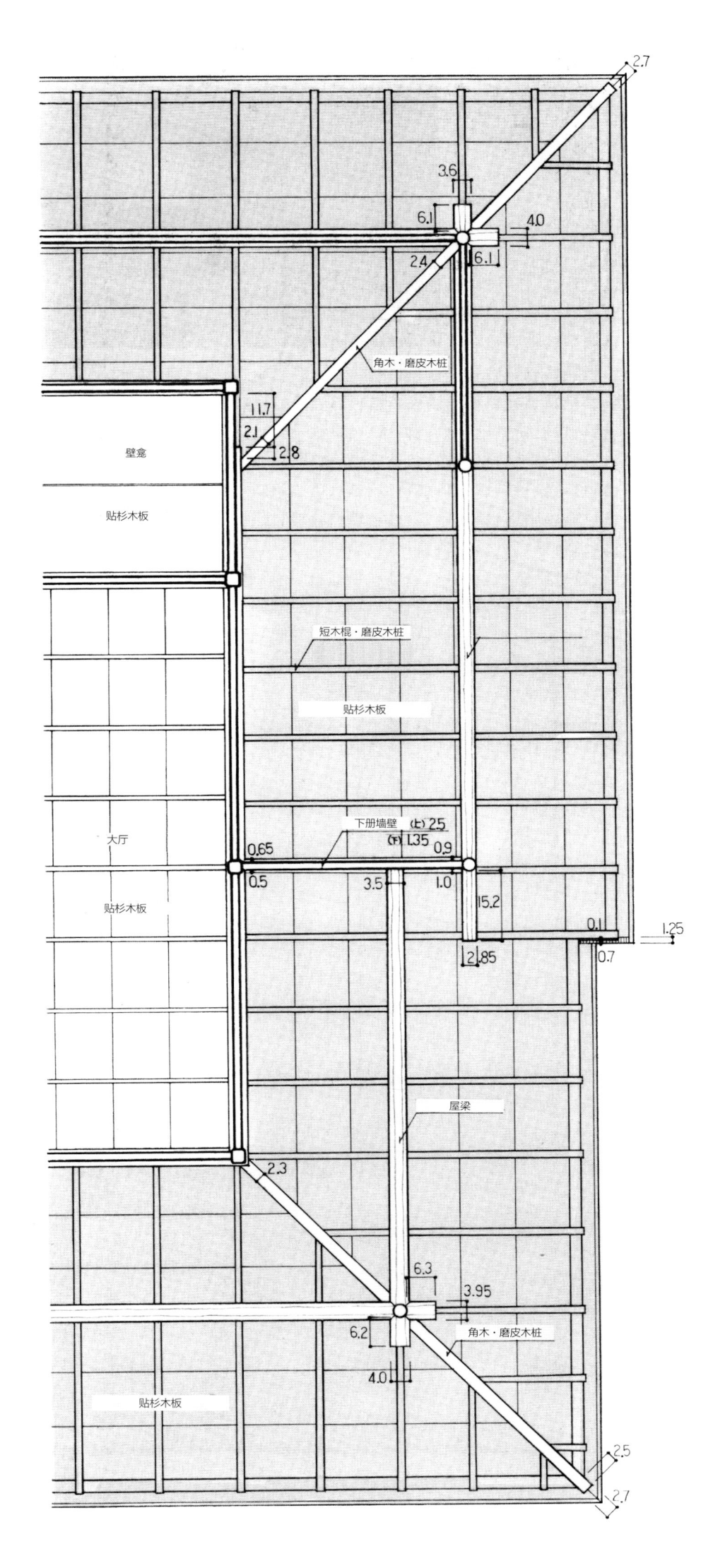

北村邸　大房间的东侧的土间屋檐天花板平面图　比例尺1:30

屋檐　实测图

谷庄　从栏间看采光窗

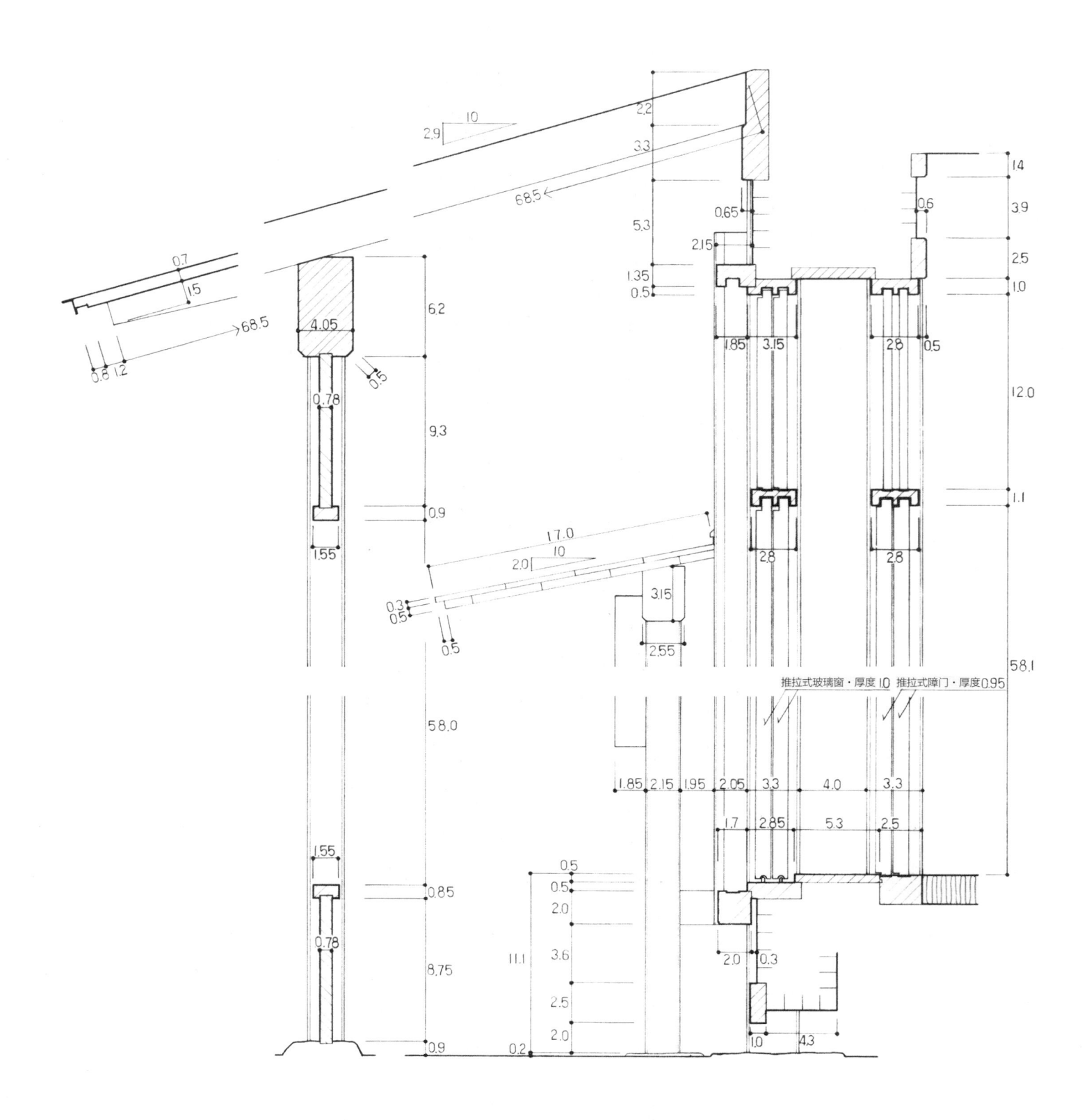

滩万山茶花庄　花桐之屋土间屋檐断面图　比例尺1:8

屋檐　实测图

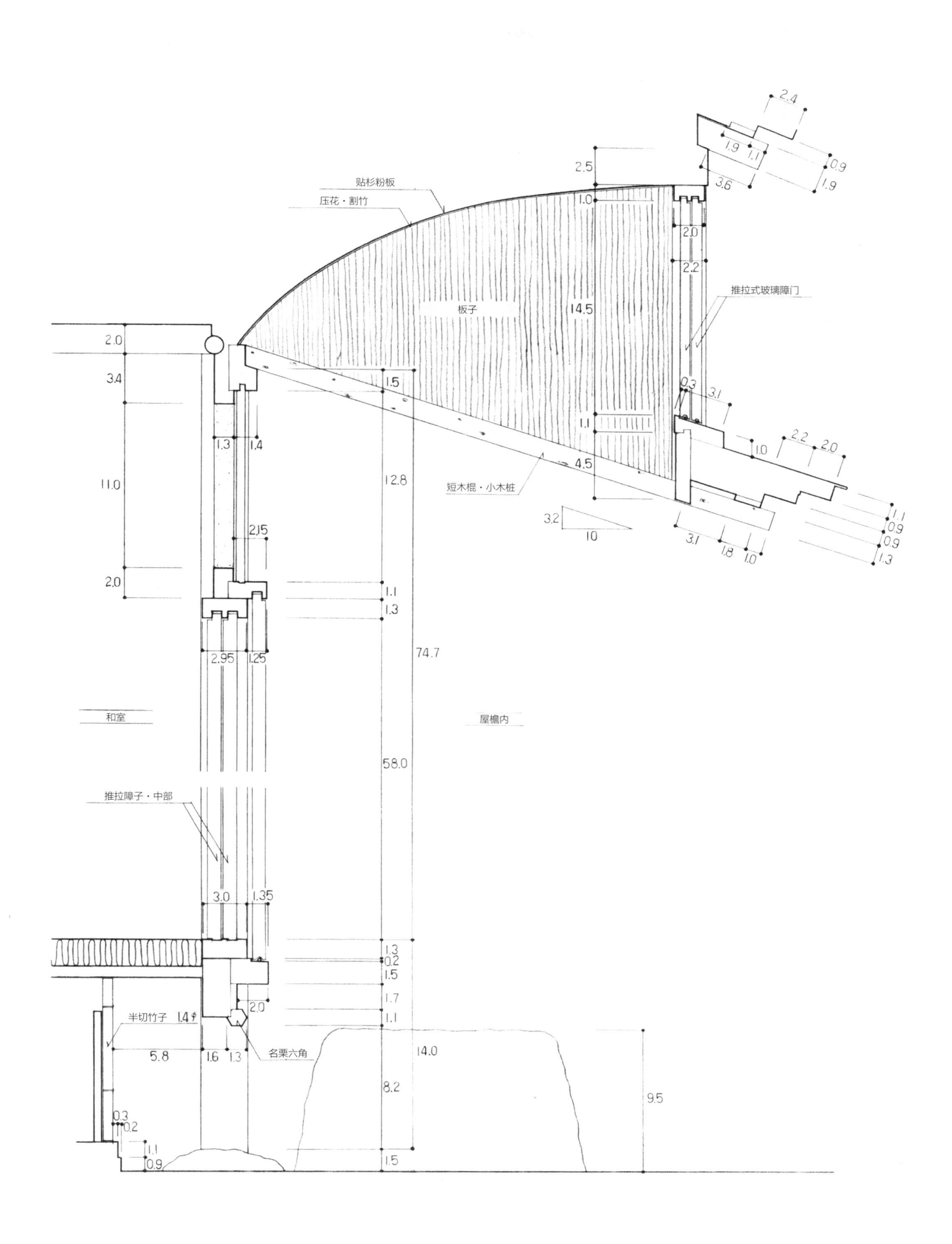

谷庄　北侧的土间屋檐断面图　比例尺1:8

屋檐　实测图

防雨窗套

开口的一端设有收纳的防雨窗套，也是建筑外围设计中不可忽视的要素。其设计的好坏对建筑物外观的影响很大。这就需要在与建筑的性格、造型基调相适应的形式、手法、材料的选择上下功夫。防雨窗套不能只顾设计突出而释放出违和感。

八胜馆御幸间的防雨窗套，这种带轮子、贴横板的严谨制作非常符合其风格。没有设置防雨窗套的墙面，用旋转式的非常方便。在这种情况下，只需要考虑外面的一套防雨窗套的设计。也可以把防雨窗套的外面做成篱笆样式，隐藏了防雨窗套的存在。

清流亭　控之屋的防雨窗套

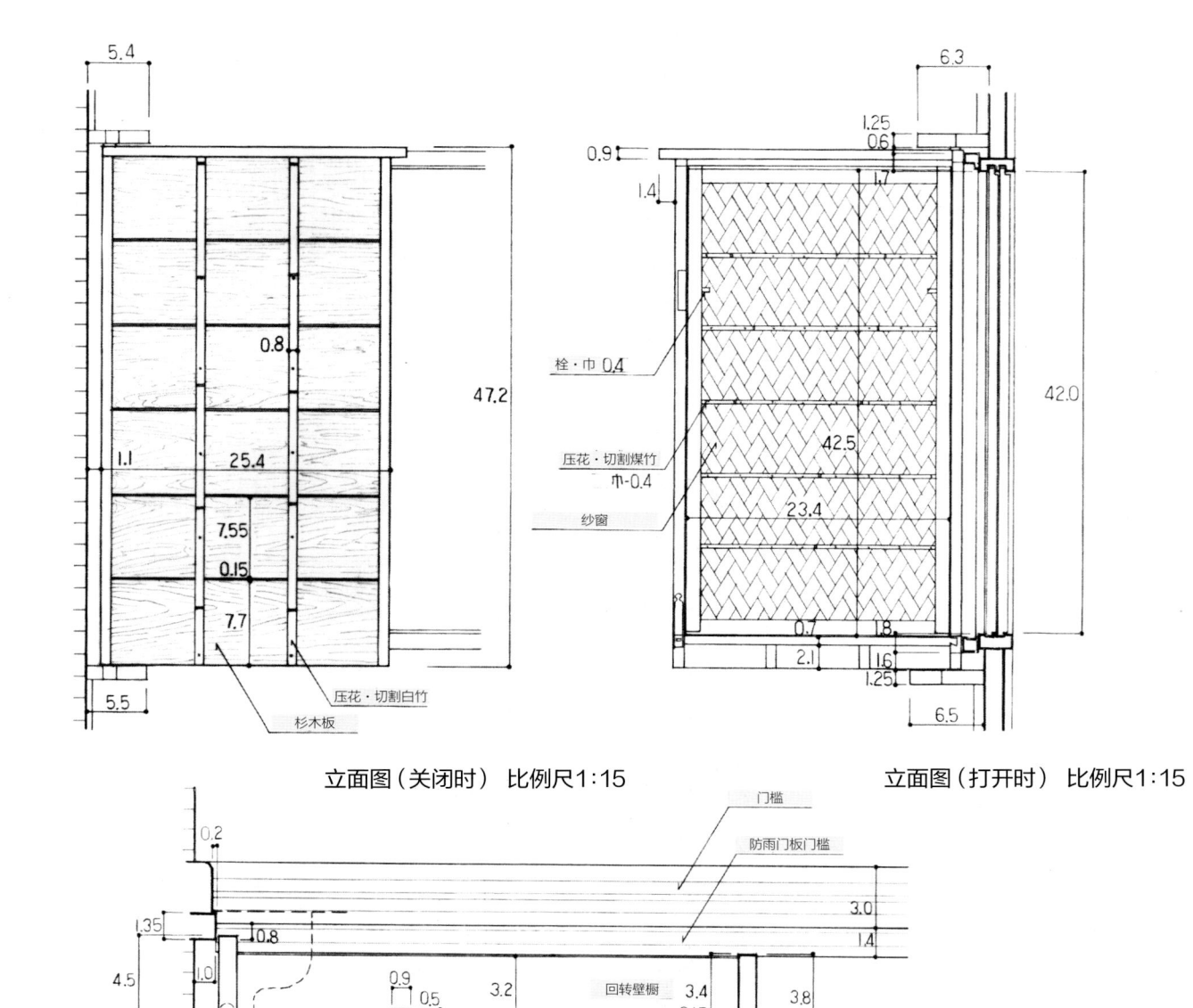

立面图（关闭时）　比例尺1:15

立面图（打开时）　比例尺1:15

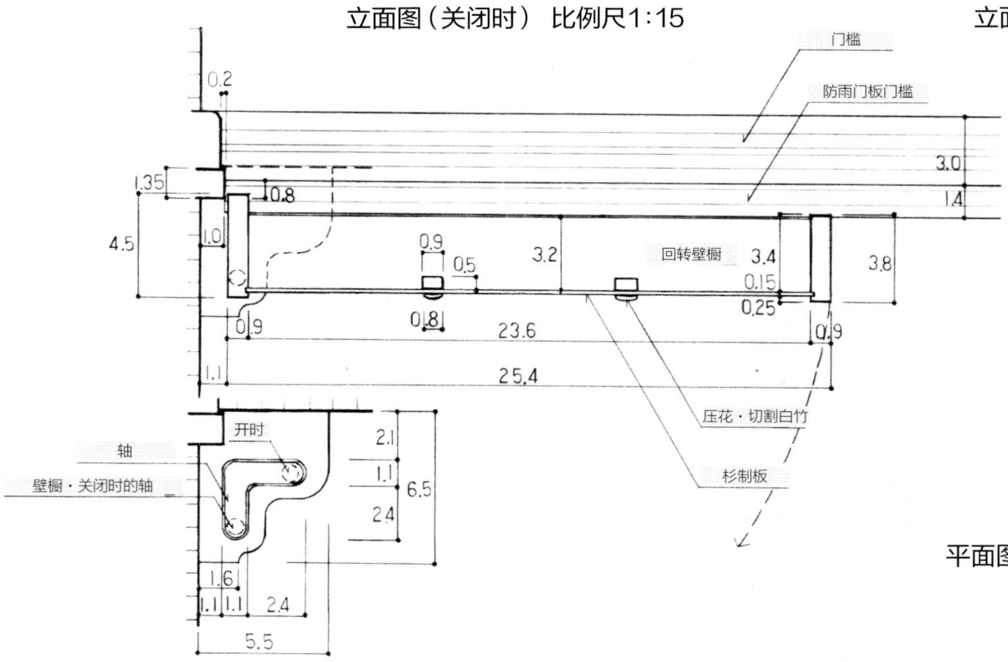

平面图　比例尺1:8

清流亭　控之屋的防雨窗套

防雨窗套　实测图

平面图　比例尺1:30

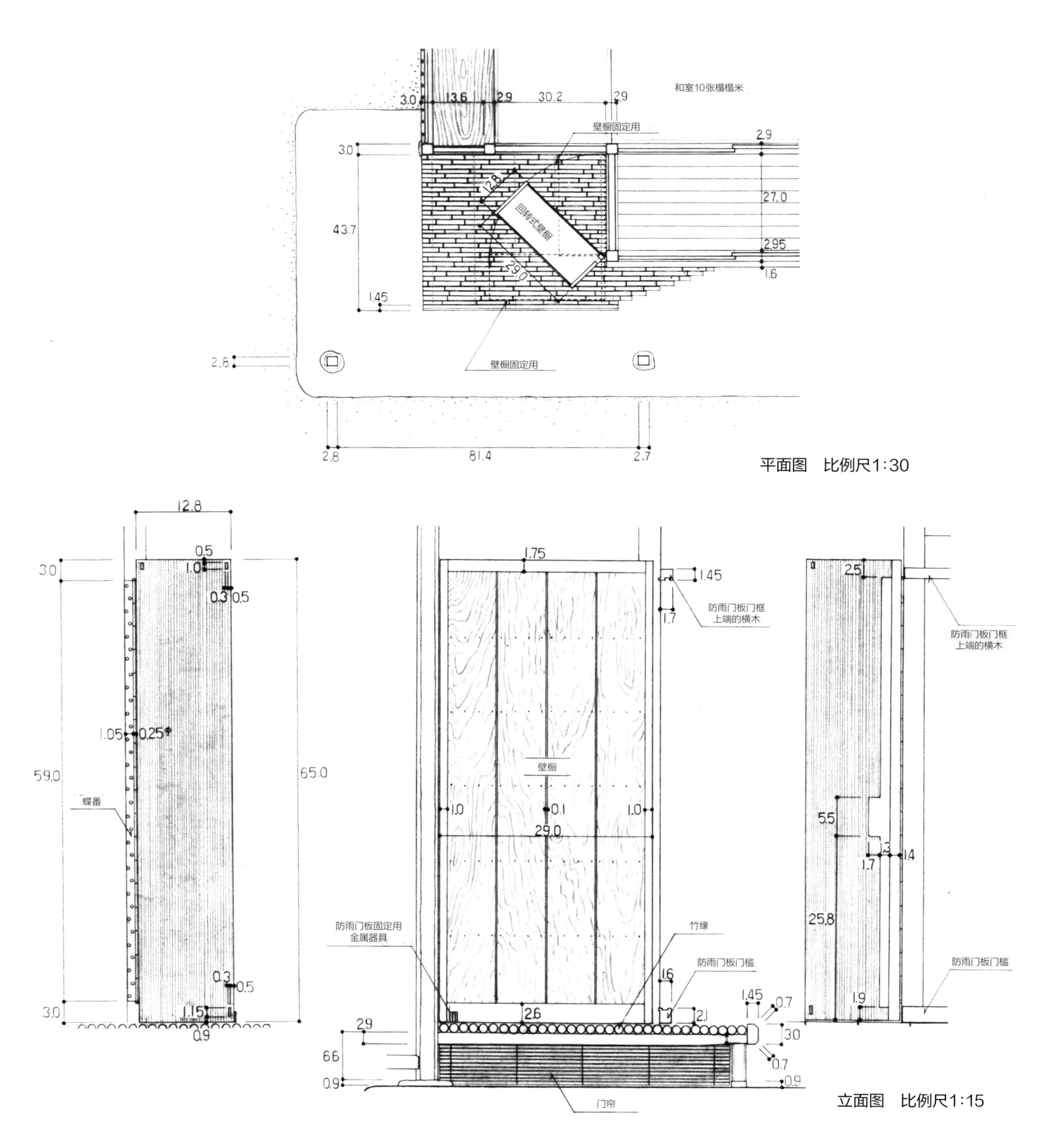

滩万山茶花庄　葵之屋防雨窗套

立面图　比例尺1:15

防雨窗套　实测图

立面图 比例尺1:8

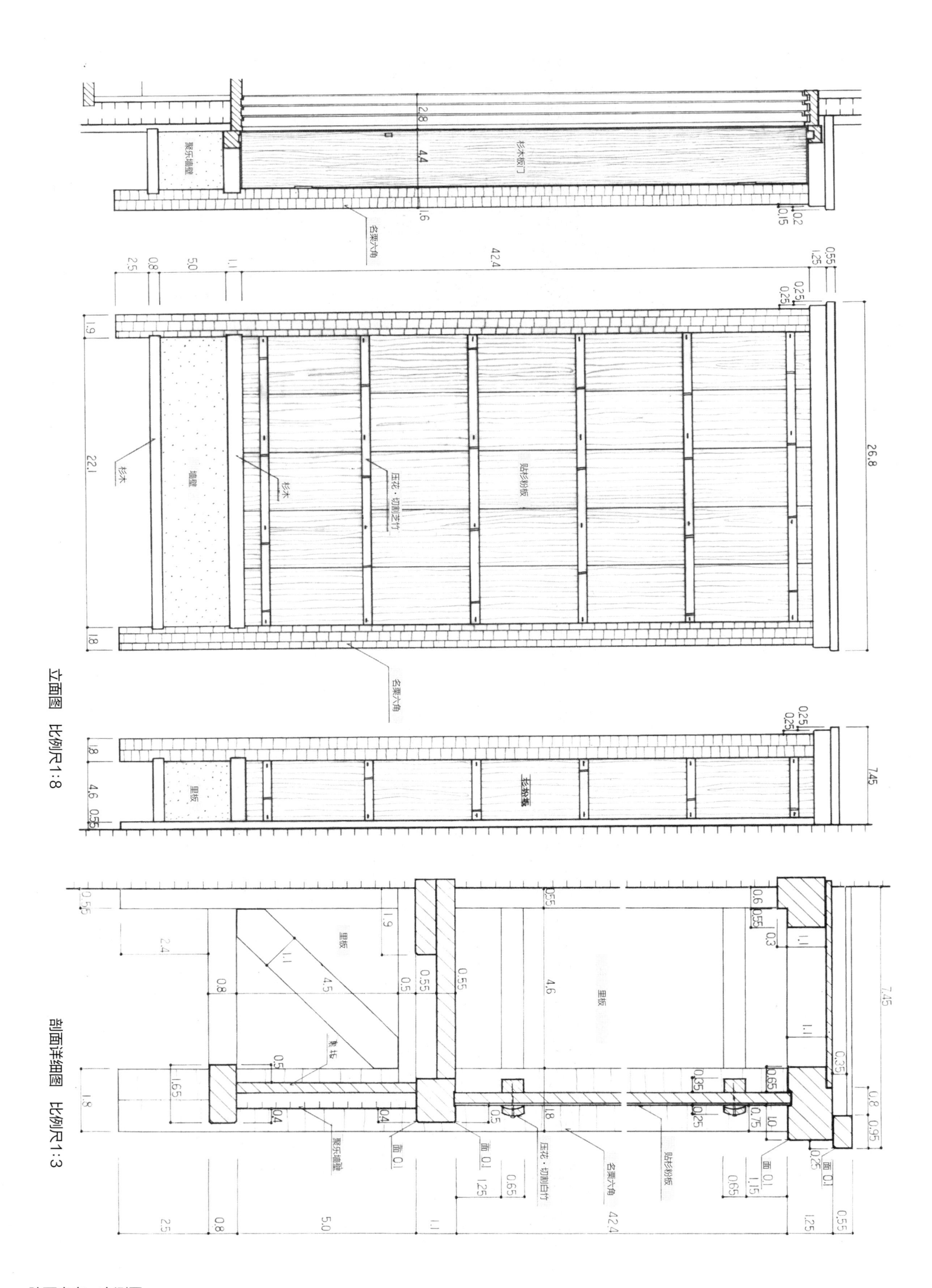

剖面详细图 比例尺1:3

防雨窗套 实测图

立面图　比例尺 1:15

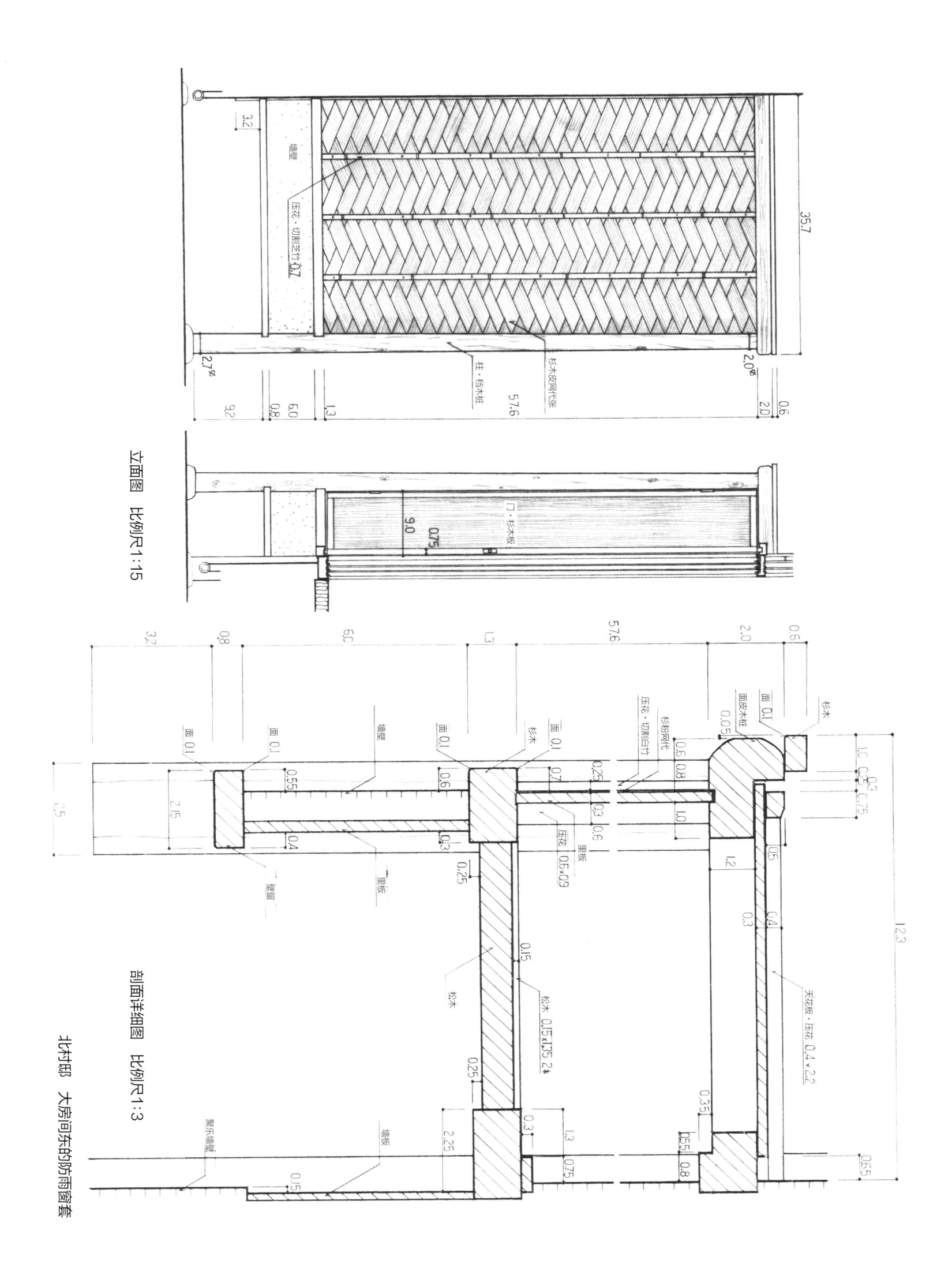

剖面详细图　比例尺 1:3

北村邸　大房间东的防雨窗套

防雨窗套　实测图

墙

隔断内与外、遮挡视野的围墙，作为周边的设计也很重要。无论将建筑物造得怎样优美，如果大门和围墙的外形结构过于突出，建筑物的美丽姿态就无法传达给外界。围墙的使命是防止入侵，确保邸内的安全。如果强调它的功能，就会用坚固的结构来威慑。但是在数寄屋建筑中，要避免那种气势汹汹的表现，希望是能够让人产生亲近感的围墙。只增高围墙是徒劳无功的，但又想遮住隐私，这种时候，可以在围墙上再放上一个防小偷的装置。与防止越过墙的防小偷装置不同，这种防盗装置在数寄屋建筑上被活用，也是数寄屋建筑的特有想法。

说起数寄屋风格的围墙，大家首先想到的应该是建仁寺的围墙，那是杉树皮的围墙，有野趣，便于安装，也便于维修。还有一种竹排墙，要使有节的自然竹子粗细一致、毫无缝隙地伸展开来，是极其费工夫的围墙。但是隐藏人工的痕迹，活用自然的清新的这种功夫，实际上是数寄屋的设计的象征。

清流亭的围墙，从竹排墙换成了精巧的栗木栅栏。在低矮的小圆石子上，用二寸左右的名栗六角的柱子做成坚硬的围墙。这样做不像竹排那样费时费力。另外，适当开窗也可以缓解围墙内外的压迫感，这也有助于围墙的设计。

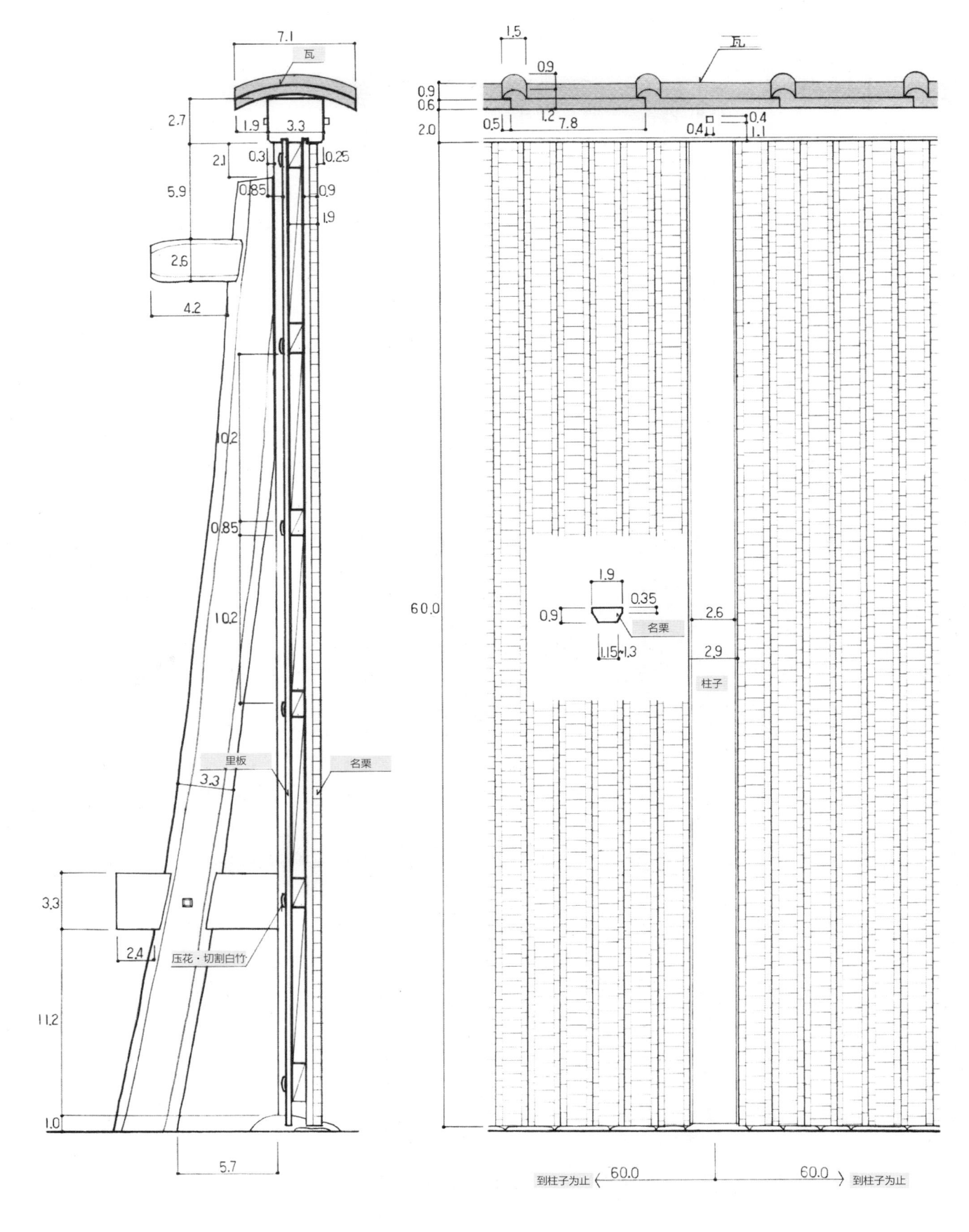

清流亭　外围墙的断面图　比例尺1:8

墙　实测图

野村碧云庄　外围的墙

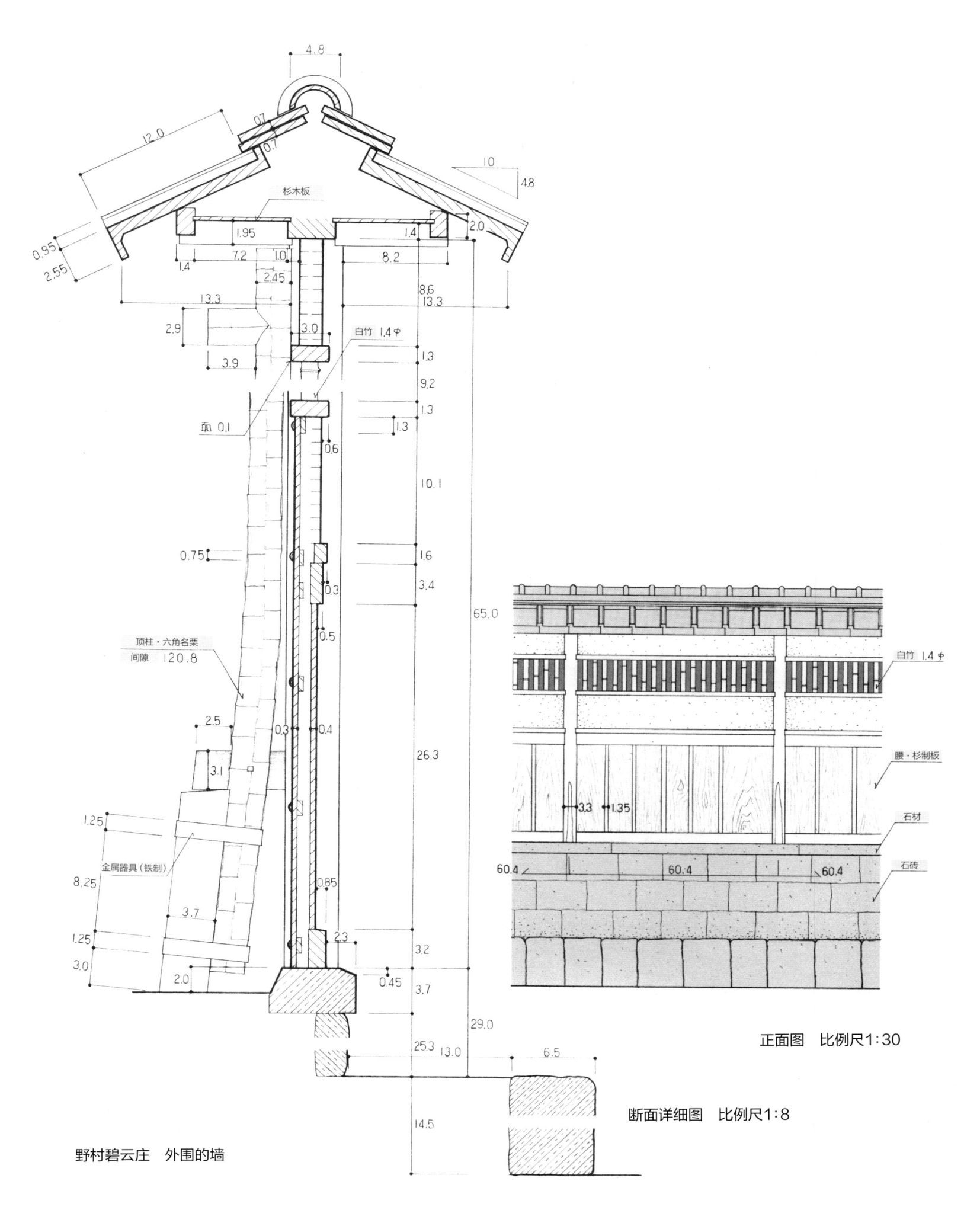

正面图　比例尺1:30

断面详细图　比例尺1:8

墙　实测图

屋顶

如果数寄屋建筑造型的目标是不给人任何压迫感，那么屋顶也必须表现出这种氛围。

首先要抑制耸立的感觉。为此，建筑尽量做得低矮一些。草庵茶室的主屋顶变小，屋檐组合使整体的构成增大。一般来说，数寄屋建筑多利用屋檐。屋檐的安装产生了土间屋檐，导入了檐廊作为装饰屋顶的内侧，只在房间里做天花板。根据这样的结构，建筑高度也会变低。

另外，用瓦盖的屋顶无论如何都会变重。如果屋檐想伸得很长，这种时候，屋檐的部分就用铜板葺或柿子葺。这被称为檐葺或腰葺，是数寄屋建筑中普遍的手法。屋檐顶端的瓦一般都是一字形。屋顶上没做拱起（翘），反而有拱起来的感觉，这也是为了消除虚张声势的感觉。要做出适合的拱起屋顶是相当困难的，特别是在寄栋造（四面坡的屋顶）建筑中更是如此，搞不好还会滑到屋檐前端。为此缘故，在拱起屋顶的造型上，一般是用柿子葺或铜板葺屋顶。

把屋脊堆得高高的是建筑物的气派的象征。为了在建筑物的造型上表现出谨慎的心理，屋脊要尽量压低。也就是减少瓦片的数量。而且屋脊两端装饰鬼瓦，也要与之相呼应，做成小而温和的形状。盖在最上面的瓦一般是有绳子的，但也有没使用绳子的素瓦，使屋顶显得更加温和。也有四面坡的屋顶的大栋也不使用鬼瓦，就这样简单地完成。总之，为了显得稳重、谨慎，从屋顶的整体到细节，都必须费尽心思。

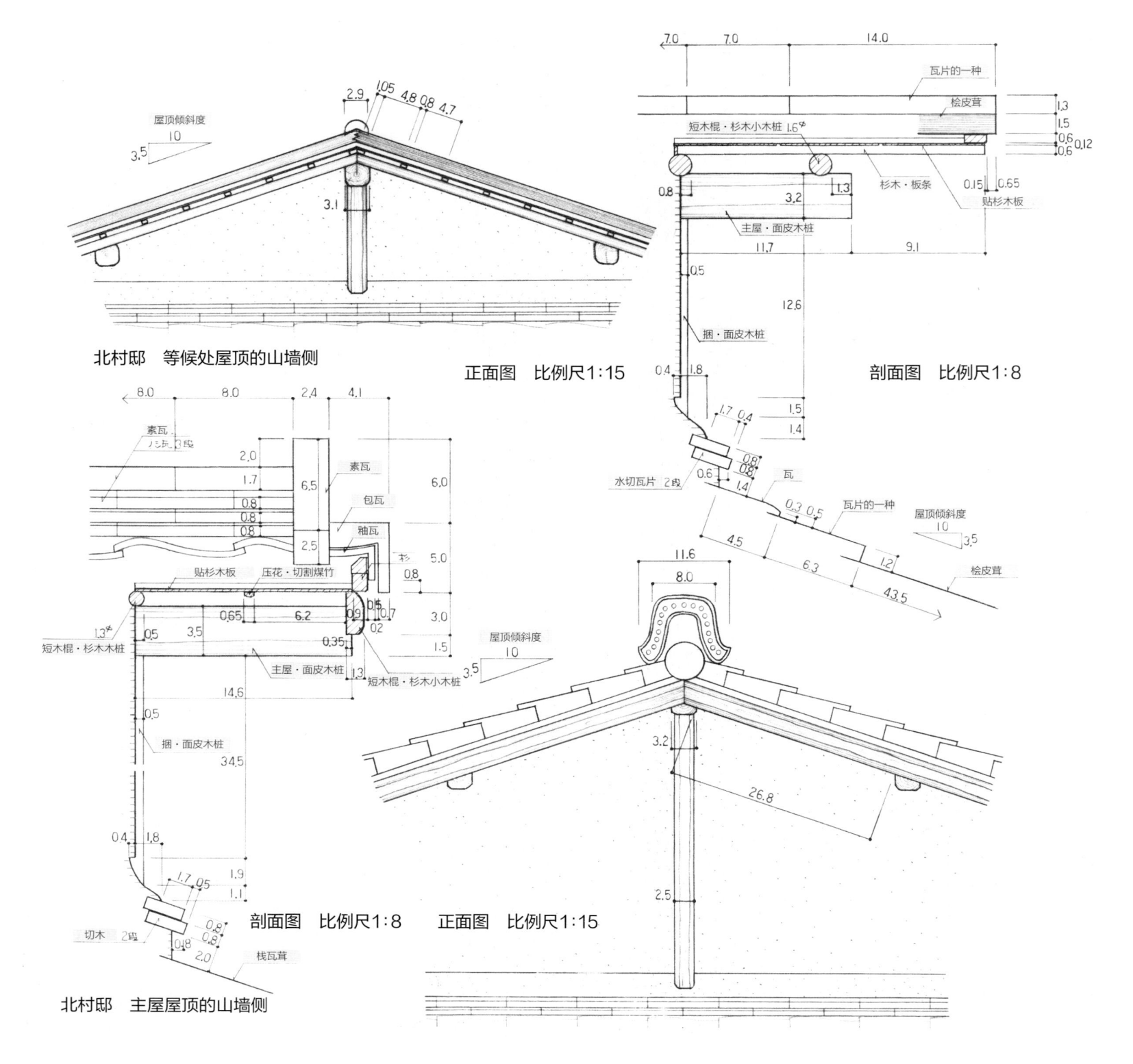

北村邸　等候处屋顶的山墙侧

北村邸　主屋屋顶的山墙侧

屋顶　实测图

佳水园的屋顶就是这种数寄屋建筑的功夫的积累，轻快的面以及细细的檐线，山墙侧用了其甲瓦，用巨匠的独特的手法，成功表现了数寄屋的特色。

清流亭　外等候处屋顶的挑檐

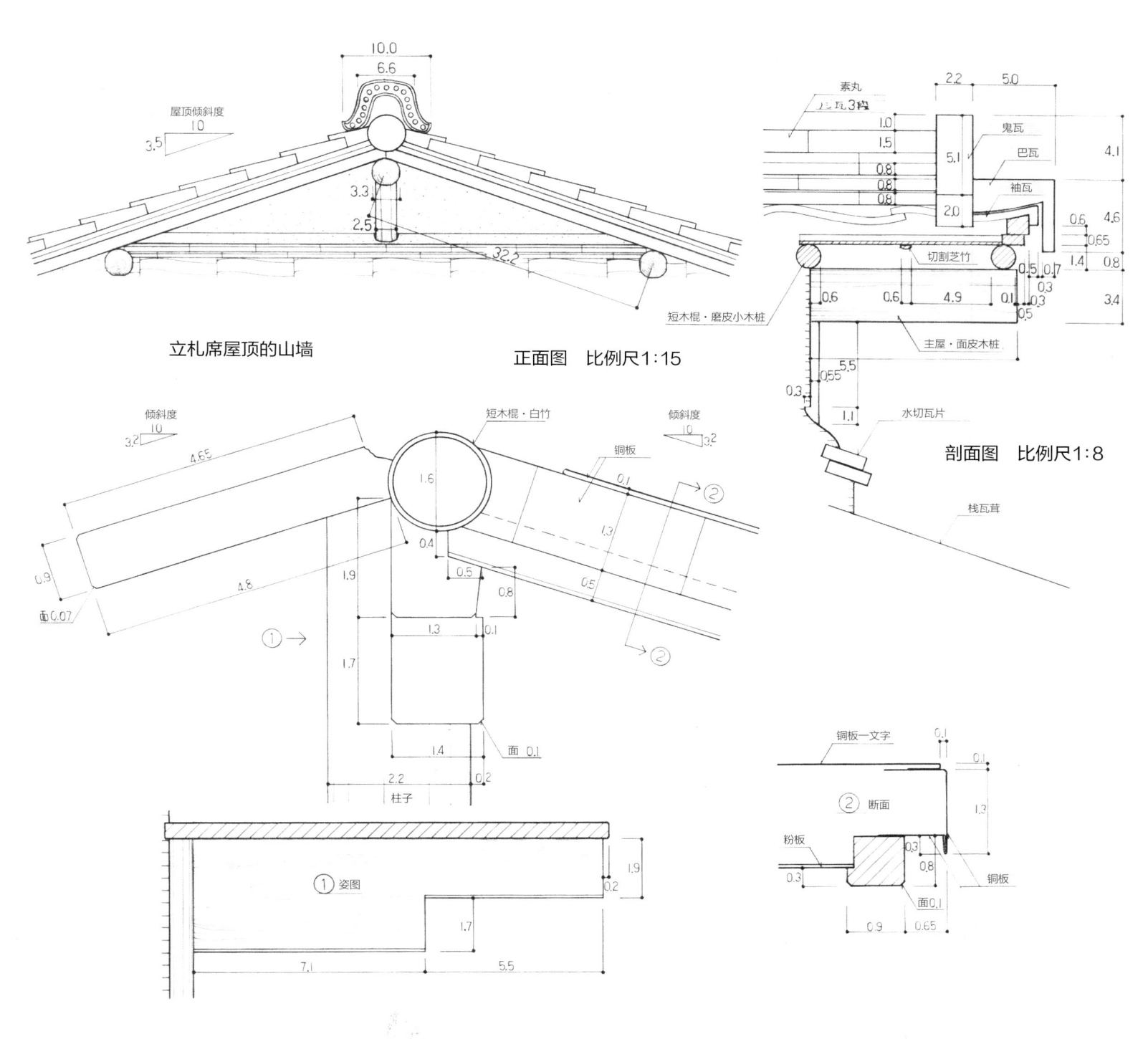

立札席屋顶的山墙

正面图　比例尺1∶15

剖面图　比例尺1∶8

清流亭　等候处屋顶挑檐的详细图　比例尺1∶2、1∶4

屋顶　实测图

收录邸一览

山翠楼

北村别邸

旭化成芝寮（旧岩原邸）

秀明

铃木别邸

何有庄

阪口

成胜轩

坐渔庄

大西邸

河文

新井旅馆

一力

炭屋

结语

山口邸　玄关

本卷中提及的是一座房屋的周边，属于建筑物附属设施和外周的部分。数寄屋建筑的魅力、特有的氛围等，是绝不仅从外观看到的东西。比如站在玄关、经过走廊、上下楼梯、去手洗，处处重叠在一起，形成整体的氛围，让人感觉很有魅力。自古以来，设计者们就很重视这些附属部分和装饰品的细节，精心设计。谷崎润一郎说手洗是日本能找到精神慰藉的地方。在日本的建筑中，最风雅的可能就是手洗了，《阴翳礼赞》中就写道手洗设计得都很风雅。

一力　大房间的手水钵

总而言之，周边的细节设计不能说不给人以威严感，完全脱离柔和造型的基调，但不可否认的是，在另一方面，它也具有给主体增添情趣的独特作用。例如，根据檐廊、栏杆、防雨窗套等的设计，可以更加洒脱地演绎建筑物本体的姿态。所以，对于这些部分的设计，也应该经常站在整体协调的角度去尝试。

数寄屋建筑的设计者在小小的细节上下了功夫，追求着这些绝妙的搭配，将源源不断的创意不经意地隐藏在细节之中。收集这些作品的例子，发掘其隐藏的匠心，就是编写本系列的意图。但我不认为自己达成了这样的意图，这是一个需要花费更多时间和精力的问题。但是我希望大家能够理解本系列的意义。

佳水园　大厅东的楼梯栏杆

八胜馆八事店　玄关

《日本建筑集成》的发行，暂时以九卷完结。也许有人会说，这样的工作在学术上没有任何价值。但对我来说学到了很多，我暗自相信，这是一份必须趁现在做的工作。迄今为止，介绍古典数寄屋建筑的机会很多，但是明治以后这种建筑的进步非常显著，其技术在昭和达到了顶点。那是日本木造建筑史上值得书写的事情。尽管如此，这个时期的和风建筑却被轻视了。支撑数寄屋的工匠们的工作被轻视，这是建筑界的实情。如今，传统建筑技术面临着危机。另外，过去的著名建筑，不光是在战争中失去了，现在也在相继消失，这让我深切体会到尽可能多地记录残存的作品实例的重要性。这些近代名不见经传的人们的作品，对现代和风建筑的启发，绝对非常重要。

此次《日本建筑集成》的发行，这些数寄屋的调查起到了帮助作用。这些搜集来的作品，将为以后进行近代和风建筑的历史研究的人们提供资料，我抱着这样的期待完成了这份工作。

一个走过利休建筑物门前的老人，说这也不是寺庙，也不是武家的宅邸，建筑物不高也不低，坡度也不缓也不急，被这种气派感动，说"不愧是天下数寄名师哉"。佐久间不干斋集的《明记集》里记载，这一建筑物从房间的内部到外部结构，都是以数寄屋建筑应有的基调来协调，这可以说是非常理想的设计。

北村邸　中门

图书在版编目(CIP)数据

日本建筑集成：全九卷 / 林理蕙光编著. -- 武汉：华中科技大学出版社, 2022.12
ISBN 978-7-5680-8575-5

Ⅰ.①日… Ⅱ.①林… Ⅲ.①建筑史-日本-图集 Ⅳ.①TU-093.13

中国版本图书馆CIP数据核字(2022)第126369号

日本建筑集成（全九卷）
Riben Jianzhu Jicheng

林理蕙光 编著

出版发行：	华中科技大学出版社（中国·武汉）	电话：(027) 81321913
	华中科技大学出版社有限责任公司艺术分公司	(010) 67326910-6023
出 版 人：	阮海洪	

责任编辑： 莽 昱　康 晨　刘 韬　　　书籍设计：唐 棣
责任监印： 赵 月　郑红红

制　　作：北京博逸文化传播有限公司
印　　刷：广东省博罗县园洲勤达印务有限公司
开　　本：787mm×1092mm　1/8
印　　张：268.25
字　　数：650千字
版　　次：2022年12月第1版第1次印刷
定　　价：4680.00元 (全九卷)

本书若有印装质量问题，请向出版社营销中心调换
全国免费服务热线：400-6679-118 竭诚为您服务
版权所有 侵权必究